高等院校计算机应用技术系列教材

中文版 AutoCAD 2007 基础教程

薛焱　王新平　编著

U0215242

清华大学出版社

北　京

内 容 简 介

本书系统地介绍了使用 AutoCAD 的最新版本——中文版 AutoCAD 2007 进行计算机绘图的方法。全书共分 16 章，主要内容包括 AutoCAD 绘图基础，绘图辅助工具的使用，图形显示控制，二维图形的绘制和编辑，精确绘制图形，面域和图案填充的使用，文字和表格的创建，图形尺寸的标注，三维图形的绘制、编辑和渲染，块、外部参照和设计中心的使用，图形打印和 Internet 功能，以及 AutoCAD 2007 绘图综合实例等。

本书结构清晰、语言简练、实例丰富，既可作为高等院校相关专业的教材，也可作为从事计算机绘图技术研究与应用人员的参考书。

本书各章对应的素材和电子教案可以到 http://www.tupwk.com.cn/downpage/index.asp 网站下载。

图书在版编目(CIP)数据

中文版 AutoCAD 2007 基础教程/薛焱，王新平编著. — 北京：清华大学出版社，2006.3(2024.9 重印)
(高等院校计算机应用技术系列教材)
ISBN 978-7-302-12658-4

Ⅰ.中… Ⅱ.①薛…②王… Ⅲ. 计算机辅助设计— 应用软件，AutoCAD 2007— 高等学校— 教材
Ⅳ.TP391.72

中国版本图书馆 CIP 数据核字(2006)第 018885 号

责任编辑：胡辰浩　袁建华
封面设计：王　永
版式设计：康　博
责任印制：沈　露

出版发行：清华大学出版社
　　　　　网　　　址：https://www.tup.com.cn，https://www.wqxuetang.com
　　　　　地　　　址：北京清华大学学研大厦 A 座　　　　　　　邮　　编：100084
　　　　　社 总 机：010-83470000　　　　　　　　　　　　　　邮　　购：010-62786544
　　　　　投稿与读者服务：010-62776969，c-service@tup.tsinghua.edu.cn
　　　　　质量反馈：010-62772015，zhiliang@tup.tsinghua.edu.cn
印 装 者：三河市铭诚印务有限公司
经　　销：全国新华书店
开　　本：185mm×260mm　　　　印张：20.75　　　　字　　数：479 千字
版　　次：2006 年 3 月第 1 版　　　　　　　　　　　　　印　　次：2024 年 9 月第 49 次印刷
定　　价：59.00 元

产品编号：021541-04

前　　言

计算机绘图是近年来发展最迅速、最引人注目的技术之一。随着计算机技术的迅猛发展，计算机绘图技术已被广泛应用于机械、建筑、电子、航天、造船、石油化工、土木工程、冶金、农业、气象、纺织及轻工等多个领域，并发挥着越来越大的作用。

由 Autodesk 公司开发的 AutoCAD 是当前最为流行的计算机绘图软件之一。由于 AutoCAD 具有使用方便、体系结构开放等特点，深受广大工程技术人员的青睐。其最新版本 AutoCAD 2007 在运行速度、图形处理和网络功能等方面都达到了崭新的水平。

本书全面、翔实地介绍了 AutoCAD 的功能及使用方法。通过本书的学习，读者可以快速、全面地掌握 AutoCAD 2007 的使用方法和绘图技巧，并可达到融会贯通、灵活运用的目的。

本书共分 16 章，从 AutoCAD 绘图基础开始，分别介绍了绘图辅助工具的使用，图形显示控制，二维图形的绘制和编辑，精确绘制图形，面域和图案填充的使用，文字和表格的创建，图形尺寸的标注，三维图形的绘制、编辑和渲染，块、外部参照和设计中心的使用，图形打印和 Internet 功能，以及 AutoCAD 绘图综合实例等内容。

本书是作者在总结多年教学经验与科研成果的基础上编写而成的。因此，它既可作为高等院校相关专业的教材，也可作为从事计算机绘图技术研究与应用人员的参考书。

除封面署名的作者外，参加本书编写的人员还有陈笑、曹小震、高娟妮、李亮辉、洪妍、孔祥亮、陈跃华、杜思明、熊晓磊、曹汉鸣、陶晓云、王通、方峻、李小凤、曹晓松、蒋晓冬、邱培强等人。由于作者水平所限，本书难免有不足之处，欢迎广大读者批评指正。我们的邮箱是 huchenhao@263.net，电话是 010-62796045。

作　者
2006 年 2 月

目　　录

第1章 AutoCAD绘图基础

图形是表达和交流技术思想的工具。随着 CAD(计算机辅助设计)技术的飞速发展和普及，越来越多的工程设计人员开始使用计算机绘制各种图形，从而解决了传统手工绘图中存在的效率低、绘图准确度差及劳动强度大等缺点。在目前的计算机绘图领域，AutoCAD 是使用最为广泛的计算机绘图软件。

1.1 计算机绘图相关知识

计算机绘图作为设计工作的一个重要手段已经被广泛应用于科学研究、电子、机械、建筑、航天、造船、石油化工、土木工程、冶金、农业气象、纺织、轻工等领域，并发挥了愈来愈大的作用。

1.1.1 计算机绘图的概念

计算机绘图是 20 世纪 60 年代发展起来的新型学科，是随着计算机图形学理论及其技术的发展而发展的。我们知道，图形与数字在客观上存在着相互对应的关系。把数字化了的图形信息通过计算机存储、处理，并通过输出设备将图形显示或打印出来，这个过程称为计算机绘图，而研究计算机绘图领域中各种理论与实际问题的学科称为计算机图形学。随着计算机硬件功能的不断提高、系统软件的不断完善，计算机绘图已广泛应用于多个领域。

要进行计算机绘图，就要使用计算机绘图系统。计算机绘图系统由软件系统和硬件系统组成。其中，软件是计算机绘图系统的核心，而相应的系统硬件设备则为软件的正常运行提供了保障和运行环境。另外，任何功能强大的计算机绘图系统都只是一个辅助工具，系统的运行离不开系统使用人员的创造性思维活动。因此，使用计算机绘图系统的技术人员也属于系统组成的一部分，将软件、硬件及人这三者有效地融合在一起，是发挥计算机绘图系统强大功能的前提。

1.1.2 计算机绘图系统的硬件组成

计算机绘图的硬件系统通常是指可以进行计算机绘图作业的独立硬件环境，主要由主机、输入设备(键盘、鼠标、扫描仪等)、输出设备(显示器、绘图仪、打印机等)、信息存储设备(主要指外存，如硬盘、软盘、光盘等)以及网络设备、多媒体设备等组成，如图 1-1 所示。

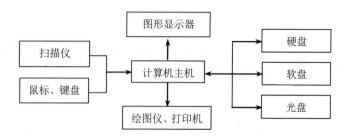

图 1-1　计算机绘图系统的基本硬件组成

1. 主机

主机由中央处理器(CPU)和内存储器(简称为内存)等组成,是整个计算机绘图系统硬件的核心。衡量主机性能的指标主要有 CPU 性能和内存容量。

◆ CPU 性能

CPU 的性能决定着计算机的数据处理能力、运算精度和速度。CPU 的性能通常用每秒可执行的指令数目或进行浮点运算的速度指标来衡量,其单位符号为 MI/s(每秒处理 1 百万条指令)和 GI/s(每秒处理 10 亿条指令)。目前,CPU 的速度已达到 240GI/s 以上。一般情况下,用芯片的时钟频率来表示运算速度更为普遍,时钟频率越高,运算速度越快。

◆ 内存容量

内存是存放运算程序、原始数据、计算结果等内容的记忆装置。如果内存量过小,将直接影响计算机绘图软件系统的运行。内存容量越大,主机能容纳和处理的信息量也就越大,处理速度也就越快。

2. 外存储器

外存储器简称为外存,包括硬盘、软盘、光盘、U 盘和移动硬盘等。虽然内存储器可以直接和运算器、控制器交换信息,存取速度很快,但内存储器成本较高,且其容量受到 CPU 直接寻址能力的限制。外存作为内存的后援,使计算机绘图系统将大量的程序、数据库和图形库存放在外存储器中,待需要时再调入内存进行处理。

3. 图形输入设备

在计算机绘图过程中,不仅要求用户能够快速输入图形,而且还要求能够将输入的图形以人机交互方式进行修改,以及对输入的图形进行变换(如缩放、平移、旋转等)操作。因此,图形输入设备在计算机绘图硬件系统中占有重要的地位。目前,计算机绘图系统常用的输入设备有键盘、鼠标、扫描仪等。

4. 图形输出设备

图形输出设备包括图形显示器、绘图仪和打印机等。图形显示器是计算机绘图系统中最为重要的硬件设备之一,主要用于图形图像的显示和人机交互操作,是一种交互式的图形显示设备。

1.1.3　计算机绘图系统的软件组成

在计算机绘图系统中，软件配置的高低决定着整个计算机绘图系统的性能优劣，是计算机绘图系统的核心。计算机绘图系统的软件可分为 3 个层次，即系统软件、支撑软件和应用软件。

1. 系统软件

系统软件主要用于计算机的管理、维护、控制、运行，以及计算机程序的编译、装载和运行。系统软件包括操作系统和编译系统。

操作系统主要承担对计算机的管理工作，其主要功能包括文件管理、外部设备管理、内存分配管理、作业管理和中断管理。操作系统的种类很多，如 UNIX、Linux 及 Windows 等。

编译系统的作用是将用高级语言编写的程序编译成计算机能够直接执行的机器指令。有了编译系统，用户就可以用接近于人类自然语言和数学语言的方式编写程序，从而使非计算机专业的各类工程技术人员方便地使用计算机进行绘图。

2. 支撑软件

支撑软件是为满足计算机绘图工作中一些用户的共同需要而开发的通用软件。近 30多年来，由于计算机应用领域迅速扩大，支撑软件的开发有了很大的进展，出现了种类繁多的商品化支撑软件。

3. 应用软件

应用软件是在系统软件和支撑软件的基础上，专门针对某一应用领域而开发的软件。这类软件通常由用户结合当前绘图工作的需要自行研究开发或委托开发商进行开发，此项工作又称为"二次开发"。能否充分发挥已有计算机绘图系统的功能，应用软件的技术开发工作是很重要的，也是计算机绘图从业人员的主要任务之一。

1.2　AutoCAD 的基本功能

AutoCAD 是由美国 Autodesk 公司开发的通用计算机辅助绘图与设计软件包，具有功能强大、易于掌握、使用方便、体系结构开放等特点，能够绘制平面图形与三维图形、标注图形尺寸、渲染图形以及打印输出图纸，深受广大工程技术人员的欢迎。AutoCAD 自1982 年问世以来，已经进行了 10 余次升级，功能日趋完善，已成为工程设计领域应用最为广泛的计算机辅助绘图与设计软件之一。

1.2.1 绘制与编辑图形

AutoCAD 的"绘图"菜单提供了丰富的绘图命令，使用这些命令可以绘制直线、构造线、多段线、圆、矩形、多边形、椭圆等基本图形；同时可以将绘制的图形转换为面域，对其进行填充。如果再借助于"修改"菜单中的各种命令，还可以绘制出各种各样的二维图形。图 1-2 所示为使用 AutoCAD 绘制的二维图形。

对于一些二维图形，通过拉伸、设置标高和厚度等操作就可以轻松地转换为三维图形。使用"绘图"|"建模"命令中的子命令，用户可以很方便地绘制圆柱体、球体、长方体等基本实体以及三维网格、旋转网格等网格模型。同样再结合"修改"菜单中的相关命令，还可以绘制出各种各样的复杂三维图形。图 1-3 所示为使用 AutoCAD 绘制的三维图形。

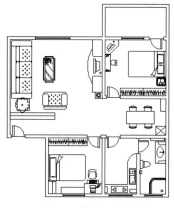 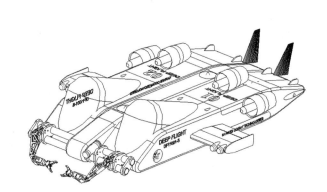

图 1-2 绘制二维图形   图 1-3 绘制三维图形

在工程设计中，也常常使用轴测图来描述物体的特征。轴测图是一种以二维绘图技术来模拟三维对象沿特定视点产生的三维平行投影效果，但在绘制方法上不同于二维图形的绘制。因此，轴测图看似三维图形，但实际上是二维图形。切换到 AutoCAD 的轴测模式下，就可以方便地绘制出轴测图。此时直线将绘制成与坐标轴成 30°、90°、150° 等角度，圆将绘制成椭圆形。图 1-4 所示为使用 AutoCAD 绘制的轴测图。

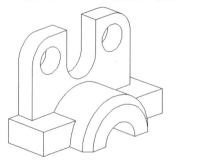 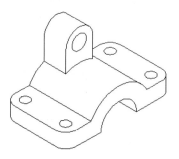

图 1-4 绘制轴测图

1.2.2 标注图形尺寸

尺寸标注是向图形中添加测量注释的过程，是整个绘图过程中不可缺少的一步。AutoCAD 的"标注"菜单中包含了一套完整的尺寸标注和编辑命令，使用它们可以在图形的各个方向上创建各种类型的标注，也可以方便、快速地以一定格式创建符合行业或项目标准的标注。

标注显示了对象的测量值，对象之间的距离、角度，或者特征与指定原点的距离。在 AutoCAD 中提供了线性、半径和角度 3 种基本的标注类型，可以进行水平、垂直、对齐、旋转、坐标、基线或连续等标注。此外，还可以进行引线标注、公差标注，以及自定义粗糙度标注。标注的对象可以是二维图形或三维图形。图 1-5 所示为使用 AutoCAD 标注的二维图形和三维图形。

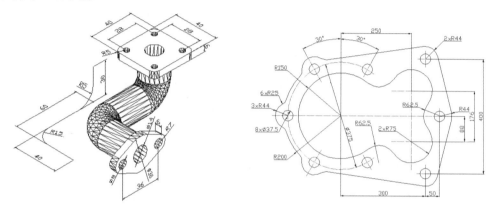

图 1-5 使用 AutoCAD 标注尺寸

1.2.3 渲染三维图形

在 AutoCAD 中，可以运用雾化、光源和材质，将模型渲染为具有真实感的图像。如果是为了演示，可以渲染全部对象；如果时间有限，或显示设备和图形设备不能提供足够的灰度等级和颜色，就不必精细渲染；如果只需快速查看设计的整体效果，则可以简单消隐或设置视觉样式。图 1-6 所示为使用 AutoCAD 进行照片级光线跟踪渲染的效果。

图 1-6 使用 AutoCAD 渲染图形

1.2.4　输出与打印图形

AutoCAD 不仅允许将所绘图形以不同样式通过绘图仪或打印机输出，还能够将不同格式的图形导入 AutoCAD 或将 AutoCAD 图形以其他格式输出。因此，当图形绘制完成之后可以使用多种方法将其输出。例如，可以将图形打印在图纸上，或创建成文件以供其他应用程序使用。

1.3　中文版 AutoCAD 2007 的经典界面

中文版 AutoCAD 2007 为用户提供了"AutoCAD 经典"和"三维建模"两种工作空间模式。对于习惯于 AutoCAD 传统界面的用户来说，可以采用"AutoCAD 经典"工作空间，此时的界面如图 1-7 所示。该界面主要由菜单栏、工具栏、绘图窗口、文本窗口与命令行、状态栏等元素组成。

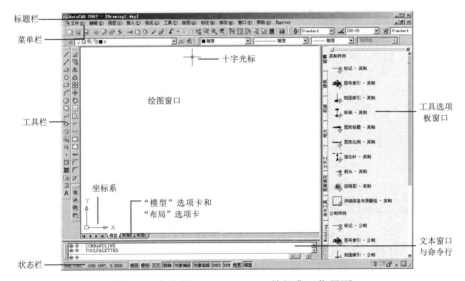

图 1-7　中文版 AutoCAD 2007 的经典工作界面

1.3.1　标题栏

标题栏位于应用程序窗口的最上面，用于显示当前正在运行的程序名及文件名等信息，如果是 AutoCAD 默认的图形文件，其名称为 DrawingN.dwg(N 是数字)。单击标题栏右端的[-][□][×]按钮，可以最小化、最大化或关闭应用程序窗口。标题栏最左边是应用程序的小图标，单击它将会弹出一个 AutoCAD 窗口控制下拉菜单，可以执行最小化或最大化窗口、恢复窗口、移动窗口、关闭 AutoCAD 等操作。

1.3.2　菜单栏与快捷菜单

中文版 AutoCAD 2007 的菜单栏由"文件"、"编辑"、"视图"等菜单组成，几乎包括了 AutoCAD 中全部的功能和命令。图 1-8 所示为 AutoCAD 2007 的"视图"菜单。

命令后跟有组合键，表示直接按组合键即可执行相应命令

命令后跟有快捷键，表示打开该菜单时，按下快捷键即可执行相应命令

命令后跟有"▶"，表示该命令下还有子命令

命令后跟有"…"，表示执行该命令可打开一个对话框

命令呈现灰色，表示该命令在当前状态下不可使用

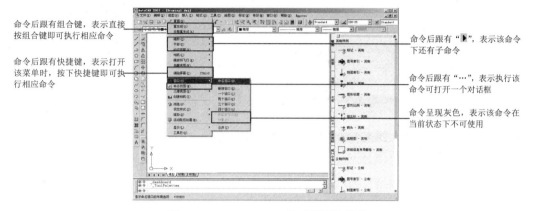

图 1-8　AutoCAD 2007 的"视图"菜单

快捷菜单又称为上下文相关菜单。在绘图区域、工具栏、状态行、"模型"与"布局"选项卡以及一些对话框上右击时，将弹出一个快捷菜单，该菜单中的命令与 AutoCAD 当前状态相关。使用它们可以在不启动菜单栏的情况下快速、高效地完成某些操作。AutoCAD 快捷菜单如图 1-9 所示。

图 1-9　快捷菜单

1.3.3　工具栏

工具栏是应用程序调用命令的另一种方式，它包含许多由图标表示的命令按钮。在 AutoCAD 中，系统共提供了 20 多个已命名的工具栏。默认情况下，"标准"、"属性"、"绘图"和"修改"等工具栏处于打开状态。图 1-10 所示为处于浮动状态下的"标准"工具栏、"绘图"工具栏和"修改"工具栏。

如果要显示当前隐藏的工具栏，可在任意工具栏上右击，此时将弹出一个快捷菜单，通过选择命令可以显示或关闭相应的工具栏，如图 1-11 所示。

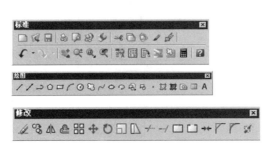

图 1-10 "标准"、"绘图"和"修改"工具栏　　　　　图 1-11 工具栏快捷菜单

在 AutoCAD 中，选择"视图"|"工具栏"命令，打开"自定义用户界面"对话框，用户可以根据需要创建自定义工具栏，将常用的一些工具按钮放置到工具栏上。

【例 1-1】创建如图 1-12 所示的工具栏。

(1) 选择"视图"|"工具栏"命令，打开"自定义用户界面"对话框。

图 1-12 自定义工具栏

(2) 在对话框的"所有 CUI 文件中的自定义"选项区域的列表框中右击"工具栏"选项，在弹出的菜单中选择"新建"|"工具栏"命令。

(3) 在列表中选择新建的"工具栏"选项，在右侧"特性"选项区域的"名称"文本框中输入自定义工具栏名称，如"我的工具栏"。在"说明"文本框中输入自定义工具栏的注释文字，如图 1-13 所示。

(4) 在左侧"命令列表"选项区域中的"按类别"下拉列表中选择"修改"选项，然后在下方对应的列表框中选中"差集"选项，按住鼠标左键将其拖动到上方"我的工具栏"处。操作方法如图 1-14 所示。此时给工具栏添加了第一个按钮。

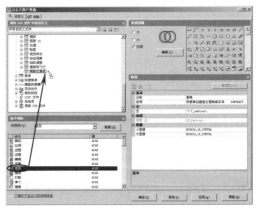

图 1-13 命名工具栏　　　　　　　　　　图 1-14 添加工具按钮

(5) 重复步骤(4)，使用同样的方法添加其他按钮到自定义工具栏中。

(6) 按钮添加完毕后，选中列表框中"我的工具栏"选项，可以在右侧"预览"选项区域中预览自定义工具栏，如图 1-15 所示。

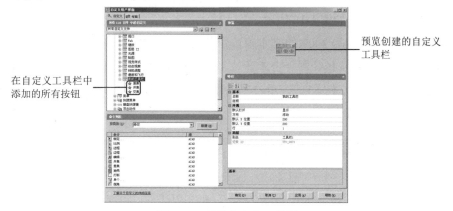

图 1-15　预览自定义工具栏

1.3.4　绘图窗口

在 AutoCAD 中，绘图窗口是用户绘图的工作区域，所有的绘图结果都反映在这个窗口中。用户可以根据需要关闭其周围和里面的各个工具栏，以增大绘图空间。如果图纸比较大，需要查看未显示部分时，可以单击窗口右边与下边滚动条上的箭头，或拖动滚动条上的滑块来移动图纸。

在绘图窗口中除了显示当前的绘图结果外，还显示了当前使用的坐标系类型以及坐标原点、X 轴、Y 轴、Z 轴的方向等。默认情况下，坐标系为世界坐标系(WCS)。绘图窗口的下方有"模型"和"布局"选项卡，单击其标签可以在模型空间或图纸空间之间来回切换。

1.3.5　命令行与文本窗口

"命令行"窗口位于绘图窗口的底部，用于接收用户输入的命令，并显示 AutoCAD 提示信息。在 AutoCAD 2007 中，"命令行"窗口可以拖放为浮动窗口，如图 1-16 所示。

处于浮动状态的"命令行"窗口随用户拖放位置的不同，其标题显示的方向也不同，图 1-15 所示为"命令行"窗口靠近绘图窗口左边时的显示情况。如果用户将"命令行"窗口拖放到绘图窗口的右边，这时"命令行"窗口的标题栏将位于右边，如图 1-17 所示。

图 1-16　AutoCAD 2007 的"命令行"窗口

图 1-17　"命令行"窗口位于绘图窗口右边时的状态

AutoCAD 文本窗口是记录 AutoCAD 命令的窗口，是放大的"命令行"窗口，它记录了已执行的命令，也可以用来输入新命令。在 AutoCAD 2007 中，可以选择"视图"|"显示"|"文本窗口"命令、执行 TEXTSCR 命令或按 F2 键来打开 AutoCAD 文本窗口，它记录了对文档进行的所有操作，如图 1-18 所示。

【例 1-2】在 AutoCAD 2007 的文本窗口中使用复制历史命令的方法快速绘制图形。

(1) 首先使用工具栏按钮绘制一个正多边形，再选择"视图"|"显示"|"文本窗口"命令，打开"AutoCAD 文本窗口"。用户可以看到在命令历史记录中有一段命令用于绘制正多边形，如图 1-19 所示。

图 1-18 AutoCAD 文本窗口

图 1-19 打开文本窗口

(2) 选择命令文字 polygon，然后右击，在打开的快捷菜单中选择"粘贴到命令行"命令，如图 1-20 所示。

(3) 此时该命令自动显示在"AutoCAD 文本窗口"下方的命令输入栏中，如图 1-21 所示。按下 Enter 键，按照命令提示输入相应数据即可绘制一个新的正多边形。

图 1-20 选择"粘贴到命令行"命令

图 1-21 复制命令

1.3.6 状态栏

状态栏如图 1-22 所示，用来显示 AutoCAD 当前的状态，如当前光标的坐标、命令和按钮的说明等。

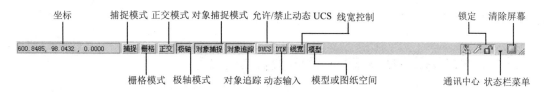

图 1-22 AutoCAD 状态栏

在绘图窗口中移动光标时，状态栏的"坐标"区将动态地显示当前坐标值。坐标显示取决于所选择的模式和程序中运行的命令，共有"相对"、"绝对"和"无"3 种模式。

状态栏中还包括如"捕捉"、"栅格"、"正交"、"极轴"、"对象捕捉"、"对象追踪"、DUCS、DYN、"线宽"、"模型"(或"图纸")10 个功能按钮，其功能如下。

- ♦ "捕捉"按钮：单击该按钮，打开捕捉设置，此时光标只能在 X 轴、Y 轴或极轴方向移动固定的距离(即精确移动)。可以选择"工具"|"草图设置"命令，在打开的"草图设置"对话框的"捕捉和栅格"选项卡中设置 X 轴、Y 轴或极轴捕捉间距。
- ♦ "栅格"按钮：单击该按钮，打开栅格显示，此时屏幕上将布满小点。其中，栅格的 X 轴和 Y 轴间距也可通过"草图设置"对话框的"捕捉和栅格"选项卡进行设置。
- ♦ "正交"按钮：单击该按钮，打开正交模式，此时只能绘制垂直直线或水平直线。
- ♦ "极轴"按钮：单击该按钮，打开极轴追踪模式。在绘制图形时，系统将根据设置显示一条追踪线，可在该追踪线上根据提示精确移动光标，从而进行精确绘图。默认情况下，系统预设了 4 个极轴，与 X 轴的夹角分别为 0°、90°、180°、270°(即角增量为 90°)。可以使用"草图设置"对话框的"极轴追踪"选项卡设置角度增量。
- ♦ "对象捕捉"按钮：单击该按钮，打开对象捕捉模式。因为所有几何对象都有一些决定其形状和方位的关键点，所以，在绘图时可以利用对象捕捉功能，自动捕捉这些关键点。可以使用"草图设置"对话框的"对象捕捉"选项卡设置对象的捕捉模式。
- ♦ "对象追踪"按钮：单击该按钮，打开对象追踪模式，可以通过捕捉对象上的关键点，并沿正交方向或极轴方向拖动光标，此时可以显示光标当前位置与捕捉点之间的相对关系。若找到符合要求的点，直接单击即可。
- ♦ DUCS 按钮：单击该按钮，可以允许或禁止动态 UCS。这是 AutoCAD 2007 新增的按钮。
- ♦ DYN 按钮：单击该按钮，将在绘制图形时自动显示动态输入文本框，方便用户在绘图时设置精确数值。
- ♦ "线宽"按钮：单击该按钮，打开线宽显示。在绘图时如果为图层和所绘图形设置了不同的线宽，打开该开关，可以在屏幕上显示线宽，以标识各种具有不同线宽的对象。
- ♦ "模型"(或"图纸")按钮：单击该按钮，可以在模型空间或图纸空间之间切换。

此外，在状态栏中，单击"清除屏幕"图标，可以清除 AutoCAD 窗口中的工具栏和选项板等界面元素，使 AutoCAD 的绘图窗口全屏显示。

1.3.7 AutoCAD 2007 的三维建模界面组成

在 AutoCAD 2007 中，选择"工具"|"工作空间"|"三维建模"命令，或在"工作空间"工具栏的下拉列表框中选择"三维建模"选项，都可以快速切换到"三维建模"工作界面，如图 1-23 所示。

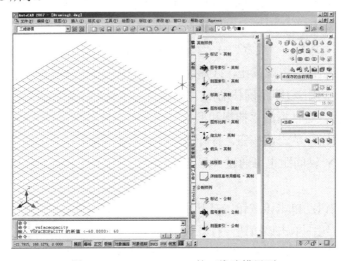

图 1-23　AutoCAD 2007 的三维建模界面

使用"三维建模"工作界面，用户可以更加方便地在三维空间中绘制图形。默认情况下，栅格以网格的形式显示，增加了绘图的三维空间感。另外，在"面板"选项板中集成了"三维制作控制台"、"三维导航控制台"、"光源控制台"、"视觉样式控制台"和"材质控制台"等选项区域，从而为用户绘制三维图形、观察图形、创建动画、设置光源、为三维对象附加材质等操作提供了非常便利的环境。

此外，在"三维建模"工作界面中，用户可以通过状态栏中的"模型" 和"布局" 按钮，在模型空间或图纸空间之间切换，如图 1-24 所示。

| 638.6734, 41.3891, 0.0000 | 捕捉 栅格 正交 极轴 对象捕捉 对象追踪 DUCS DYN 线宽 | |

图 1-24　"三维建模"工作界面中的状态栏

1.4　掌握基本操作命令

在 AutoCAD 中，基本操作命令包括新建和打开图形文件，保存图形文件，使用菜单命令及命令行等。其中，命令的使用是在 AutoCAD 中绘图最常用的操作，用户可以选择某一菜单命令，或在命令行中输入命令和系统变量来执行某一个命令。

1.4.1　新建和打开图形文件

选择"文件"|"新建"命令(NEW)，或在"标准"工具栏中单击"新建"按钮，可以创建新图形文件，此时将打开"选择样板"对话框，如图 1-25 所示。

在"选择样板"对话框中，用户可以在样板列表框中选中某一个样板文件，这时在右侧的"预览"框中将显示出该样板的预览图像，单击"打开"按钮，可以将选中的样板文件作为样板来创建新图形。样板文件中通常包含与绘图相关的一些通用设置，如图层、线型、文字样式等，使用样板创建新图形不仅提高了绘图的效率，而且还保证了图形的一致性。

用户还可以打开已存在的图形文件，选择"文件"|"打开"命令(OPEN)，或在"标准"工具栏中单击"打开"按钮，此时将打开"选择文件"对话框，如图 1-26 所示。

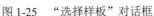

图 1-25　"选择样板"对话框　　　　　　　图 1-26　"选择文件"对话框

在"选择文件"对话框的文件列表框中，选择需要打开的图形文件，在右侧的"预览"框中将显示出该图形的预览图像。在默认的情况下，打开的图形文件的格式都为.dwt 格式。用户可以以"打开"、"以只读方式打开"、"局部打开"和"以只读方式局部打开"4种方式打开图形文件，每种方式都对图形文件进行了不同的限制。如果以"打开"和"局部打开"方式打开图形时，用户可以对图形文件进行编辑。如果以"以只读方式打开"和"以只读方式局部打开"方式打开图形，用户则无法对图形文件进行编辑。

1.4.2　保存图形文件

在 AutoCAD 中，可以使用多种方式将所绘图形以文件形式存入磁盘。例如，可以选择"文件"|"保存"命令(QSAVE)，或在"标准"工具栏中单击"保存"按钮，以当前使用的文件名保存图形；也可以选择"文件"|"另存为"命令(SAVEAS)，将当前图形以新的名称保存。

在第一次保存创建的图形时，系统将打开"图形另存为"对话框，如图 1-27 所示。默认情况下，文件以"AutoCAD 2007 图形(*.dwg)"格式保存，也可以在"文件类型"下拉列表框中选择其他格式。

图 1-27　"图形另存为"对话框

1.4.3　加密图形文件

在 AutoCAD 2007 中，用户在保存文件时可以使用密码保护功能，对文件进行加密保存。当选择"文件"|"保存"或"文件"|"另存为"命令时，将打开"图形另存为"对话框。在该对话框中选择"工具"|"安全选项"命令，此时将打开"安全选项"对话框，如图 1-28 所示。在"密码"选项卡中，用户可以在"用于打开此图形的密码或短语"文本框中输入密码，然后单击"确定"按钮打开"确认密码"对话框，并在"再次输入用于打开此图形的密码"文本框中输入确认密码，如图 1-29 所示。

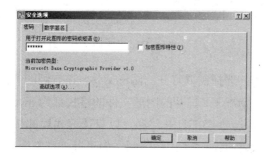

图 1-28　"安全选项"对话框

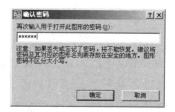

图 1-29　"确认密码"对话框

为文件设置了密码后，用户在打开文件时系统将打开"密码"对话框，如图 1-30 所示，要求用户输入正确的密码，否则将无法打开，这对于需要保密的图纸非常重要。

在进行加密设置时，用户可以在此选择 40 位、128 位等多种加密长度。可在"密码"选项卡中单击"高级选项"按钮，在打开的"高级选项"对话框中进行设置，如图 1-31 所示。

图 1-30　"密码"对话框

图 1-31　"高级选项"对话框

1.4.4　使用鼠标执行命令

在绘图窗口，光标通常显示为"十"字线形式。当光标移至菜单选项、工具或对话框内时，它会变成一个箭头。无论光标是"十"字线形式还是箭头形式，当单击或者按下鼠标键时，都会执行相应的命令或动作。在 AutoCAD 中，鼠标按钮是按照下述规则定义的。

- ♦ 拾取键：通常指鼠标左键，用于指定屏幕上的点，也可以用来选择 Windows 对象、AutoCAD 对象、工具栏按钮和菜单命令等。
- ♦ 回车键：指鼠标右键，相当于 Enter 键，用于结束当前使用的命令，此时系统将根据当前绘图状态而弹出不同的快捷菜单。
- ♦ 弹出菜单：当使用 Shift 键和鼠标右键的组合时，系统将弹出一个光标菜单，用于设置捕捉点的方法。对于三键鼠标，弹出按钮通常是鼠标的中间按钮。

注意：

在 AutoCAD 2007 的三维建模绘图窗口中，光标以三维十字光标形式 ⋇ 显示，更加形象直观。

1.4.5　使用"命令行"

在 AutoCAD 2007 中，默认情况下"命令行"是一个可固定的窗口，可以在当前命令行提示下输入命令、对象参数等内容。对于大多数命令，"命令行"中可以显示执行完的两条命令提示(也叫命令历史)，而对于一些输出命令，例如 TIME、LIST 命令，需要在放大的"命令行"或"AutoCAD 文本窗口"中才能完全显示。

在"命令行"窗口中右击，AutoCAD 将显示一个快捷菜单，如图 1-32 所示。通过它可以选择最近使用过的 6 个命令、复制选定的文字或全部命令历史记录、粘贴文字，以及打开"选项"对话框。

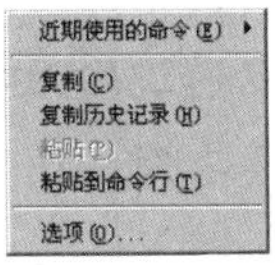

图 1-32　命令行快捷菜单

在命令行中，还可以使用 BackSpace 或 Delete 键删除命令行中的文字；也可以选中命令历史，并执行"粘贴到命令行"命令，将其粘贴到命令行中。

1.4.6　命令的重复、撤消与重做

在 AutoCAD 中，用户可以方便地重复执行同一条命令，或撤消前面执行的一条或多条命令。此外，撤消前面执行的命令后，还可通过重做来恢复前面执行的命令。

1. 重复和终止命令

在 AutoCAD 2007 中，用户可以使用多种方法来重复执行 AutoCAD 命令。例如，要重复执行上一个命令，可以按 Enter 或空格键，或在绘图区域中单击鼠标右键，从弹出的快捷菜单中选择"重复"命令；要重复执行最近使用的 6 个命令中的某一个命令，可以在命令窗口或文本窗口中单击右键，从弹出的快捷菜单中选择"近期使用的命令"命令下最近使用过的 6 个命令之一即可；要多次重复执行同一个命令，可以在命令提示下输入 MULTIPLE 命令，然后在"输入要重复的命令名:"提示下输入需要重复执行的命令，这样，AutoCAD 将重复执行该命令，直到用户按 Esc 键为止。

在命令执行过程中，用户可以随时按 Esc 键终止执行任何命令，因为 Esc 键是 Windows 程序用于取消操作的标准键。

2. 撤消前面所进行的操作

有多种方法可以放弃最近一个或多个操作，最简单的就是使用 UNDO 命令来放弃单个操作。用户也可以一次撤消前面进行的多步操作。这时可在命令提示下输入 UNDO 命令，然后在命令行中输入要放弃的操作数目。例如，要放弃最近的 5 个操作，应输入 5。AutoCAD 将显示放弃的命令或系统变量设置。

执行 UNDO 命令，这时命令提示行显示如下信息。

输入要放弃的操作数目或 [自动(A)/控制(C)/开始(BE)/结束(E)/标记(M)/后退(B)] <1>:

可以使用"标记(M)"选项来标记一个操作，然后用"后退(B)"选项放弃在标记的操作之后执行的所有操作；也可以使用"开始(BE)"选项和"结束(E)"选项来放弃一组预先定义的操作。

如果要重做使用 UNDO 命令放弃的最后一个操作，可以使用 REDO 命令或选择"编辑"|"重做"命令。

注释:

在 AutoCAD 的命令行中，用户可以通过输入命令来执行相应的菜单命令，此时，输入的命令可以是大写、小写或同时使用大小写，为了本书统一，我们全部使用大写。

【例 1-3】在 AutoCAD 2007 中新建图形文件，使用直线工具绘制如图 1-33 所示的平行四边形，练习命令行的基本操作。

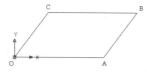

图 1-33　使用"直线"命令绘制平行四边形

(1) 打开 AutoCAD 2007 程序，选择"文件"|"新建"命令，新建一个空白图形文件。

(2) 选择"绘图"|"直线"命令，或在"绘图"工具栏中单击"直线"按钮，发出

LINE 命令。

(3) 在"指定第一点:"提示下输入 O 点坐标(0,0)。

(4) 依次在"指定下一点或 [放弃(U)]:"提示下输入 A 点坐标(400,0)、B 点坐标(550,200)和 C 点坐标(150,200)。

(5) 在"指定下一点或 [闭合(C)/放弃(U)]:"提示下输入字母 C,然后按 Enter 键,即可得到封闭的平行四边形。

(6) 绘制完毕后,选择"文件"|"保存"命令,在打开的"图形另存为"对话框中输入文件的名称并选择存放的位置,单击"保存"按钮。

1.5　设置绘图环境

通常情况下,用户安装好中文版 AutoCAD 2007 后就可以在其默认设置下绘制图形,但有时为了使用特殊的定点设备、打印机,或提高绘图效率,需要在绘制图形前先对系统参数、绘图环境作必要的设置。

1.5.1　设置参数选项

选择"工具"|"选项"命令(OPTIONS),可打开"选项"对话框。在该对话框中包含"文件"、"显示"、"打开和保存"、"打印和发布"、"系统"、"用户系统配置"、"草图"、"三维建模"、"选择"和"配置"10 个选项卡,如图 1-34 所示。

图 1-34　"选项"对话框

♦ "文件"选项卡:用于确定 AutoCAD 搜索支持文件、驱动程序文件、菜单文件和其他文件时的路径以及用户定义的一些设置。

♦ "显示"选项卡:用于设置窗口元素、布局元素、显示精度、显示性能、十字光标大小和参照编辑的褪色度等显示属性。

♦ "打开和保存"选项卡:用于设置是否自动保存文件,以及自动保存文件时的时间间隔,是否维护日志,以及是否加载外部参照等。

- ◆ "打印和发布"选项卡：用于设置 AutoCAD 的输出设备。默认情况下，输出设备为 Windows 打印机。但在很多情况下，为了输出较大幅面的图形，用户也可能需要使用专门的绘图仪。

- ◆ "系统"选项卡：用于设置当前三维图形的显示特性，设置定点设备、是否显示 OLE 特性对话框、是否显示所有警告信息、是否检查网络连接、是否显示启动对话框、是否允许长符号名等。

- ◆ "用户系统配置"选项卡：用于设置是否使用快捷菜单和对象的排序方式。

- ◆ "草图"选项卡：用于设置自动捕捉、自动追踪、自动捕捉标记框颜色和大小、靶框大小。

- ◆ "三维建模"选项卡：用于对三维绘图模式下的三维十字光标、UCS 图标、动态输入、三维对象、三维导航等选项进行设置。

- ◆ "选择"选项卡：用于设置选择集模式、拾取框大小以及夹点大小等。

- ◆ "配置"选项卡：用于实现新建系统配置文件、重命名系统配置文件以及删除系统配置文件等操作。

初次使用 AutoCAD 2007 时，模型空间背景的颜色为黑色。为了便于绘图，可以通过"选项"对话框设置模型空间背景的颜色为白色。

【例 1-4】将模型空间背景的颜色设置为白色。

(1) 选择"工具"|"选项"命令，打开"选项"对话框。

(2) 选择"显示"选项卡，在"窗口元素"选项区域中单击"颜色"按钮，打开"图形窗口颜色"对话框。

(3) 在"上下文"列表选择"二维模型空间"选项，在"界面元素"列表框中选择"统一背景"选项。

(4) 在"颜色"下拉列表框中选择"白色"选项，这时模型空间背景颜色将设置为白色，如图 1-35 所示。单击"应用并关闭"按钮完成设置。

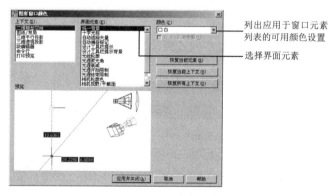

图 1-35　将模型空间背景颜色设置为白色

1.5.2　设置图形单位

在 AutoCAD 中，用户可以采用 1:1 的比例因子绘图，因此，所有的直线、圆和其他对象都可以以真实大小来绘制。例如，如果一个零件长 200cm，那么可以按 200cm 的真实大小来绘制，在需要打印出图时，再将图形按图纸大小进行缩放。

在中文版 AutoCAD 2007 中，用户可以选择"格式"|"单位"命令，在打开的"图形单位"对话框中设置绘图时使用的长度单位、角度单位，以及单位的显示格式和精度等参数，如图 1-36 所示。

图 1-36　"图形单位"对话框

在长度的测量单位类型中，"工程"和"建筑"类型是以英尺和英寸显示，每一图形单位代表 1 英寸。其他类型，如"科学"和"分数"没有这样的设定，每个图形单位都可以代表任何真实的单位。

如果块或图形创建时使用的单位与该选项指定的单位不同，则在插入这些块或图形时，将对其按比例缩放。插入比例是源块或图形使用的单位与目标图形使用的单位之比。如果插入块时不按指定单位缩放，请选择"无单位"选项。

注意：

当在"长度"或"角度"选项区域中选择设置了长度或角度的类型与精度后，在"输出样例"选项区域中将显示它们对应的样例。

在"图形单位"对话框中，单击"方向"按钮，可以利用打开的"方向控制"对话框设置起始角度(0°角)的方向，如图 1-37 所示。默认情况下，角度的 0°方向是指向右(即正东方或 3 点钟)的方向，如图 1-38 所示。逆时针方向为角度增加的正方向。

图 1-37　"方向控制"对话框

图 1-38　默认的 0°角方向

在"方向控制"对话框中，当选中"其他"单选按钮时，可以单击"拾取角度"按钮，切换到图形窗口中，通过拾取两个点来确定基准角度的 0°方向。

用户在"图形单位"对话框中完成所有的图形单位设置后，单击"确定"按钮，可将设置的单位应用到当前图形，并关闭该对话框。此外，用户也可以使用 UNITS 命令来设置图形单位，这时将自动激活文本窗口。

【例 1-5】 设置一个长度单位为小数点后三位，角度单位为十进制度数后两位小数，并以如图 1-39 所示五角星顶点 AB 方向为角度的基准角度。

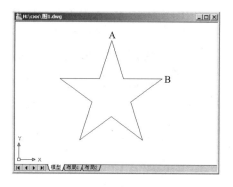

图 1-39 用于设置基准角度的五边形

(1) 单击"绘图"工具栏的"正多边形"按钮◇，按照命令行提示绘制如图 1-39 所示的五角星。

(2) 选择"格式"|"单位"命令，打开"图形单位"对话框。

(3) 在"长度"选项区域的"类型"下拉列表框中选择"小数"，在"精度"下拉列表框中选择 0.000。

(4) 在"角度"选项区域的"类型"下拉列表框中选择"十进制度数"，在"精度"下拉列表框中选择 0.00。

(5) 单击"方向"按钮，打开"方向控制"对话框，并在"基准角度"选项区域中选中"其他"单选按钮。

(6) 单击"拾取角度"按钮，切换到图形窗口，然后单击五角星的两个顶点 A 和 B，这时在"方向控制"对话框的"角度"文本框中将显示角度值 324°。

(7) 单击"确定"按钮，依次关闭"方向控制"对话框和"图形单位"对话框。

1.5.3 设置绘图图限

在中文版 AutoCAD 2007 中，使用 LIMITS 命令可以在模型空间中设置一个想象的矩形绘图区域，也称为图限。它确定的区域是可见栅格指示的区域(如图 1-40 所示)，也是选择"视图"|"缩放"|"全部"命令时决定显示多大图形的一个参数。

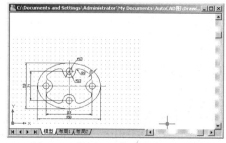

图 1-40 使用可见栅格指示的图限

在世界坐标系下，界限由一对二维点确定，即左下角点和右上角点。在发出 LIMITS 命令时，在命令提示行将显示如下提示信息：

指定左下角点或 [开(ON)/关(OFF)] <0.0000,0.0000>:

通过选择"开(ON)"或"关(OFF)"选项可以决定能否在图限之外指定一点。如果选择"开(ON)"选项，那么将打开界限检查，用户不能在图限之外结束一个对象，也不能使用"移动"或"复制"命令将图形移到图限之外，但可以指定两个点(中心和圆周上的点)来画圆，圆的一部分可能在界限之外；如果选择"关(OFF)"选项，AutoCAD 禁止界限检查，可以在图限之外画对象或指定点。

【例 1-6】以图纸左下角点(100,100)和右上角点(500,400)为图限范围，设置该图纸的图限。

(1) 选择"格式" | "图形界限"命令，发出 LIMITS 命令。

(2) 在命令行的"指定左下角点或 [开(ON)/关(OFF)] <0.0000,0.0000>:"提示下，输入绘图图限的左下角点(100,100)。

(3) 在命令行的"指定右上角点 <420.0000,297.0000>:"提示下，输入绘图图限的右上角点(500,400)。

(4) 在状态栏中单击"栅格"按钮，使用栅格显示图限区域，效果如图 1-41 所示。

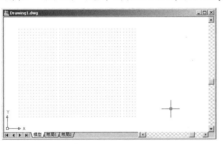

图 1-41　使用栅格显示图限区域

1.6　思 考 练 习

1. 什么是计算机绘图？计算机绘图系统的硬件组成和软件组成是什么？

2. AutoCAD 的基本功能有哪些？

3. 中文版 AutoCAD 2007 的经典工作界面包括哪几部分，它们的主要功能是什么？

4. 在 AutoCAD 2007 中打开一个图形文件的方式有几种？有何区别？

5. 在 AutoCAD 2007 中，如何对图形文件进行加密保存？

6. 简述如何在"选项"对话框中设置绘图窗口的背景颜色。

7. 以图纸左下角点(0,0)，右上角点(200,200)为图限范围，设置图纸的图限。

8. 创建如图 1-42 所示的工具栏。

图 1-42　自定义工具栏

9. 在 AutoCAD 绘图环境中，试利用"自定义用户界面"对话框打开或关闭某些工具栏，并调整工具栏在工作界面的位置。

10. 以样板文件 acadiso.dwt 开始一幅新图形，并对其进行如下设置。

♦ 绘图界限：将绘图界限设成横装 A3 图幅(尺寸：420×297)，并使所设绘图界限有效。

♦ 绘图单位：将长度单位设为小数，精度为小数点后 1 位；将角度单位设为十进制度数，精度为小数点后 1 位，其余保存默认设置。

♦ 保存图形：将图形以文件名 A3 保存。

第2章　绘图辅助工具

AutoCAD 的绘图辅助工具很多，它们可以帮助用户快速有效地绘制图形。例如，用户可以通过指定点的坐标来绘制图形；所有图形对象都具有图层、颜色、线型和线宽 4 个基本属性，因此，可以使用不同的图层、不同的颜色、不同的线型和线宽绘制不同的对象元素，以方便控制对象的显示和编辑，提高绘制复杂图形的效率和准确性。

2.1　使用坐标系

在绘图过程中要精确定位某个对象时，必须以某个坐标系作为参照，以便精确拾取点的位置。通过 AutoCAD 的坐标系可以准确地设计并绘制图形。

2.1.1　认识世界坐标系与用户坐标系

在 AutoCAD 中，坐标系分为世界坐标系(WCS)和用户坐标系(UCS)。两种坐标系下都可以通过坐标(x,y)来精确定位点。

默认情况下，在开始绘制新图形时，当前坐标系为世界坐标系即 WCS，它包括 X 轴和 Y 轴(如果在三维空间工作，还有一个 Z 轴)。WCS 坐标轴的交汇处显示"口"形标记，但坐标原点并不在坐标系的交汇点，而位于图形窗口的左下角，所有的位移都是相对于原点计算的，并且沿 X 轴正向及 Y 轴正向的位移规定为正方向，如图 2-1 左图所示。

在 AutoCAD 中，为了能够更好地辅助绘图，经常需要修改坐标系的原点和方向，这时世界坐标系将变为用户坐标系即 UCS。UCS 的原点以及 X 轴、Y 轴、Z 轴方向都可以移动及旋转，甚至可以依赖于图形中某个特定的对象。尽管用户坐标系中 3 个轴之间仍然互相垂直，但是在方向及位置上却都有更大的灵活性。另外，UCS 没有"口"形标记。

要设置 UCS，可选择"工具"菜单中的"命名 UCS"和"新建 UCS"命令及其子命令，或执行 UCS 命令。例如，选择"工具"|"新建 UCS"|"原点"命令，在图 2-1 左图所示中单击圆心 O，这时世界坐标系变为用户坐标系并移动到 O 点，O 点也就成了新坐标系的原点，如图 2-1 右图所示。

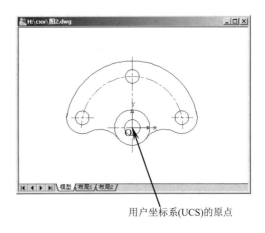

默认情况下，世界坐标系统(WCS)
的原点位于窗口的左下角

用户坐标系(UCS)的原点

图 2-1　世界坐标系(WCS)和用户坐标系(UCS)

2.1.2　坐标的表示方法

在 AutoCAD 2007 中，点的坐标可以使用绝对直角坐标、绝对极坐标、相对直角坐标和相对极坐标 4 种方法表示，它们的特点如下。

- ◆ 绝对直角坐标：是从点(0,0)或(0,0,0)出发的位移，可以使用分数、小数或科学记数等形式表示点的 X、Y、Z 坐标值，坐标间用逗号隔开，例如点(8.3,5.8)和(3.0,5.2,8.8)等。

- ◆ 绝对极坐标：是从点(0,0)或(0,0,0)出发的位移，但给定的是距离和角度，其中距离和角度用"<"分开，且规定 X 轴正向为 0°，Y 轴正向为 90°，例如点(4.27<60)、(34<30)等。

- ◆ 相对直角坐标和相对极坐标：相对坐标是指相对于某一点的 X 轴和 Y 轴位移，或距离和角度。它的表示方法是在绝对坐标表达方式前加上"@"号，如(@﹣13,8)和(@11<24)。其中，相对极坐标中的角度是新点和上一点连线与 X 轴的夹角。

【例 2-1】使用绝对直角坐标来创建如图 2-2 所示的三角形 OAB。

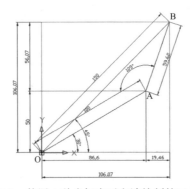

图 2-2　使用 4 种坐标表示方法绘制的三角形

(1) 在"绘图"工具栏中单击"直线"按钮，或在命令行中输入 LINE 命令。

(2) 在"指定第一点:"提示下输入点 O 的直角坐标(0,0)。

(3) 在"指定下一点或 [放弃(U)]:"提示下输入点 A 的直角坐标(86.6,50)。

(4) 在"指定下一点或 [放弃(U)]:"提示下输入点 B 的直角坐标(106.07,106.07)。

(5) 在"指定下一点或 [闭合(C)/放弃(U)]: "提示下输入 C，然后按 Enter 键，即可创建封闭的三角形 OAB。

【例 2-2】使用绝对极坐标来创建如图 2-2 所示三角形 OAB。

(1) 在"绘图"工具栏中单击"直线"按钮，或在命令行中输入 LINE 命令。

(2) 在"指定第一点:"提示下输入点 O 的极坐标(0<0)。

(3) 在"指定下一点或 [放弃(U)]:"提示下输入点 A 的极坐标(100<30)。

(4) 在"指定下一点或 [放弃(U)]:"提示下输入点 B 的极坐标(150<45)。

(5) 在"指定下一点或 [闭合(C)/放弃(U)]: "提示下输入 C，然后按 Enter 键，即可创建封闭的三角形 OAB。

【例 2-3】使用相对直角坐标来创建如图 2-2 所示三角形 OAB。

(1) 在"绘图"工具栏中单击"直线"按钮，或在命令行中输入 LINE 命令。

(2) 在"指定第一点:"提示下输入点 O 的坐标(0,0)。

(3) 在"指定下一点或 [放弃(U)]:"提示信息下输入点 A 相对与点 O 的相对直角坐标(@86.6,50)。

(4) 在"指定下一点或 [放弃(U)]:"提示信息下输入点 B 相对与点 A 的相对直角坐标(@19.46,56.07)。

(5) 在"指定下一点或 [闭合(C)/放弃(U)]: "提示信息下输入 C，然后按 Enter 键，即可创建封闭的三角形 OAB。

【例 2-4】使用相对极坐标来创建如图 2-2 所示三角形 OAB。

(1) 在"绘图"工具栏中单击"直线"按钮，或在命令行中输入 LINE 命令。

(2) 在"指定第一点:"提示信息下输入点 O 的极坐标(0<0)。

(3) 在"指定下一点或 [放弃(U)]:"提示信息下输入点 A 相对与点 O 的相对极坐标(@100<30)。

(4) 在"指定下一点或 [放弃(U)]:"提示信息下输入点 B 相对与点 A 的相对极坐标(@59.62<71)。

(5) 在"指定下一点或 [闭合(C)/放弃(U)]: "提示信息下输入 C，然后按 Enter 键，即可创建封闭的三角形。

2.1.3　控制坐标的显示

在绘图窗口中移动光标的十字指针时，状态栏上将动态显示当前指针的坐标。坐标显示取决于所选择的模式和程序中运行的命令，共有 3 种模式。

- ◆ 模式 0，"关"：显示上一个拾取点的绝对坐标。此时，指针坐标将不能动态更新，只有在拾取一个新点时，显示才会更新。但是，从键盘输入一个新点坐标时，不会改变该显示方式。

♦ 模式 1，"绝对"：显示光标的绝对坐标，该值是动态更新的，默认情况下，显示
方式是打开的。

♦ 模式 2，"相对"：显示一个相对极坐标。当选择该方式时，如果当前处在拾取点
状态，系统将显示光标所在位置相对于上一个点的距离和角度。当离开拾取点状态
时，系统将恢复到模式 1。

在实际绘图过程中，可以根据需要随时按下 F6 键、Ctrl + D 组合键或单击状态栏的坐
标显示区域，在这 3 种方式间切换，如图 2-3 所示。

35.4456, -16.1738, 0.0000	88.1689, 19.0239 , 0.0000	22.0000<300, 0.0000
模式 0，关	模式 1，绝对	模式 2，相对

图 2-3　坐标的 3 种显示方式

注意：

当选择"模式 0"时，坐标显示呈现灰色，表示坐标显示是关闭的，但是上一个拾取
点的坐标仍然是可读的。在一个空的命令提示符或一个不接收距离及角度输入的提示符下，
只能在"模式 0"和"模式 1"之间切换。在一个接收距离及角度输入的提示符下，可以
在所有模式间循环切换。

2.1.4　创建坐标系

在 AutoCAD 中，选择"工具"|"新建 UCS"命令，利用它的子命令可以方便地创建
UCS，子命令包括世界和对象等，其意义分别如下。

♦ "世界"命令：从当前的用户坐标系恢复到世界坐标系。WCS 是所有用户坐标系
的基准，不能被重新定义。

♦ "上一个"命令：从当前的坐标系恢复到上一个坐标系统。

♦ "面"命令：将 UCS 与实体对象的选定面对齐。要选择一个面，可单击该面的边
界内或面的边界，被选中的面将亮显，UCS 的 X 轴将与找到的第一个面上的最近
的边对齐。

♦ "对象"命令：根据选取的对象快速简单地建立 UCS，使对象位于新的 XY 平面，
其中 X 轴和 Y 轴的方向取决于选择的对象类型。该选项不能用于三维实体、三维
多段线、三维网格、视口、多线、面域、样条曲线、椭圆、射线、参照线、引线和
多行文字等对象。对于非三维面的对象，新 UCS 的 XY 平面与绘制该对象时生效
的 XY 平面平行，但 X 轴和 Y 轴可作不同的旋转。

♦ "视图"命令：以垂直于观察方向(平行于屏幕)的平面为 XY 平面，建立新的坐标
系，UCS 原点保持不变。常用于注释当前视图时使文字以平面方式显示。

♦ "原点"命令：通过移动当前 UCS 的原点，保持其 X、Y 和 Z 轴方向不变，从而
定义新的 UCS。可以在任何高度建立坐标系，如果没有给原点指定 Z 轴坐标值，

将使用当前标高。

- ◆ "Z 轴矢量"命令：用特定的 Z 轴正半轴定义 UCS。需要选择两点，第一点作为新的坐标系原点，第二点决定 Z 轴的正向，XY 平面垂直于新的 Z 轴。
- ◆ "三点"命令：通过在三维空间的任意位置指定 3 点，确定新 UCS 原点及其 X 轴和 Y 轴的正方向，Z 轴由右手定则确定。其中第 1 点定义了坐标系原点，第 2 点定义了 X 轴的正方向，第 3 点定义了 Y 轴的正方向。
- ◆ X/Y/Z 命令：旋转当前的 UCS 轴来建立新的 UCS。在命令行提示信息中输入正或负的角度以旋转 UCS，用右手定则来确定绕该轴旋转的正方向。

2.1.5　使用正交用户坐标系

选择"工具"|"命名 UCS"命令，打开 UCS 对话框，在其中的"正交 UCS"选项卡中可以从"当前 UCS"列表中选择需要使用的正交坐标系，如俯视、仰视、左视、右视、主视和后视等，如图 2-4 所示。

图 2-4　"正交 UCS"选项卡

2.1.6　设置当前视口中的 UCS

在绘制三维图形或一幅较大图形时，为了能够从多个角度观察图形的不同侧面或不同部分，可以将当前绘图窗口切分为几个小窗口(即视口)。在这些视口中，为了便于对象编辑，还可以为它们分别定义不同的 UCS。当视口被设置为当前视口时，可以使用该视口上一次处于当前状态时所设置的 UCS 进行绘图。例如，在图 2-5 中，可以建立 4 个视口来显示图形的俯视图、主视图、右视图和东南等轴测图，并为各个视口设置不同的 UCS。

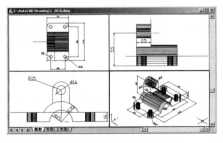

图 2-5　设置当前视口中的 UCS

可以使用系统变量 UCSVP 来控制每个视口中的 UCS。当一个视口的 UCSVP 设为 0 时，UCS 总是与当前视口的 UCS 一致。当一个视口的 UCSVP 设为 1 时，UCS 锁定为该视口上一次使用的 UCS。

2.1.7 命名用户坐标系

选择"工具"|"命名 UCS"命令，打开 UCS 对话框，如图 2-6 所示。单击"命名 UCS"标签打开其选项卡，并在"当前 UCS"列表中选中"世界"、"上一个"或某个 UCS，然后单击"置为当前"按钮，可将其置为当前坐标系，这时在该 UCS 前面将显示"▶"标记。也可以单击"详细信息"按钮，在"UCS 详细信息"对话框中查看坐标系的详细信息，如图 2-7 所示。

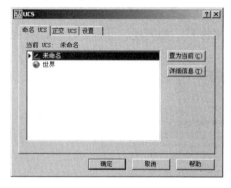
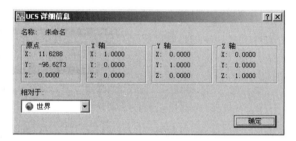

图 2-6　UCS 对话框　　　　　　　　图 2-7　"UCS 详细信息"对话框

此外，在"当前 UCS"列表中的坐标系选项上右击，将弹出一个快捷菜单，可以重命名坐标系、删除坐标系和将坐标系置为当前坐标系。

2.1.8 设置 UCS 的其他选项

在 AutoCAD 2007 中，可以通过选择"视图"|"显示"|"UCS 图标"子菜单中的命令，控制坐标系图标的可见性及显示方式。

- ◆ "开"命令：选择该命令可以在当前视口中打开 UCS 图符显示；取消该命令则可在当前视口中关闭 UCS 图符显示。
- ◆ "原点"命令：选择该命令可以在当前坐标系的原点处显示 UCS 图符；取消该命令则可以在视口的左下角显示 UCS 图符，而不考虑当前坐标系的原点。
- ◆ "特性"命令：选择该命令可打开"UCS 图标"对话框，如图 2-8 所示。可以设置 UCS 图标样式、大小、颜色及"布局"选项卡中的图标颜色。

此外，在 AutoCAD 中，还可以使用 UCS 对话框中的"设置"选项卡，如图 2-9 所示，对 UCS 图标或 UCS 进行设置。

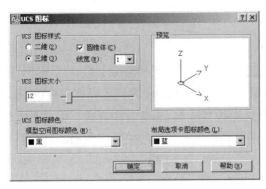
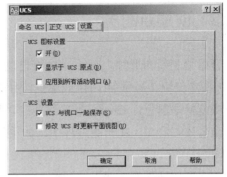

图 2-8　"UCS 图标"对话框　　　　　　图 2-9　设置 UCS 图标和 UCS

2.2　规　划　图　层

在 AutoCAD 中，图形中通常包含多个图层，它们就像一张张透明的图纸重叠在一起。在机械、建筑等工程制图中，图形中主要包括基准线、轮廓线、虚线、剖面线、尺寸标注以及文字说明等元素。如果用图层来管理，不仅能使图形的各种信息清晰有序，便于观察，而且也会给图形的编辑、修改和输出带来方便。

2.2.1　"图层特性管理器"对话框的组成

选择"格式"|"图层"命令，打开"图层特性管理器"对话框，如图 2-10 所示。在"过滤器树"列表中显示了当前图形中所有使用的图层、组过滤器。在图层列表中，显示了图层的详细信息。

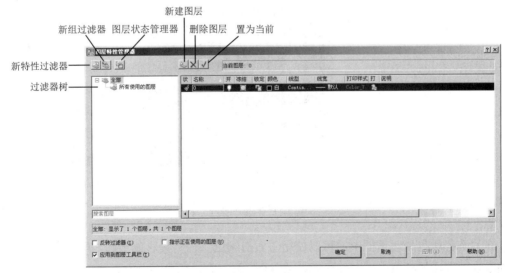

图 2-10　"图层特性管理器"对话框

2.2.2　创建新图层

开始绘制新图形时，AutoCAD 将自动创建一个名为 0 的特殊图层。默认情况下，图层 0 将被指定使用 7 号颜色(白色或黑色，由背景色决定，本书中将背景色设置为白色，因此，图层颜色就是黑色)、Continuous 线型、"默认"线宽及 Normal 打印样式，用户不能删除或重命名该图层 0。在绘图过程中，如果用户要使用更多的图层来组织图形，就需要先创建新图层。

在"图层特性管理器"对话框中单击"新建图层"按钮，可以创建一个名称为"图层 1"的新图层。默认情况下，新建图层与当前图层的状态、颜色、线性、线宽等设置相同。

当创建了图层后，图层的名称将显示在图层列表框中，如果要更改图层名称，可单击该图层名，然后输入一个新的图层名并按 Enter 键即可。

注意：

在为创建的图层命名时，在图层的名称中不能包含通配符(*和?)和空格，也不能与其他图层重名。

2.2.3　设置图层颜色

颜色在图形中具有非常重要的作用，可用来表示不同的组件、功能和区域。图层的颜色实际上是图层中图形对象的颜色。每个图层都拥有自己的颜色，对不同的图层可以设置相同的颜色，也可以设置不同的颜色，绘制复杂图形时就可以很容易区分图形的各部分。

新建图层后，要改变图层的颜色，可在"图层特性管理器"对话框中单击图层的"颜色"列对应的图标，打开"选择颜色"对话框，如图 2-11 所示。

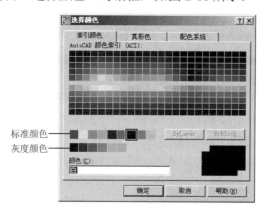

图 2-11　"选择颜色"对话框

在"选择颜色"对话框中，可以使用"索引颜色"、"真彩色"和"配色系统"3 个选项卡为图层选择颜色。

♦　"索引颜色"选项卡：可以使用 AutoCAD 的标准颜色(ACI 颜色)。在 ACI 颜色表中，每一种颜色用一个 ACI 编号(1~255 之间的整数)标识。"索引颜色"选项卡实际上是一张包含 256 种颜色的颜色表。

♦ "真彩色"选项卡：使用 24 位颜色定义显示 16M 色。指定真彩色时，可以使用 RGB 或 HSL 颜色模式。如果使用 RGB 颜色模式，则可以指定颜色的红、绿、蓝组合；如果使用 HSL 颜色模式，则可以指定颜色的色调、饱和度和亮度要素，如图 2-12 所示。在这两种颜色模式下，可以得到同一种所需的颜色，但是组合颜色的方式不同。

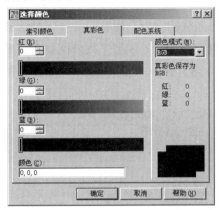 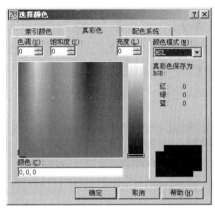

图 2-12 RGB 和 HSL 颜色模式

♦ "配色系统"选项卡：使用标准 Pantone 配色系统设置图层的颜色，如图 2-13 所示。

注意：

选择"工具"|"选项"命令，打开"选项"对话框，在"文件"选项卡的"搜索路径、文件名和文件位置"列表中展开"配色系统位置"选项，然后单击"添加"按钮，在打开的文本框中输入配色系统文件的路径即可在系统中安装配色系统。

图 2-13 "配色系统"选项卡

2.2.4 使用与管理线型

线型是指图形基本元素中线条的组成和显示方式，如虚线和实线等。在 AutoCAD 中既有简单线型，也有由一些特殊符号组成的复杂线型，以满足不同国家或行业标准的使用要求。

1. 设置图层线型

在绘制图形时要使用线型来区分图形元素，这就需要对线型进行设置。默认情况下，图层的线型为 Continuous。要改变线型，可在图层列表中单击"线型"列的 Continuous，打开"选择线型"对话框，如图 2-14 所示，在"已加载的线型"列表框中选择一种线型，然后单击"确定"按钮。

2. 加载线型

默认情况下，在"选择线型"对话框的"已加载的线型"列表框中只有 Continuous 一种线型，如果要使用其他线型，必须将其添加到"已加载的线型"列表框中。可单击"加载"按钮打开"加载或重载线型"对话框，如图 2-15 所示，从当前线型库中选择需要加载的线型，然后单击"确定"按钮。

图 2-14　"选择线型"对话框

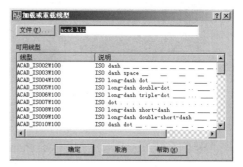

图 2-15　"加载或重载线型"对话框

AutoCAD 中的线型包含在线型库定义文件 acad.lin 和 acadiso.lin 中。其中，在英制测量系统下，使用线型库定义文件 acad.lin；在公制测量系统下，使用线型库定义文件 acadiso.lin。用户可以根据需要，单击"加载或重载线型"对话框中的"文件"按钮，打开"选择线型文件"对话框，选择合适的线型库定义文件。

3. 设置线型比例

选择"格式"|"线型"命令，打开"线型管理器"对话框，可设置图形中的线型比例，从而改变非连续线型的外观，如图 2-16 所示。

图 2-16　"线型管理器"对话框

"线型管理器"对话框显示了当前使用的线型和可选择的其他线型。当在线型列表中选择了某一线型后，可以在"详细信息"选项区域中设置线型的"全局比例因子"和"当前对象缩放比例"。其中，"全局比例因子"用于设置图形中所有线型的比例，"当前对象缩放比例"用于设置当前选中线型的比例。

2.2.5　设置图层线宽

线宽设置就是改变线条的宽度。在 AutoCAD 中，使用不同宽度的线条表现对象的大小或类型，可以提高图形的表达能力和可读性。

要设置图层的线宽，可以在"图层特性管理器"对话框的"线宽"列中单击该图层对应的线宽"——默认"，打开"线宽"对话框，有 20 多种线宽可供选择，如图 2-17 所示。也可以选择"格式"|"线宽"命令，打开"线宽设置"对话框，通过调整线宽比例，使图形中的线宽显示得更宽或更窄，如图 2-18 所示。

在"线宽设置"对话框的"线宽"列表框中选择所需线条的宽度后，还可以设置其单位和显示比例等参数，各选项的功能如下。

- ◆ "列出单位"选项区域：设置线宽的单位，可以是"毫米"或"英寸"。
- ◆ "显示线宽"复选框：设置是否按照实际线宽来显示图形，也可以单击状态栏上的"线宽"按钮来显示或关闭线宽。
- ◆ "默认"下拉列表框：设置默认线宽值，即关闭显示线宽后 AutoCAD 所显示的线宽。
- ◆ "调整显示比例"选项区域：通过调节显示比例滑块，可以设置线宽的显示比例大小。

图 2-17　"线宽"对话框

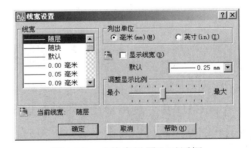

图 2-18　"线宽设置"对话框

【例 2-5】 创建图层"轮廓线层"，要求该图层颜色为"洋红"，线型为 ACAD_IS004W100，线宽为 0.20 毫米，如图 2-19 所示。

(1) 选择"格式"|"图层"命令，打开"图层特性管理器"对话框。

(2) 单击对话框上方的"新建图层"按钮，创建一个新图层，并在"名称"列对应的文本框中输入"轮廓线层"。

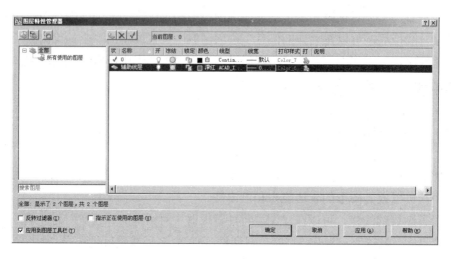

图 2-19　创建标注线层

(3) 在"图层特性管理器"对话框中单击"颜色"列的颜色，打开"选择颜色"对话框，在标准颜色区中单击洋红色，这时"颜色"文本框中将显示颜色的名称"洋红"，单击"确定"按钮。

(4) 在"图层特性管理器"对话框中单击"线型"列上的 Continuous，打开"选择线型"对话框。单击"加载"按钮，打开"加载或重载线型"对话框，在"可用线型"列表框中选择线型 ACAD_IS004W100，然后单击"确定"按钮。

(5) 在"选择线型"对话框的"已加载的线型"列表框中选择 ACAD_IS004W100，然后单击"确定"按钮。

(6) 在"图层特性管理器"对话框中单击"线宽"列的线宽，打开"线宽"对话框，在"线宽"列表框中选择 0.20mm，然后单击"确定"按钮。

(7) 设置完毕后，单击"确定"按钮。

2.3 管 理 图 层

在 AutoCAD 中，使用"图层特性管理器"对话框不仅可以创建图层，设置图层的颜色、线型和线宽，还可以对图层进行更多的设置与管理，如图层的切换、重命名、删除及图层的显示控制等。

2.3.1 设置图层特性

使用图层绘制图形时，新对象的各种特性将默认为随层，由当前图层的默认设置决定。也可以单独设置对象的特性，新设置的特性将覆盖原来随层的特性。在"图层特性管理器"对话框中，每个图层都包含状态、名称、打开/关闭、冻结/解冻、锁定/解锁、线型、颜色、线宽和打印样式等特性，如图 2-20 所示。

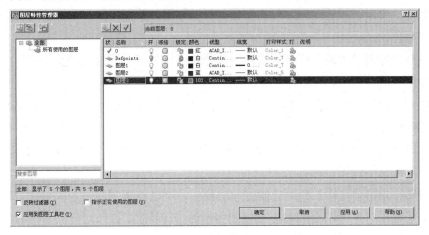

图 2-20　　"图层特性管理器"对话框

注意：

创建图层后，可以按照名称、可见性、颜色、线宽、打印样式或线型对其排序。在"图层特性管理器"对话框中，单击列标题可以按该列中的特性对图层排序。图层名可以按字母的升序或降序排列。

- 状态：显示图层和过滤器的状态。其中，被删除的图层标识为 ✖，当前图层标识为 ✔。
- 名称：即图层的名字，是图层的惟一标识。默认情况下，图层的名称按图层 0、图层 1、图层 2 ……的编号依次递增，可以根据需要为图层定义能够表达用途的名称。
- 开关状态：单击"开"列对应的小灯泡图标 💡，可以打开或关闭图层。在开状态下，灯泡的颜色为黄色，图层上的图形可以显示，也可以在输出设备上打印；在关状态下，灯泡的颜色为灰色，图层上的图形不能显示，也不能打印输出。在关闭当前图层时，系统将显示一个消息对话框，警告正在关闭当前层。
- 冻结：单击图层"冻结"列对应的太阳 ☀ 或雪花 ❄ 图标，可以冻结或解冻图层。图层被冻结时显示雪花 ❄ 图标，此时图层上的图形对象不能被显示、打印输出和编辑修改。图层被解冻时显示太阳 ☀ 图标，此时图层上的图形对象能够被显示、打印输出和编辑。

注意：

不能冻结当前层，也不能将冻结层设为当前层，否则将会显示警告信息对话框。冻结的图层与关闭的图层的可见性是相同的，但冻结的对象不参加处理过程中的运算，关闭的图层则要参加运算。所以在复杂的图形中冻结不需要的图层可以加快系统重新生成图形时的速度。

- 锁定：单击"锁定"列对应的关闭 🔒 或打开 🔓 小锁图标，可以锁定或解锁图层。图层在锁定状态下并不影响图形对象的显示，且不能对该图层上已有图形对象进行编辑，但可以绘制新图形对象。此外，在锁定的图层上可以使用查询命令和对象捕捉功能。

♦ 颜色：单击"颜色"列对应的图标，可以使用打开的"选择颜色"对话框来选择图层颜色。

♦ 线型：单击"线型"列显示的线型名称，可以使用打开的"选择线型"对话框来选择所需要的线型。

♦ 线宽：单击"线宽"列显示的线宽值，可以使用打开的"线宽"对话框来选择所需要的线宽。

♦ 打印样式：通过"打印样式"列确定各图层的打印样式，如果使用的是彩色绘图仪，则不能改变这些打印样式。

♦ 打印：单击"打印"列对应的打印机图标，可以设置图层是否能够被打印，在保持图形显示可见性不变的前提下控制图形的打印特性。打印功能只对没有冻结和关闭的图层起作用。

♦ 说明：单击"说明"列两次，可以为图层或组过滤器添加必要的说明信息。

2.3.2　切换当前层

在"图层特性管理器"对话框的图层列表中，选择某一图层后，单击"当前图层"按钮✓，即可将该层设置为当前层。

在实际绘图时，为了便于操作，主要通过"图层"工具栏和"特性"工具栏(如图2-21所示)来实现图层切换，这时只需选择要将其设置为当前层的图层名称即可。此外，"图层"工具栏和"特性"工具栏中的主要选项与"图层特性管理器"对话框中的内容相对应，因此也可以用来设置与管理图层特性。

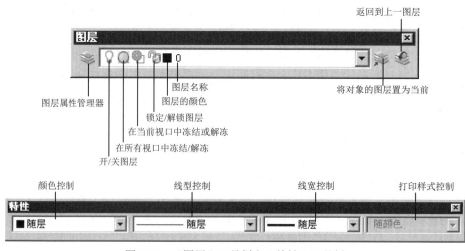

图 2-21　"图层"工具栏和"特性"工具栏

2.3.3　使用"图层过滤器特性"对话框过滤图层

AutoCAD 2007 提供的图层过滤功能简化了图层方面的操作。图形中包含大量图层时，在"图层特性管理器"对话框中单击"新特性过滤器"按钮 ，可以使用打开的"图层过滤器特性"对话框来命名图层过滤器，如图 2-22 所示。

图 2-22　"图层过滤器特性"对话框

在"过滤器名称"文本框中可以输入过滤器名称，但过滤器名称中不允许使用 < > / \ " : ; ? * | , = 和 ` 等字符。在"过滤器定义"列表中，可以设置过滤条件，包括图层名称、状态和颜色等过滤条件。当指定过滤器的图层名称时，可使用标准的?和*等多种通配符，其中，* 用来代替任意多个字符，? 用来代替任意一个字符。

【例 2-6】过滤如图 2-23 所示的"图层特性管理器"对话框中显示的所有图层，创建一个图层过滤器 Filter 1，要求被过滤的图层名称为"Too*"，或图层属性为"解冻"和"解锁"。

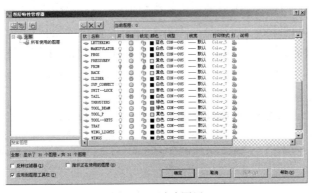

图 2-23　过滤图层

(1) 选择"格式"|"图层"命令，打开"图层特性管理器"对话框。

(2) 单击"新特性过滤器"按钮 ，打开"图层过滤器特性"对话框。

(3) 在"过滤器名称"文本框中输入过滤器名称为 Filter 1。

(4) 在"过滤器定义"列表框中，单击第一行的"图层名称"列，在其中输入"Too*"。

(5) 在"过滤器定义"列表框中，单击第二行"冻结"列选择 选项；单击"锁定"

列选择[⋯]选项。设置完毕后，在"过滤器预览"列表框中将显示所有符合要求的图层信息，如图 2-24 所示。

(6) 单击"确定"按钮关闭"图层过滤器特性"对话框，在"图层特性管理器"对话框的左侧过滤器树列表中将显示 Filter 1 选项。选择该选项，在该对话框右侧的图层列表中将显示该过滤器对应的图层信息，如图 2-25 所示。

图 2-24　设置过滤条件　　　　　　图 2-25　显示过滤后的图层

注意：

在"图层特性管理器"对话框中选中"反向过滤器"复选框，将只显示未通过过滤器的图层；选中"应用到图层工具栏"复选框，则"图层"工具栏中仅显示符合当前过滤器的图层。

2.3.4　使用"新组过滤器"过滤图层

在 AutoCAD 2007 中，还可以通过"新组过滤器"过滤图层。可在"图层特性管理器"对话框中单击"新组过滤器"按钮，并在对话框左侧过滤器树列表中添加一个"组过滤器 1"(也可以根据需要命名组过滤器)。在过滤器树中单击"所有使用的图层"节点或其他过滤器，显示对应的图层信息，然后将需要分组过滤的图层拖动到创建的"组过滤器 1"上即可，如图 2-26 所示。

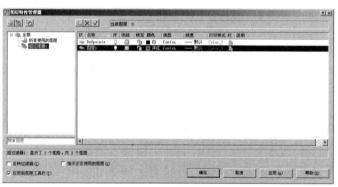

图 2-26　使用"新组过滤器"过滤图层

注意:

使用"图层过滤器特性"对话框创建的过滤器中包含的图层是特定的,只有符合过滤条件的图层才能存放在该过滤器中。使用"新组过滤器"创建的过滤器中包含的图层取决于用户的需要。

2.3.5　保存与恢复图层状态

图层设置包括图层状态和图层特性。图层状态包括图层是否打开、冻结、锁定、打印和在新视口中自动冻结。图层特性包括颜色、线型、线宽和打印样式。可以选择要保存的图层状态和图层特性。例如,可以选择只保存图形中图层的"冻结/解冻"设置,忽略所有其他设置。恢复图层状态时,除了每个图层的冻结或解冻设置以外,其他设置仍保持当前设置。在 AutoCAD 2007 中,可以使用"图层状态管理器"对话框来管理所有图层的状态。

1. 图层状态管理器

在"图层特性管理器"对话框中单击"图层状态管理器"按钮，打开"图层状态管理器"对话框,如图 2-27 所示,在"图层状态"列表框中显示当前图层已保存下来的图层状态名称,以及从外部输入进来的图层状态名称。在"要恢复的图层设置"选项区域中,通过选中相应的复选框来设置图层状态和特性。

2. 保存图层状态

如果要保存图层状态,可单击"图层状态管理器"对话框中的"新建"按钮,打开"要保存的新图层状态"对话框,如图 2-28 所示。在"新图层状态名"文本框中输入图层状态的名称,在"说明"文本框中输入相关的图层说明文字,然后单击"确定"按钮,返回"图层状态管理器"对话框,在"要恢复的图层设置"选项区域中设置恢复选项,然后单击"关闭"按钮即可。

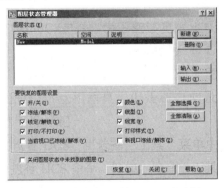

图 2-27　"图层状态管理器"对话框

图 2-28　"要保存的新图层状态"对话框

3. 恢复图层状态

用户如果改变了图层的显示等状态,还可以恢复以前保存的图层设置。这时可在"图层特性管理器"对话框中单击"图层状态管理器"按钮，打开"图层状态管理器"对话框，选择需要恢复的图层状态后，单击"恢复"按钮。

2.3.6　转换图层

使用"图层转换器"可以转换图层，实现图形的标准化和规范化。"图层转换器"能够转换当前图形中的图层，使之与其他图形的图层结构或 CAD 标准文件相匹配。例如，如果打开一个与本公司图层结构不一致的图形时，可以使用"图层转换器"转换图层名称和属性，以符合本公司的图形标准。

选择"工具"|"CAD 标准"|"图层转换器"命令，或在"CAD 标准"工具栏中单击"图层转换"按钮 ，打开"图层转换器"对话框，如图 2-29 所示，主要选项的功能如下。

- ♦ "转换自"选项区域：显示当前图形中即将被转换的图层结构，可以在列表框中选择，也可以通过"选择过滤器"来选择。
- ♦ "转换为"选项区域：显示可以将当前图形的图层转换成的图层名称。单击"加载"按钮打开"选择图形文件"对话框，可以从中选择作为图层标准的图形文件，并将该图层结构显示在"转换为"列表框中。单击"新建"按钮打开"新图层"对话框，如图 2-30 所示，可以从中创建新的图层作为转换匹配图层，新建的图层也会显示在"转换为"列表框中。
- ♦ "映射"按钮：单击该按钮，可以将在"转换自"列表框中选中的图层映射到"转换为"列表框中，并且当图层被映射后，将从"转换自"列表框中删除。

注意：

只有在"转换自"选项区域和"转换为"选项区域中都选择了对应的转换图层后，"映射"按钮才可以使用。

图 2-29　"图层转换器"对话框　　　　　图 2-30　"新图层"对话框

- ♦ "映射相同"按钮：将"转换自"列表框中和"转换为"列表框中名称相同的图层进行转换映射。
- ♦ "图层转换映射"选项区域：显示已经映射的图层名称和相关的特性值。当选中一个图层后，单击"编辑"按钮，将打开"编辑图层"对话框，可以从中修改转换后的图层特性，如图 2-31 所示。单击"删除"按钮，可以取消该图层的转换映射，该图层将重新显示在"转换自"选项区域中。单击"保存"按钮，将打开"保存图层映射"对话框，可以将图层转换关系保存到一个标准配置文件*.dws 中。

◆ "设置"按钮：单击该按钮，打开"设置"对话框，可以设置图层的转换规则，如图 2-32 所示。

◆ "转换"按钮：单击该按钮将开始转换图层，并关闭"图层转换"对话框。

图 2-31　"编辑图层"对话框　　　　　　　　　图 2-32　"设置"对话框

2.3.7　改变对象所在图层

在实际绘图中，如果绘制完某一图形元素后，发现该元素并没有绘制在预先设置的图层上，可选中该图形元素，并在"图层"工具栏的图层控制下拉列表框中选择预设图层名，即可改变对象所在图层。

2.3.8　使用图层工具管理图层

在 AutoCAD 2007 中新增了图层管理工具，利用该功能用户可以更加方便地管理图层。选择"格式"|"图层工具"命令中的子命令，就可以通过图层工具来管理图层，如图 2-33 所示。

【例 2-7】使用"层漫游"功能，只显示图 2-34 中的"轮廓层"图层，并要求确定直径为 24 的圆所在的图层。

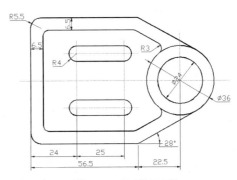

图 2-33　"图层工具"子命令　　　　　　　　　图 2-34　绘制的图形

(1) 打开图 2-34 所在的文档，选择 "格式" | "图层工具" | "层漫游" 命令，打开 "层漫游" 对话框，在图层列表中显示该图形中所有的层，如图 2-35 所示。

(2) 在图层列表中选择 "轮廓层" 图层，在绘图窗口中将只显示轮廓元素，如图 2-36 所示。

(3) 在 "层漫游" 对话框中单击 "选择对象" 按钮　，并在绘图窗口选择直径为 24 的圆。

(4) 按 Enter 键返回至 "层漫游" 对话框，此时，只在直径为 24 的圆所在的图层上亮显，用户即可确定它所在的图层。

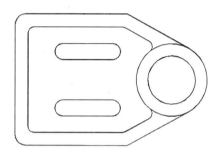

图 2-35 　 "层漫游" 对话框 　　　　　　　　　　图 2-36 　 轮廓层

2.4 思 考 练 习

1. 简述 AutoCAD 2007 中 4 种点坐标的特点。

2. 在 AutoCAD 2007 中，图层具有哪些特性？如何设置这些特性？

3. 在绘制图形时，如果发现某一图形没有绘制在预先设置的图层上，如何将其放置在指定层上？

4. 在 AutoCAD 2007 中，如何使用 "图层工具" 管理图层？

5. 参照表 2-1 所示的要求创建各图层。

表 2-1 　 图层设置要求

图 层 名	线 型	颜 色
轮廓线层	Continuous	白色
中心线层	Center	红色
辅助线层	Dashed	蓝色

6. AutoCAD 2007 提供了一些示例图形文件(位于 AutoCAD 2007 安装目录下的 Sample 子目录)，打开如图 2-37 所示的图形，将各图层设置成关闭(或打开)、冻结(或解冻)、锁定(或解锁)，观看设置效果。

7. 在 AutoCAD 2007 安装目录下的 Sample 子目录中打开如图 2-38 所示的图形，使用

"层漫游"功能，只显示图 2-38 中的图层 Borders，并要求确定文本 autodesk 所在的图层。

图 2-37 示例图形 1

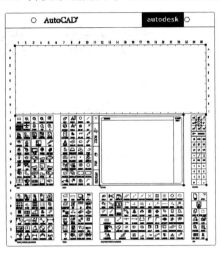

图 2-38 示例图形 2

第3章 控制图形显示

在中文版 AutoCAD 2007 中，用户可以使用多种方法来观察绘图窗口中绘制的图形，如使用"视图"菜单中的命令、使用"视图"工具栏中的工具按钮，以及使用视口和鸟瞰视图等，通过这些方式可以灵活地观察图形的整体效果或局部细节。

3.1 缩 放 视 图

按一定比例、观察位置和角度显示的图形称为视图。在 AutoCAD 中，可以通过缩放视图来观察图形对象。缩放视图可以增加或减少图形对象的屏幕显示尺寸，但对象的真实尺寸保持不变。

3.1.1 "缩放"菜单和"缩放"工具栏

在 AutoCAD 2007 中，选择"视图"|"缩放"命令(ZOOM)中的子命令或使用"缩放"工具栏(如图 3-1 所示)，可以缩放视图。

通常，在绘制图形的局部细节时，需要使用"缩放"工具放大该绘图区域，当绘制完成后，再使用"缩放"工具缩小图形来观察图形的整体效果。常用的缩放命令或工具有"实时"、"窗口"、"动态"和"中心点"。

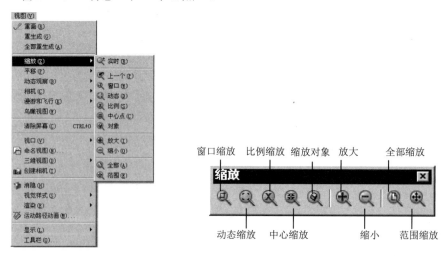

图 3-1 "缩放"子菜单中的命令和"缩放"工具栏

3.1.2　实时缩放视图

选择"视图"|"缩放"|"实时"命令，或在"标准"工具栏中单击"实时缩放"按钮
，进入实时缩放模式，此时鼠标指针呈 形状。此时向上拖动光标可放大整个图形；向
下拖动光标可缩小整个图形；释放鼠标后停止缩放。

注意：

在使用"实时"缩放工具时，如果图形放大到最大程度，光标显示为 时，表示不能
再进行放大；反之，如果缩小到最小程度，光标显示为 时，表示不能再进行缩小。

3.1.3　窗口缩放视图

选择"视图"|"缩放"|"窗口"命令，可以在屏幕上拾取两个对角点以确定一个矩形
窗口，之后系统将矩形范围内的图形放大至整个屏幕。

在使用窗口缩放时，如果系统变量 REGENAUTO 设置为关闭状态，则与当前显示设
置的界线相比，拾取区域显得过小。系统提示将重新生成图形，并询问是否继续下去，此
时应回答 NO，并重新选择较大的窗口区域。

注意：

当使用"窗口"缩放视图时，应尽量使所选矩形对角点与屏幕成一定比例，并非一定
是正方形。

3.1.4　动态缩放视图

选择"视图"|"缩放"|"动态"命令，可以动态缩放视图。当进入动态缩放模式时，
在屏幕中将显示一个带"×"的矩形方框。单击鼠标左键，此时选择窗口中心的"×"消
失，显示一个位于右边框的方向箭头，拖动鼠标可改变选择窗口的大小，以确定选择区域
大小，最后按下 Enter 键，即可缩放图形。

【例 3-1】使用动态缩放功能，放大图 3-2 所示图形中的某一个区域。

(1) 选择"视图"|"缩放"|"动态"命令，此时，在绘图窗口中将显示图形范围，如
图 3-3 所示。

图 3-2　使用动态缩放功能放大图形　　　　图 3-3　进入"动态"缩放模式

(2) 当视图框包含一个"×"时，在屏幕上拖动视图框以平移到不同的区域。

(3) 要缩放到不同的大小，可单击鼠标左键，这时视图框中的"×"将变成一个箭头。左右移动指针调整视图框尺寸，上下移动光标可调整视图框位置。如果视图框较大，则显示出的图像较小；如果视图框较小，则显示出的图像较大，最后调整结果如图 3-4 所示。

(4) 调整完毕，再次单击鼠标左键。

(5) 当视图框指定的区域正是用户想查看的区域，按下 Enter 键确认，则视图框所包围的图像就成为当前视图，如图 3-5 所示。

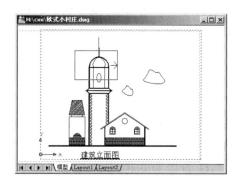
图 3-4　调整视图框大小和位置

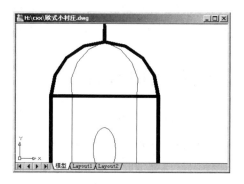
图 3-5　放大后的效果

3.1.5　设置视图中心点

选择"视图"|"缩放"|"中心点"命令，在图形中指定一点，然后指定一个缩放比例因子或者指定高度值来显示一个新视图，而选择的点将作为该新视图的中心点。如果输入的数值比默认值小，则会增大图像。如果输入的数值比默认值大，则会缩小图像。

要指定相对的显示比例，可输入带 X 的比例因子数值。例如，输入 2X 将显示比当前视图大两倍的视图。如果正在使用浮动视口，则可以输入 XP 来相对于图纸空间进行比例缩放。

3.2　平　移　视　图

使用平移视图命令，可以重新定位图形，以便看清图形的其他部分。此时不会改变图形中对象的位置或比例，只改变视图。

3.2.1　"平移"菜单

选择"视图"|"平移"命令中的子命令(如图 3-6 所示)，单击"标准"工具栏中的"实时平移"按钮，或在命令行直接输入 PAN 命令，都可以平移视图。

使用平移命令平移视图时，视图的显示比例不变。除了可以上、下、左、右平移视图外，还可以使用"实时"和"定点"命令平移视图。

3.2.2 实时平移

选择"视图"|"平移"|"实时"命令，此时光标指针变成一只小手🖐，如图 3-7 所示。按住鼠标左键拖动，窗口内的图形就可按光标移动的方向移动。释放鼠标，可返回到平移等待状态。按 Esc 键或 Enter 键退出实时平移模式。

图 3-6 视图"平移"菜单　　　　　图 3-7 平移视图

3.2.3 定点平移

选择"视图"|"平移"|"定点"命令，可以通过指定基点和位移值来平移视图。

注意：

在 AutoCAD 中，"平移"功能通常又称为摇镜，它相当于将一个镜头对准视图，当镜头移动时，视口中的图形也跟着移动。

3.3 使用命名视图

用户可以在一张工程图纸上创建多个视图。当要查看、修改图纸上的某一部分视图时，将该视图恢复出来即可。

3.3.1 命名视图

选择"视图"|"命名视图"命令(VIEW)，或在"视图"工具栏中单击"命名视图"按钮，打开"视图管理器"对话框，如图 3-8 所示。

在"视图管理器"对话框中，用户可以创建、设置、重命名以及删除命名视图。其中，"当前视图"选项后显示了当前视图的名称。此外，对话框中其他主要选项的功能如下。

♦ "查看"列表框：列出了已命名的视图和可作为当前视图的类别，例如可选择正交视图和等轴测视图作为当前视图。

♦ "信息"选项区域：显示指定命名视图的详细信息，包括视图名称、分类、UCS及透视模式等。

♦ "置为当前"按钮：将选中的命名视图设置为当前视图。

♦ "新建"按钮：创建新的命名视图。单击该按钮，打开"新建视图"对话框，如图3-9所示。可以在"视图名称"文本框中设置视图名称；在"视图类别"下拉列表框中为命名视图选择或输入一个类别；在"边界"选项区域中通过选中"当前显示"或"定义窗口"单选按钮来创建视图的边界区域；在"设置"选项区域中，可以设置是否"将图层快照与视图一起保存"，并可以通过"UCS"下拉列表框设置命名视图的UCS；在"背景"选项区域中，可以选择新的背景来替代默认的背景，且可以预览效果。

图 3-8　"视图管理器"对话框　　　　图 3-9　"新建视图"对话框

♦ "更新图层"按钮：单击该按钮，可以使用选中的命名视图中保存的图层信息更新当前模型空间或布局视口中的图层信息。

♦ "编辑边界"按钮：单击该按钮，切换到绘图窗口中，可以重新定义视图的边界，如图3-10所示。

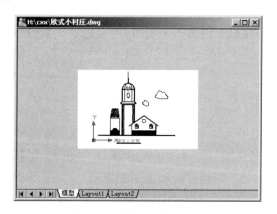

图 3-10　编辑视图边界

3.3.2　恢复命名视图

在 AutoCAD 中，可以一次命名多个视图，当需要重新使用一个已命名视图时，只需将该视图恢复到当前视口即可。如果绘图窗口中包含多个视口，用户也可以将视图恢复到活动视口中，或将不同的视图恢复到不同的视口中，以同时显示模型的多个视图。

恢复视图时可以恢复视口的中点、查看方向、缩放比例因子和透视图(镜头长度)等设置，如果在命名视图时将当前的 UCS 随视图一起保存起来，当恢复视图时也可以恢复 UCS。

【例 3-2】创建一个命名视图，并在当前视口中恢复命名视图。

(1) 选择"文件"|"打开"命令，选择一个图形文件并将其打开，如图 3-11 所示。

(2) 选择"视图"|"命名视图"命令，或在"视图"工具栏中单击"命名视图"按钮，打开"视图管理器"对话框。

(3) 单击"新建"按钮，打开"新建视图"对话框。在"视图名称"文本框中输入 All，然后单击"确定"按钮，创建一个名称为 All 的视图，显示在"模型视图"选项节点中。

(4) 选择"视图"|"视口"|"3 个视口"命令，将视图分割成 3 个视口，如图 3-12 所示。

图 3-11　打开图形

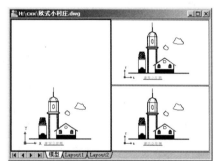

图 3-12　分割视口

(5) 选择"视图"|"命名视图"命令，打开"视图管理器"对话框，展开"模型视图"节点，选择已命名的视图 All，单击"置为当前"按钮，然后单击"确定"按钮，将其设置为当前视图，如图 3-13 所示。

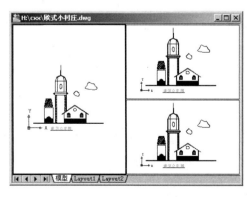

图 3-13　恢复命名视图

3.4　使用鸟瞰视图

"鸟瞰视图"属于定位工具，它提供了一种可视化平移和缩放视图的方法。可以在另外一个独立的窗口中显示整个图形视图以便快速移动到目的区域。在绘图时，如果鸟瞰视图保持打开状态，则可以直接缩放和平移，无需选择菜单选项或输入命令。

3.4.1　使用鸟瞰视图观察图形

选择"视图" | "鸟瞰视图"命令(DSVIEWER)，打开鸟瞰视图。可以使用其中的矩形框来设置图形观察范围。例如，要放大图形，可缩小矩形框；要缩小图形，可放大矩形框。

使用鸟瞰视图观察图形的方法与使用动态视图缩放图形的方法相似，但使用鸟瞰视图观察图形是在一个独立的窗口中进行的，其结果反映在绘图窗口的当前视口中，如图 3-14 所示。

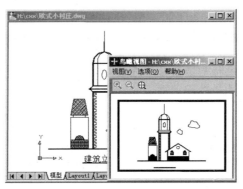

图 3-14　使用鸟瞰视图观察图形

3.4.2　改变鸟瞰视图中图像大小

在鸟瞰视图中，可使用"视图"菜单中的命令或单击工具栏中的相应工具按钮，显示整个图形或递增调整图像大小来改变鸟瞰视图中图像的大小，但这些改变并不会影响到绘图区域中的视图，其功能如下。

- ◆ "放大"命令：拉近视图，将鸟瞰视图放大一倍，从而更清楚地观察对象的局部细节。
- ◆ "缩小"命令：拉远视图，将鸟瞰视图缩小一倍，以观察到更大的视图区域。
- ◆ "全局"命令：在鸟瞰视图窗口中观察到整个图形。

此外，当鸟瞰视图窗口中显示整幅图形时，"缩放"命令无效；在当前视图快要填满鸟瞰视图窗口时，"放大"命令无效；当显示图形范围时，这两个命令可能同时无效。

3.4.3　改变鸟瞰视图的更新状态

默认情况下，AutoCAD 自动更新鸟瞰视图窗口以反映在图形中所作的修改。当绘制复杂的图形时，关闭动态更新功能可以提高程序性能。

在"鸟瞰视图"窗口中，使用"选项"菜单中的命令，可以改变鸟瞰视图的更新状态，包括以下选项。

- ◆ "自动视口"命令：自动地显示模型空间的当前有效视口，该命令不被选中时，鸟瞰视图就不会随有效视口的变化而变化。
- ◆ "动态更新"命令：控制鸟瞰视图的内容是否随绘图区中图形的改变而改变，该命令被选中时，绘图区中的图形可以随鸟瞰视图动态更新。
- ◆ "实时缩放"命令：控制在鸟瞰视图中缩放时绘图区中的图形显示是否适时变化，该命令被选中时，绘图区中的图形显示可以随鸟瞰视图适时变化。

3.5　使用平铺视口

在 AutoCAD 中，为便于编辑图形，常常需要将图形的局部进行放大，以显示其细节。当需要观察图形的整体效果时，仅使用单一的绘图视口已无法满足需要。此时，可使用 AutoCAD 的平铺视口功能，将绘图窗口划分为若干视口。

3.5.1　平铺视口的特点

平铺视口是指把绘图窗口分成多个矩形区域，从而创建多个不同的绘图区域，其中每一个区域都可用来查看图形的不同部分。在 AutoCAD 中，可以同时打开多达 32 000 个视口，屏幕上还可保留菜单栏和命令提示窗口。

在 AutoCAD 2007 中，使用"视图"|"视口"子菜单中的命令或"视口"工具栏，可以在模型空间创建和管理平铺视口，如图 3-15 所示。

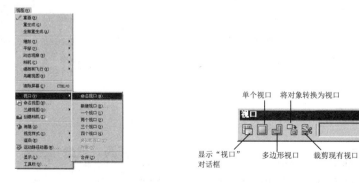

图 3-15　"视口"菜单和工具栏

当打开一个新图形时，默认情况下，将用一个单独的视口填满模型空间的整个绘图区域。而当系统变量 TILEMODE 被设置为 1 后(即在模型空间模式下)，就可以将屏幕的绘图区域分割成多个平铺视口。

3.5.2　创建平铺视口

选择"视图"|"视口"|"新建视口"命令(VPOINTS)，或在"视口"工具栏中单击"显示视口对话框"按钮🖳，打开"视口"对话框，如图 3-16 所示。使用"新建视口"选项卡可以显示标准视口配置列表及创建并设置新的平铺视口。

若要平铺视口，需要在"新名称"文本框中输入新建的平铺视口的名称，在"标准视口"列表框中选择可用的标准视口配置，此时"预览"区中将显示所选视口配置以及已赋给每个视口的默认视图的预览图像。此外，还需要设置以下选项。

- ◆ "应用于"下拉列表框：设置所选的视口配置是用于整个显示屏幕还是当前视口，包括"显示"和"当前视口"两个选项。其中，"显示"选项用于设置将所选的视口配置用于模型空间中的整个显示区域，为默认选项；"当前视口"选项用于设置将所选的视口配置用于当前视口。
- ◆ "设置"下拉列表框：指定二维或三维设置。如果选择"二维"选项，则使用视口中的当前视图来初始化视口配置；如果选择"三维"选项，则使用正交的视图来配置视口。
- ◆ "修改视图"下拉列表框：选择一个视口配置代替已选择的视口配置。
- ◆ "视觉样式"下拉列表框：可从中选择一种视觉样式代替当前的视觉样式。

在"视口"对话框中，使用"命名视口"选项卡，可以显示图形中已命名的视口配置。当选择一个视口配置后，配置的布局情况将显示在预览窗口中，如图 3-17 所示。

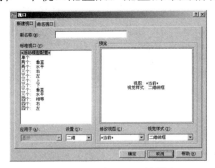

图 3-16　"视口"对话框

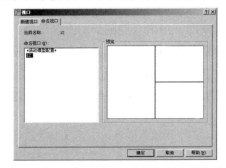

图 3-17　"视口"对话框的"命名视口"选项卡

3.5.3　分割与合并视口

在 AutoCAD 2007 中，选择"视图"|"视口"子菜单中的命令，可以在不改变视口显示的情况下，分割或合并当前视口。例如，选择"视图"|"视口"|"一个视口"命令，可

以将当前视口扩大到充满整个绘图窗口；选择"视图"|"视口"|"两个视口"、"三个视口"或"四个视口"命令，可以将当前视口分割为 2 个、3 个或 4 个视口。例如绘图窗口分割为 3 个视口，效果如图 3-18 所示。

选择"视图"|"视口"|"合并"命令，系统要求选定一个视口作为主视口，然后选择一个相邻视口，并将该视口与主视口合并。例如，将图 3-18 所示图形的左边两个视口合并为一个视口，其结果如图 3-19 所示。

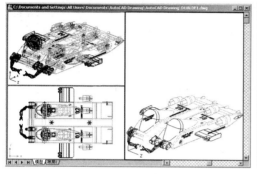 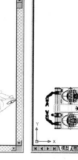 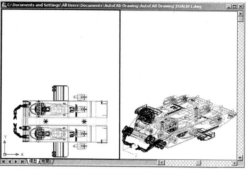

图 3-18　将绘图窗口分割为 3 个视口　　　　　图 3-19　合并视口

【例 3-3】命名图 3-20 所示的视口为 myViewports，并将该视口合并为一个视口，然后使用鸟瞰视图放大视图，最后再恢复到命名视口时的状态。

(1) 选择"视图"|"视口"|"新建视口"命令，打开"视口"话框，在"新建视口"选项卡的"新名称"文本框中输入视图名称，然后单击"确定"按钮。

(2) 单击右边上面的视口，设置为当前视口。

(3) 选择"视图"|"视口"|"一个视口"命令，放大使其充满整个窗口，如图 3-21 所示。

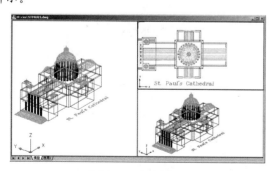 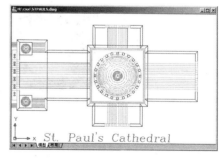

图 3-20　命名视口　　　　　　　　图 3-21　将视图设置为一个视口

(4) 选择"视图"|"鸟瞰视图"命令，打开"鸟瞰视图"窗口。

(5) 在"鸟瞰视图"窗口中调整黑色矩形框，使图形正好位于矩形框之内，如图 3-22 所示。

(6) 按 Enter 键确定，这时绘图窗口如图 3-23 所示。

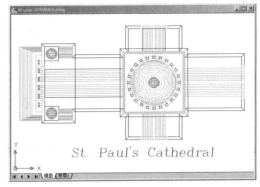

图 3-22   使用鸟瞰视图放大图形   图 3-23   使用鸟瞰视口放大后的效果

(7) 选择"视图"｜"视口"｜"命名视口"命令，打开"视口"对话框。在"命名视口"选项卡的"命名视口"列表中选择命名的视图 myViewports，然后单击"确定"按钮，这时绘图窗口将如图 3-20 所示。

3.6   控制可见元素的显示

在 AutoCAD 中，图形的复杂程度会直接影响系统刷新屏幕或处理命令的速度。为了提高程序的性能，可以关闭文字、线宽或填充显示。

3.6.1   控制填充显示

使用 FILL 变量可以打开或关闭宽线、宽多段线和实体填充，如图 3-24 所示。当关闭填充时，可以提高 AutoCAD 的显示处理速度。

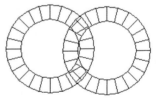

打开填充模式 Fill = ON   关闭填充模式 Fill = OFF

图 3-24   打开与关闭填充模式时的效果

当实体填充模式关闭时，填充不可打印。但是，改变填充模式的设置并不影响显示具有线宽的对象。当修改了实体填充模式后，使用"视图"｜"重生成"命令可以查看效果且新对象将自动反映新的设置。

3.6.2   控制线宽显示

当在模型空间或图纸空间中工作时，为了提高 AutoCAD 的显示处理速度，可以关闭线宽显示。单击状态栏上的"线宽"按钮或使用"线宽设置"对话框，可以切换线宽显示的开和关。线宽以实际尺寸打印，但在模型选项卡中与像素成比例显示，任何线宽的宽度如果超过了一个像素就有可能降低 AutoCAD 的显示处理速度。如果要使 AutoCAD 的显示性能最优，则在图形中工作时应该把线宽显示关闭。图 3-25 所示为图形在线宽打开和关闭模式下的显示效果。

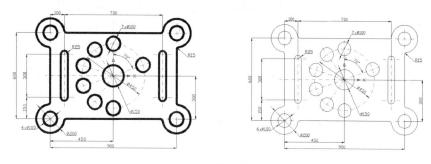

图 3-25　线宽打开和关闭模式下的显示效果

3.6.3　控制文字快速显示

在 AutoCAD 中，可以通过设置系统变量 QTEXT 打开"快速文字"模式或关闭文字的显示。快速文字模式打开时，只显示定义文字的框架，如图 3-26 所示。

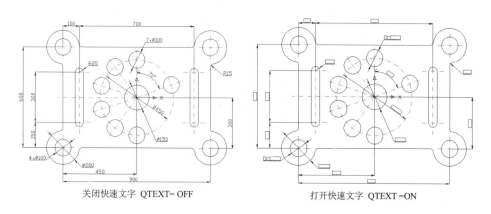

关闭快速文字 QTEXT= OFF　　　　　　　　　打开快速文字 QTEXT =ON

图 3-26　打开或关闭文字快速显示

与填充模式一样，关闭文字显示可以提高 AutoCAD 的显示处理速度。打印快速文字时，则只打印文字框而不打印文字。无论何时修改了快速文字模式，都可以选择"视图"|"重生成"命令查看现有文字上的改动效果，且新的文字自动反映新的设置。

3.7　思　考　练　习

1. 在 AutoCAD 中，如何使用"动态"缩放法缩放图形？
2. 如何缩放一幅图形，使之能够最大限度地充满当前视口？

3. 如何保存当前视图定义和当前视口配置？

4. 鸟瞰视图有何特点，如何使用它缩放图形？

5. 在绘制图形时，为了提高刷新速度，可以控制图形中哪些可见元素的显示？如何操作？

6. AutoCAD 2007 提供了很多示例图形(位于 AutoCAD 2007 安装目录的 Sample 子目录)，这些图形一般均比较复杂。试分别打开这些图形，利用显示缩放和显示移动等功能浏览和分析这些图形。

7. 将图 3-27 的左图创建成一个命名视图并将视图分割成 3 个视口，如图 3-27 右图所示，然后在当前视口中恢复命名视图。

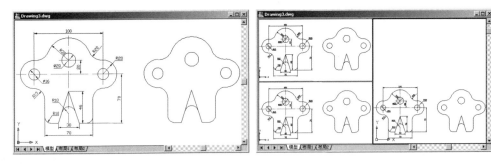

图 3-27 打开图形并分割视口

8. 将图 3-28 所示的视口命名为 myView，并将该视口合并为一个视口，然后使用鸟瞰视图放大视图，最后再恢复到命名视口时的状态。

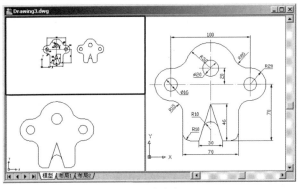

图 3-28 命名视口

第4章　绘制简单二维图形对象

　　任何复杂的图形都可以分解成简单的点、线、面等基本图形。使用"绘图"菜单中的命令，可以方便地绘制出点、直线、圆、圆弧、多边形、圆环等简单的二维图形。二维图形的形状都很简单，创建起来也很容易，它们是整个 AutoCAD 的绘图基础，因此，用户只有熟练地掌握它们的绘制方法和技巧，才能够更好地绘制出复杂的二维图形。

4.1　绘　图　方　法

　　为了满足不同用户的需要，使操作更加灵活方便，AutoCAD 2007 提供了多种方法来实现相同的功能。例如，可以使用"绘图"菜单、"绘图"工具栏、"屏幕菜单"和绘图命令 4 种方法来绘制基本图形对象。

4.1.1　绘图菜单

　　"绘图"菜单是绘制图形最基本、最常用的方法，其中包含了 AutoCAD 2007 的大部分绘图命令，如图 4-1 所示。选择该菜单中的命令或子命令，可绘制出相应的二维图形。

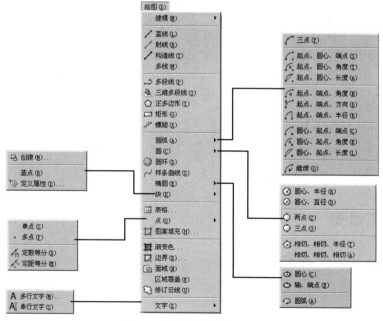

图 4-1　"绘图"菜单

4.1.2　绘图工具栏

"绘图"工具栏中的每个工具按钮都与"绘图"菜单中的绘图命令相对应，是图形化的绘图命令，如图 4-2 所示。

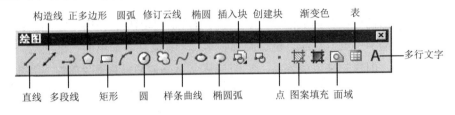

图 4-2　"绘图"工具栏

4.1.3　屏幕菜单

"屏幕菜单"是 AutoCAD 2007 的另一种菜单形式，如图 4-3 所示。选择其中的"工具 1"和"工具 2"子菜单，可以使用绘图相关工具。"工具 1"和"工具 2"子菜单中的每个命令分别与 AutoCAD 2007 的绘图命令相对应，如图 4-4 所示。

图 4-3　屏幕菜单

图 4-4　屏幕菜单的"工具 1"和"工具 2"子菜单

默认情况下，系统不显示"屏幕菜单"，但可以通过选择"工具"|"选项"命令，打开"选项"对话框，在"显示"选项卡的"窗口元素"选项区域中选中"显示屏幕菜单"复选框将其显示。

4.1.4　绘图命令

使用绘图命令也可以绘制图形，在命令提示行中输入绘图命令，按 Enter 键，并根据命令行的提示信息进行绘图操作。这种方法快捷，准确性高，但要求掌握绘图命令及其选择项的具体用法。

AutoCAD 2007 在实际绘图时，采用命令行工作机制，以命令的方式实现用户与系统的信息交互，而前面介绍的 3 种绘图方法是为了方便操作而设置的，是 3 种不同的调用绘图命令的方式。

4.2　绘制点对象

在 AutoCAD 2007 中，点对象可用作捕捉和偏移对象的节点或参考点。可以通过"单点"、"多点"、"定数等分"和"定距等分"4 种方法创建点对象。

4.2.1　绘制单点和多点

在 AutoCAD 2007 中，选择"绘图"|"点"|"单点"命令(POINT)，可以在绘图窗口中一次指定一个点；选择"绘图"|"点"|"多点"命令，可以在绘图窗口中一次指定多个点，直到按 Esc 键结束。

【例 4-1】在绘图窗口中任意位置创建 3 个点，如图 4-5 所示。

(1) 选择"绘图"|"点"|"多点"命令，发出 POINT 命令，命令行提示中将显示当前点模式: PDMODE=0　PDSIZE=0.0000。

(2) 在命令行的"指定点:"提示下，使用鼠标指针在屏幕上拾取点 A、B 和 C。

(3) 按 Esc 键结束绘制点命令，结果如图 4-5 所示。

在绘制点时，命令提示行的 PDMODE 和 PDSIZE 两个系统变量显示了当前状态下点的样式和大小。用户可以选择"格式"|"点样式"命令，通过打开的"点样式"对话框对点样式和点大小进行设置，如图 4-6 所示。

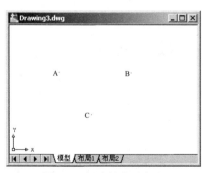

图 4-5　创建的点对象

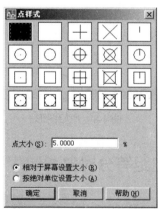

图 4-6　"点样式"对话框

例如，将系统变量 PDMODE 设置为 35，PDSIZE 设置为 30 后，【例 4-1】中创建的点将如图 4-7 所示。

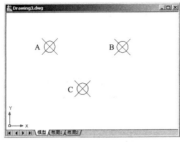

图 4-7　改变点的样式和大小

4.2.2　定数等分对象

在 AutoCAD 2007 中，选择"绘图"|"点"|"定数等分"命令(DIVIDE)，可以在指定的对象上绘制等分点或者在等分点处插入块。在使用该命令时应注意以下两点。

- ◆ 因为输入的是等分数，而不是放置点的个数，所以如果将所选对象分成 N 份，则实际上只生成 N－1 个点。
- ◆ 每次只能对一个对象操作，而不能对一组对象操作。

【例 4-2】在图 4-8 中，将圆等分为 5 部分。

(1) 选择"绘图"|"点"|"定数等分"命令，发出 DIVIDE 命令。

(2) 在命令行的"选择要定数等分的对象:"提示下，拾取圆作为要等分的对象。

(3) 在命令行的"输入线段数目或 [块(B)]:"提示下，输入等分段数 5，然后按 Enter 键，等分结果如图 4-9 所示。

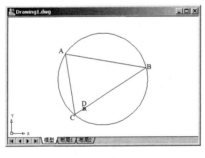

图 4-8　原始图形

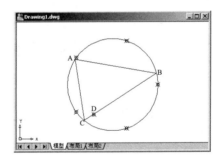

图 4-9　定数等分后的效果

4.2.3　定距等分对象

在 AutoCAD 2007 中，选择"绘图"|"点"|"定距等分"命令(MEASURE)，可以在指定的对象上按指定的长度绘制点或者插入块。使用该命令时应注意以下两点。

- ◆ 放置点的起始位置从离对象选取点较近的端点开始。
- ◆ 如果对象总长不能被所选长度整除，则最后放置点到对象端点的距离将不等于所选长度。

【例 4-3】　在图 4-9 中，将使用直线工具绘制的三角形的 BC 边按长度 CD 定距等分。

(1) 选择"绘图"|".点"|"定距等分"命令，发出 MEASURE 命令。

(2) 在命令行的"选择要定距等分的对象:"提示下，拾取矩形的边 BC 作为要定距等分的对象。

(3) 在命令行的"指定线段长度或 [块(B)]:"提示下，拾取点 C 作为指定线段的起点。

(4) 在命令行的"指定第二点:"提示下，拾取点 D 作为指定线段的第二点，定距等分结果如图 4-10 所示。

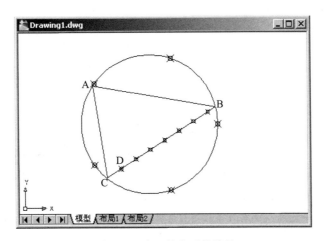

图 4-10　定距等分后的效果

4.3　绘制直线、射线和构造线

图形由对象组成，可以使用定点设备指定点的位置或者在命令行输入坐标值来绘制对象。在 AutoCAD 中，直线、射线和构造线是最简单的一组线性对象。

4.3.1　绘制直线

"直线"是各种绘图中最常用、最简单的一类图形对象，只要指定了起点和终点即可绘制一条直线。在 AutoCAD 中，可以用二维坐标(x,y)或三维坐标(x,y,z)来指定端点，也可以混合使用二维坐标和三维坐标。如果输入二维坐标，AutoCAD 将会用当前的高度作为 Z 轴坐标值，默认值为 0。

选择"绘图"|"直线"命令(LINE)，或在"绘图"工具栏中单击"直线"按钮，可以绘制直线。

【例 4-4】使用直线命令绘制如图 4-11 所示的图形。

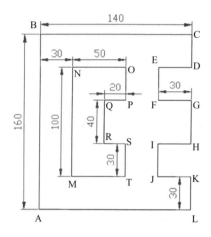

图 4-11　使用直线工具绘制图形

(1) 选择"绘图"|"直线"命令，或在"绘图"工具栏中单击"直线"按钮 ，发出 LINE 命令。

(2) 在"指定第一点:"提示行输入 A 点坐标(20,80)。

(3) 依次在"指定下一点或 [放弃(U)]:"提示行中输入其他点坐标：B(20,240)、C(160,240)、D(160,210)、E(130,210)、F(130,180)、G(160,180)、H(160,140)、I(130,140)、J(130,110)、K(160,110)和L(160,80)。

(4) 在"指定下一点或 [闭合(C)/放弃(U)]:"提示行输入字母 C，然后按 Enter 键即可得到图中大封闭图形。

(5) 使用相同的方法绘制图中小封闭图形，点的坐标分别为：M(50,110)、N(50,210)、O(100,210)、P(100,180)、Q(80,180)、R(80,140)、S(100,140)和T(100,110)。

4.3.2　绘制射线

射线为一端固定，另一端无限延伸的直线。选择"绘图"|"射线"命令(RAY)，指定射线的起点和通过点即可绘制一条射线。在 AutoCAD 中，射线主要用于绘制辅助线。

指定射线的起点后，可在"指定通过点:"提示下指定多个通过点，绘制以起点为端点的多条射线，直到按 Esc 键或 Enter 键退出为止。

4.3.3　绘制构造线

构造线为两端可以无限延伸的直线，没有起点和终点，可以放置在三维空间的任何地方，主要用于绘制辅助线。选择"绘图"|"构造线"命令(XLINE)，或在"绘图"工具栏中单击"构造线"按钮 ，都可绘制构造线。

【例 4-5】使用"射线"和"构造线"命令，绘制如图 4-12 所示图形中的辅助线。

(1) 选择"绘图"|"构造线"命令，或在"绘图"工具栏中单击"构造线"按钮 ，

发出 XLINE 命令。

(2) 在"指定点或 [水平(H)/垂直(V)/角度(A)/二等分(B)/偏移(O)]:"提示下输入 H，并在绘图窗口中单击，绘制一条水平构造线。

(3) 按 Enter 键，结束构造线的绘制命令。

(4) 再次按 Enter 键，重新发出 XLINE 命令。

(5) 在"指定点或 [水平(H)/垂直(V)/角度(A)/二等分(B)/偏移(O)]:"提示下输入 V，并在绘图窗口中单击，绘制一条垂直构造线。

(6) 按 Enter 键，结束构造线绘制命令。

(7) 选择"工具" | "草图设置"命令，打开"草图设置"对话框，选择"极轴追踪"选项卡，并选择"启用极轴追踪"复选框，然后在"增量角"下拉列表框中选择 45，并单击"确定"按钮，如图 4-13 所示。

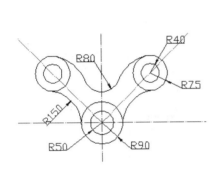

图 4-12　原始图形

图 4-13　"草图设置"对话框

(8) 选择"绘图" | "射线"命令，或在命令行中输入 RAY。

(9) 单击水平构造线与垂直构造线的交点，然后移动光标，当角度显示为 45° 时单击，绘制垂直构造线右侧的射线，如图 4-14 所示。

(10) 移动光标，当角度显示为 135° 时单击，绘制垂直构造线左侧的射线，如图 4-15 所示。

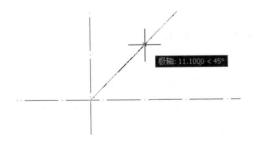

图 4-14　绘制右侧的射线

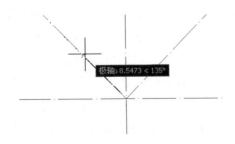

图 4-15　绘制左侧的射线

(11) 按 Enter 键或 Esc 键，结束绘图命令。

(12) 关闭绘图窗口，并保存绘制的图形。

4.4　绘制矩形和正多边形

在 AutoCAD 中，可以使用"矩形"命令绘制矩形，使用"正多边形"命令绘制正多边形。

4.4.1　绘制矩形

选择"绘图"|"矩形"命令(RECTANGLE)，或在"绘图"工具栏中单击"矩形"按钮，即可绘制出倒角矩形、圆角矩形、有厚度的矩形等多种矩形，如图 4-16 所示。

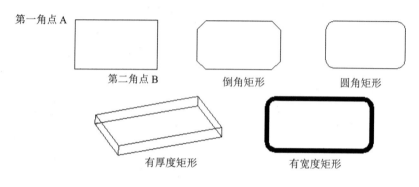

图4-16　矩形的各种样式

绘制矩形时，命令行显示如下提示信息。

指定第一个角点或 [倒角(C)/标高(E)/圆角(F)/厚度(T)/宽度(W)]:

默认情况下，通过指定两个点作为矩形的对角点来绘制矩形。当指定了矩形的第 1 个角点后，命令行显示"指定另一个角点或 [尺寸(D)]:"提示信息，这时可直接指定另一个角点来绘制矩形。也可以选择"面积(A)"选项，通过指定矩形的面积和长度(或宽度)绘制矩形；也可以选择"尺寸(D)"选项，通过指定矩形的长度、宽度和矩形另一角点的方向绘绘制矩形；也可以选择"旋转(R)"选项，通过指定旋转的角度和拾取两个参考点绘制矩形。该命令提示中其他选项的功能如下：

- ♦ "倒角(C)"选项：绘制一个带倒角的矩形，此时需要指定矩形的两个倒角距离。当设定了倒角距离后，仍返回"指定第一个角点或 [倒角(C)/标高(E)/圆角(F)/厚度(T)/宽度(W)]:"提示，提示用户完成矩形绘制。
- ♦ "标高(E)"选项：指定矩形所在的平面高度。默认情况下，矩形在 XY 平面内。该选项一般用于三维绘图。
- ♦ "圆角(F)"选项：绘制一个带圆角的矩形，此时需要指定矩形的圆角半径。
- ♦ "厚度(T)"选项：按已设定的厚度绘制矩形，该选项一般用于三维绘图。

◆ "宽度(W)"选项：按已设定的线宽绘制矩形，此时需要指定矩形的线宽。

【例4-6】绘制一个标高为10，厚度为20，圆角半径为10，大小为100×80的矩形，如图4-17所示。

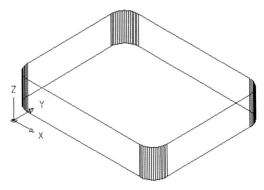

图 4-17 绘制带标高、厚度的圆角矩形

(1) 选择"绘图"|"矩形"命令，或在"绘图"工具栏中单击"矩形"按钮 ▭。

(2) 在"指定第一个角点或 [倒角(C)/标高(E)/圆角(F)/厚度(T)/宽度(W)]:"提示下输入 E，创建带标高的矩形。

(3) 在"指定矩形的标高 <0.0000>:"提示下输入10，指定矩形的标高为10。

(4) 在"指定第一个角点或 [倒角(C)/标高(E)/圆角(F)/厚度(T)/宽度(W)]:"提示下输入 T，创建带厚度的矩形。

(5) 在"指定矩形的厚度 <0.0000>:"提示下输入20，指定矩形的厚度为20。

(6) 在"指定第一个角点或 [倒角(C)/标高(E)/圆角(F)/厚度(T)/宽度(W)]:"提示下输入 F，创建圆角矩形。

(7) 在"指定矩形的圆角半径 <0.0000>:"提示下输入10，指定矩形的圆角半径为10。

(8) 在"指定第一个角点或 [倒角(C)/标高(E)/圆角(F)/厚度(T)/宽度(W)]:"提示下输入 (0,0)，指定矩形第一个角点。

(9) 在"指定另一个角点或 [尺寸(D)]:"提示下输入(100,80)，指定矩形的对角点。

(10) 选择"视图"|"三维视图"|"东南等轴测"命令，查看绘制好的三维图形，效果如图4-17所示。

4.4.2 绘制正多边形

选择"绘图"|"正多边形"命令(POLYGON)，或在"绘图"工具栏中单击"正多边形"按钮 ⬠，可以绘制边数为3~1024的正多边形。指定了正多边形的边数后，其命令行显示如下提示信息。

指定正多边形的中心点或 [边(E)]:

默认情况下，可以使用多边形的外接圆或内切圆来绘制多边形。当指定多边形的中心点后，命令行显示"输入选项 [内接于圆(I)/外切于圆(C)] <I>:"提示信息。选择"内接于圆"选项，表示绘制的多边形将内接于假想的圆；选择"外切于圆"选项，表示绘制的多边形外切于假想的圆。

此外，如果在命令行的提示下选择"边(E)"选项，可以以指定的两个点作为多边形一条边的两个端点来绘制多边形。采用"边"选项绘制多边形时，AutoCAD 总是从第 1 个端点到第 2 个端点，沿当前角度方向绘制出多边形。

【例 4-7】绘制一个正八边形，内切于半径为 30 的圆，如图 4-18 所示。

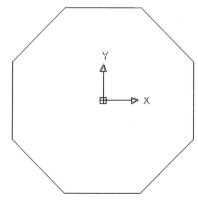

图 4-18　绘制正多边形

(1) 选择"绘图" | "正多边形"命令，发出 POLYGON 命令。

(2) 在命令行的"输入边的数目 <4>:"提示下，输入正多边形的边数为 8 。

(3) 在命令行的"指定正多边形的中心点或 [边(E)]:"提示下，指定正多边形的中心点为(0, 0)。

(4) 在命令行的"输入选项 [内接于圆(I)/外切于圆(C)] <I>:"提示下，按 Enter 键，选择默认选项 I，使用内接于圆方式绘制正八边形。

(5) 在命令行的"指定圆的半径: "提示下，指定圆的半径为 30，然后按 Enter 键，结果如图 4-18 所示。

4.5　绘制圆、圆弧、椭圆和椭圆弧

在 AutoCAD 2007 中，圆、圆弧、椭圆和椭圆弧都属于曲线对象，其绘制方法相对线性对象要复杂一些，但方法也比较多。

4.5.1　绘制圆

选择"绘图" | "圆"命令中的子命令，或单击"绘图"工具栏中的"圆"按钮 即可绘制圆。在 AutoCAD 2007 中，可以使用 6 种方法绘制圆，如图 4-19 所示。

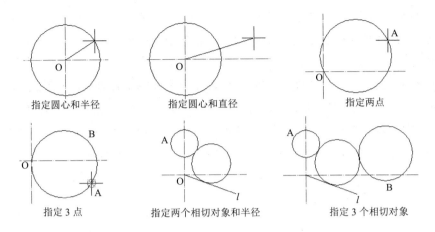

图 4-19　圆的 6 种绘制方法

如果在命令提示要求后输入半径或者直径时所输入的值无效，如英文字母、负值等，系统将显示"需要数值距离或第二点"、"值必须为正且非零"等信息，并提示重新输入值或者退出该命令。

注意：

使用"相切、相切、半径"命令时，系统总是在距拾取点最近的部位绘制相切的圆。因此，拾取相切对象时，拾取的位置不同，得到的结果可能也不相同，如图 4-20 所示。

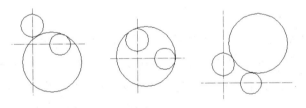

图 4-20　使用"相切、相切、半径"命令绘制圆时产生的不同效果

【例 4-8】绘制如图 4-12 所示的图形。

(1) 参照【例 4-5】，绘制辅助线，如图 4-21 所示。

(2) 选择"绘图"｜"圆"｜"圆心、半径"命令，以 O 点为圆心，绘制一个半径为 300 的圆，该圆将作为辅助圆，如图 4-22 所示。

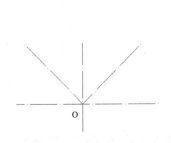

图 4-21　绘制辅助线

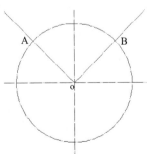

图 4-22　绘制圆

(3) 选择"绘图"|"圆"|"圆心、半径"命令，以点 O 为圆心，绘制一个半径为 50 和一个半径为 90 的圆；以点 A 和 B 为圆心，分别绘制一个半径为 40 和一个半径为 75 的圆，如图 4-23 所示。

(4) 选择"绘图"|"构造线"命令，在"指定点或[水平(H)/垂直(V)/角度(A)/二等分(B)/偏移(O)]:"提示下输入 H，并在绘图窗口中单击，绘制一条通过点 A 和 B 的水平构造线。

(5) 选择"绘图"|"圆"|"圆心、半径"命令，以通过点 A 和 B 的水平构造线和垂直构造线的交点为圆心，绘制一个半径为 80 的圆，如图 4-24 所示。

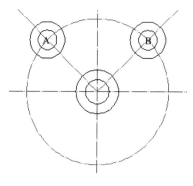
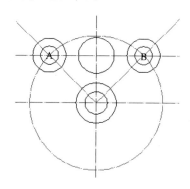

　　　　图 4-23　绘制圆　　　　　　　　　　　图 4-24　绘制构造线和圆

(6) 选择"绘图"|"圆"|"相切、相切、半径"命令，绘制与半径为 90 的圆和上方半径为 75 的圆相切，且半径为 150 的圆。其中，在绘制半径为 150 的圆时，应在相切圆的下方选择切点。

(7) 参照步骤(6)，用同样的方法绘制另一个半径为 150 的相切圆，结果如图 4-25 所示。

(8) 在"修改"工具栏中单击"修剪"按钮，选择上方半径为 90 的圆和下方半径为 75 的圆作为修剪边，然后单击半径为 150 的圆的上方，对其进行修剪。

(9) 使用同样的方法，修剪另一个半径为 150 的相切圆，结果如图 4-26 所示。

(10) 选择"绘图"|"圆"|"相切、相切、相切"命令，绘制与上方半径为 90 的圆、下方半径为 75 的圆相切和中部下方半径为 80 的圆相切的圆。

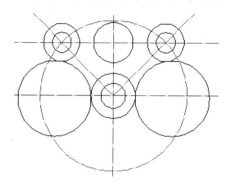
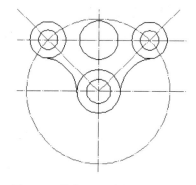

　　　　图 4-25　绘制相切圆　　　　　　　　图 4-26　修剪圆和删除部分辅助线

(11) 参照步骤(10)，用同样的方法绘制另一个与 3 个圆相切的圆，结果如图 4-27 所示。

(12) 在"修改"工具栏中单击"修剪"按钮，选择下方半径为 90 的圆和上方半径为 75 的圆作为修剪边，然后单击与 3 个圆相切的圆的上方，对其进行修剪。

(13) 使用同样的方法，修剪另一个与 3 个圆相切的圆，结果如图 4-28 所示。

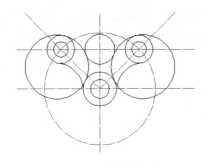 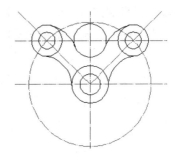

图 4-27　绘制相切圆　　　　　　　　　图 4-28　修剪相切圆

(14) 使用工具栏中的 "修剪" 按钮工具，修剪图形中其他多余线条，结果如图 4-29 所示。

(15) 选择绘制的辅助线和辅助圆，按 Delete 键将其删除，结果如图 4-30 所示。

(16) 关闭绘图窗口，并保存图形。

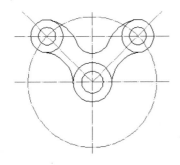 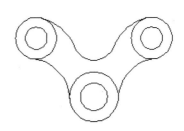

图 4-29　修剪多余线条　　　　　　　　图 4-30　删除辅助线和辅助圆

4.5.2　绘制圆弧

选择 "绘图" | "圆弧" 命令中的子命令，或单击 "绘图" 工具栏中的 "圆弧" 按钮，即可绘制圆弧。在 AutoCAD 2007 中，圆弧的绘制方法有 11 种，相应命令的功能如下。

◆ 三点：给定的 3 个点绘制一段圆弧，需要指定圆弧的起点、通过的第二个点和端点。

◆ 起点、圆心、端点：指定圆弧的起点、圆心和端点绘制圆弧。

◆ 起点、圆心、角度：指定圆弧的起点、圆心和角度绘制圆弧。此时，需要在 "指定包含角:" 提示下输入角度值。如果当前环境设置逆时针为角度方向，并输入正的角度值，则所绘制的圆弧是从起始点绕圆心沿逆时针方向绘出；如果输入负角度值，则沿顺时针方向绘制圆弧。

◆ 起点、圆心、长度：指定圆弧的起点、圆心和弦长绘制圆弧。此时，所给定的弦长不得超过起点到圆心距离的两倍。另外，在命令行的 "指定弦长:" 提示下，所输入的值如果为负值，则该值的绝对值将作为对应整圆的空缺部分圆弧的弦长。

- ◆ 起点、端点、角度：指定圆弧的起点、端点和角度绘制圆弧。
- ◆ 起点、端点、方向：指定圆弧的起点、端点和方向绘制圆弧。当命令行显示"指定圆弧的起点切向："提示时，可以拖动鼠标动态地确定圆弧在起始点处的切线方向与水平方向的夹角。拖动鼠标时，AutoCAD会在当前光标与圆弧起始点之间形成一条橡皮筋线，此橡皮筋线即为圆弧在起始点处的切线。拖动鼠标确定圆弧在起始点处的切线方向后，单击拾取键即可得到相应的圆弧。
- ◆ 起点、端点、半径：指定圆弧的起点、端点和半径绘制圆弧。
- ◆ 圆心、起点、端点：指定圆弧的圆心、起点和端点绘制圆弧。
- ◆ 圆心、起点、角度：指定圆弧的圆心、起点和角度绘制圆弧。
- ◆ 圆心、起点、长度：指定圆弧的圆心、起点和长度绘制圆弧。
- ◆ 继续：选择该命令，在命令行的"指定圆弧的起点或 [圆心(C)]:"提示下直接按Enter键，系统将以最后一次绘制的线段或圆弧过程中确定的最后一点作为新圆弧的起点，以最后所绘线段方向或圆弧终止点处的切线方向为新圆弧在起始点处的切线方向，然后再指定一点，就可以绘制出一个圆弧。

【例4-9】绘制如图4-31所示的梅花图案。

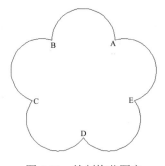

图4-31　绘制梅花图案

(1) 在"绘图"工具栏中单击"圆弧"按钮，发出ARC命令。

(2) 在命令行的"指定圆弧的起点或 [圆心(C)]:"提示下指定圆弧的起点A(200, 100)。

(3) 在命令行的"指定圆弧的第二个点或 [圆心(C)/端点(E)]:"提示下输入E，选择端点方式。

(4) 在命令行的"指定圆弧的端点："提示下输入圆弧的端点B(@80<180)。

(5) 在命令行的"指定圆弧的圆心或[角度(A)/方向(D)/半径(R)]:"提示下输入R，选择半径绘制方式。

(6) 在命令行的"指定圆弧的半径："提示下输入圆弧半径40。

(7) 以B点为圆弧的起点，重复步骤(1)~(6)，采用端点(E)绘制方式，以(@80<252)为端点，绘制角度(A)为180°的一段圆弧BC。

(8) 以C点为圆弧的起点，重复步骤(1)~(6)，采用圆心(C)绘制方式，以(@40<324)为圆弧的圆心，绘制角度(A)为180°的一段圆弧CD。

(9) 以D点为圆弧的起点，重复步骤(1)~(6)，采用圆心(C)绘制方式，以(@40<36)为

圆弧的圆心，绘制弦长(L)为 80 的一段圆弧 DE。

(10) 以 E 点为圆弧的起点，重复步骤(1)～(6)，采用端点(E)绘制方式，以 A 点为圆弧的端点，绘制切向(D)为((@20<18)的一段圆弧 EA。

4.5.3　绘制椭圆

选择"绘图"|"椭圆"子菜单中的命令，或单击"绘图"工具栏中的"椭圆"按钮 ，即可绘制椭圆，如图 4-32 所示。可以选择"绘图"|"椭圆"|"中心点"命令，指定椭圆中心、一个轴的端点(主轴)以及另一个轴的半轴长度绘制椭圆；也可以选择"绘图"|"椭圆"|"轴、端点"命令，指定一个轴的两个端点(主轴)和另一个轴的半轴长度绘制椭圆。

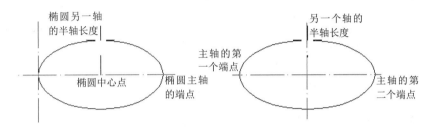

图 4-32　绘制椭圆

如果在"草图设置"对话框的"捕捉和栅格"选项卡中的"捕捉类型和样式"选项区域中选择"等轴测捕捉"单选按钮，则调用 ELLIPSE 命令，并显示"指定椭圆的轴端点或[中心点(C)/等轴测圆(I)]:"提示，可以使用"等轴测圆"选项绘制等轴测面上的椭圆。

【例 4-10】绘制如图 4-33 所示的图形。

(1) 在"绘图"工具栏中单击"圆"按钮 ⊙，然后以(0,0)点为圆心绘制一个半径为 10 的圆。

(2) 在"绘图"工具栏中单击"椭圆"按钮 ⬭，绘制一个以点(0,0)为中心点、点(25,0)为轴端点、另一条半轴长度为 12 的椭圆，结果如图 4-34 所示。

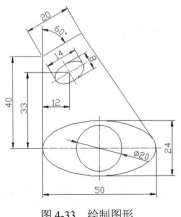

图 4-33　绘制图形

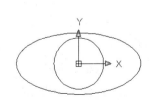

图 4-34　绘制圆和椭圆

(3) 在"绘图"工具栏中单击"直线"按钮 ✎，绘制过点(－25,0)、(@0,40)、(@20<30)，且与椭圆相切的折线，结果如图 4-35 所示。

(4) 选择"工具"|"新建 UCS"|"原点"命令，将坐标原点移动到点(－13,33)。

(5) 选择"工具"|"新建 UCS"|Z 命令，将坐标系统绕 Z 轴旋转 30°。

(6) 在"绘图"工具栏中单击"椭圆"按钮 ⬭，绘制一个轴端点为(－7,0)和(7,0)，另一条半轴长度为 4 的椭圆，结果如图 4-36 所示。

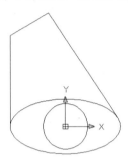
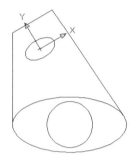

图 4-35　绘制折线　　　　　　图 4-36　移动坐标系并绘制椭圆

(7) 选择"工具"|"新建 UCS"|"世界"命令，恢复世界坐标系。

4.5.4　绘制椭圆弧

在 AutoCAD 2007 中，椭圆弧的绘图命令和椭圆的绘图命令都是 ELLIPSE，但命令行的提示不同。选择"绘图"|"椭圆"|"圆弧"命令，或在"绘图"工具栏中单击"椭圆弧"按钮 ⬬，都可绘制椭圆弧，此时命令行的提示信息如下。

```
指定椭圆的轴端点或 [圆弧(A)/中心点(C)]: _a
指定椭圆弧的轴端点或 [中心点(C)]:
```

从"指定椭圆弧的轴端点或 [中心点(C)]:"提示开始，后面的操作就是确定椭圆形状的过程，与前面介绍的绘制椭圆的过程完全相同。确定椭圆形状后，将出现如下提示信息。

```
指定起始角度或 [参数(P)]:
```

该命令提示中的选项功能如下。

♦ "指定起始角度"选项：通过给定椭圆弧的起始角度来确定椭圆弧。命令行将显示"指定终止角度或 [参数(P)/包含角度(I)]:"提示信息。其中，选择"指定终止角度"选项，要求给定椭圆弧的终止角，用于确定椭圆弧另一端点的位置；选择"包含角度"选项，使系统根据椭圆弧的包含角来确定椭圆弧。选择"参数(P)"选项，将通过参数确定椭圆弧另一个端点的位置。

♦ "参数(P)"选项：通过指定的参数来确定椭圆弧。命令行将显示"指定起始参数或

[角度(A)]:"提示。其中，选择"角度"选项，切换到用角度来确定椭圆弧的方式；如果输入参数即执行默认项，系统将使用公式 $P(n) = c + a×\cos(n) + b×\sin(n)$ 来计算椭圆弧的起始角。其中，n 是输入的参数，c 是椭圆弧的半焦距，a 和 b 分别是椭圆的长半轴与短半轴的轴长。

注意：

系统变量 PELLIPSE 决定椭圆的类型。当该变量为 0(即默认值)时，所绘制的椭圆是由 NURBS 曲线表示的真椭圆。当该变量设置为 1 时，所绘制椭圆是由多段线近似表示的椭圆，调用 ELLIPSE 命令后没有"弧"选项。

【例 4-11】绘制如图 4-37 所示的洗脸池。

(1) 在"绘图"工具栏中单击"椭圆"按钮 ⬭，绘制一个以点(0,0)为中心点、点(210,0)为轴端点、另一条半轴长度为 130 的椭圆，结果如图 4-38 所示。

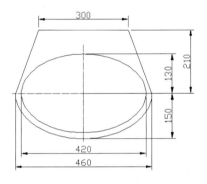
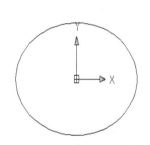

　　图 4-37　绘制洗脸池图形　　　　　　　　　图 4-38　绘制椭圆

(2) 在"绘图"工具栏中单击"椭圆弧"按钮 ⟳，在以点(0,0)为中心点、点(230,0)为轴端点、另一条半轴长度为 150 的椭圆上，绘制一段起始角度为 180°，终止角度为 0°的椭圆弧，结果如图 4-39 所示。

(3) 在"绘图"工具栏中单击"直线"按钮 ✎，绘制过点(−230,0)、(−150,210)、(@300,0)和(230,0)的直线，结果如图 4-40 所示。

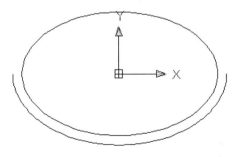
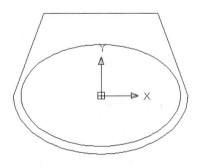

　　图 4-39　绘制椭圆弧　　　　　　　　　　　图 4-40　绘制直线

4.6　思　考　练　习

1. 在 AutoCAD 2007 中，如何创建点对象？

2. 在 AutoCAD 2007 中，如何使用椭圆工具绘制椭圆弧？

3. 使用直线(LINE)命令绘制图 4-41 所示的图形(未标注尺寸的图形由读者确定尺寸)。

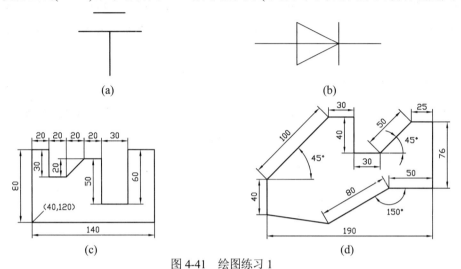

图 4-41　绘图练习 1

4. 绘制图 4-42 所示的由矩形、六边形和圆组成的图形(图中只给出了部分尺寸，其余尺寸由读者确定)。

5. 绘制图 4-43 所示的图形，注意中心线的绘制方法。

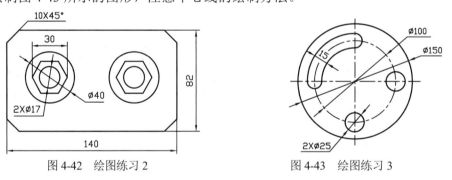

图 4-42　绘图练习 2　　　　　　　　　图 4-43　绘图练习 3

注意：

本图由圆和圆弧组成。各圆弧可通过确定它的圆心、起始点和终止点等方法绘制，需要注意 AutoCAD 默认从起始点向终止点沿逆时针方向绘圆弧。

6. 绘制如图 4-44 所示的图形。

7. 绘制如图 4-45 所示的图形。

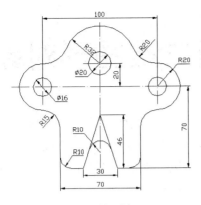

图 4-44　绘图练习 4

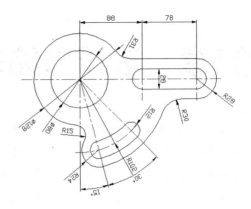

图 4-45　绘图练习 5

8. 试绘制如图 4-46 所示的图形。

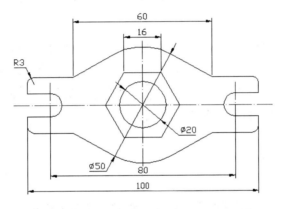

图 4-46　绘图练习 6

第5章 选择与编辑二维图形对象

在 AutoCAD 中，单纯地使用绘图命令或绘图工具只能绘制一些基本的图形对象。为了绘制复杂图形，很多情况下都必须借助于图形编辑命令。AutoCAD 2007 提供了众多的图形编辑命令，如复制、移动、旋转、镜像、偏移、阵列、拉伸及修剪等。使用这些命令，用户可以修改已有图形或通过已有图形构造新的复杂图形。

5.1 选 择 对 象

在对图形进行编辑操作之前，首先需要选择要编辑的对象。AutoCAD 用虚线亮显所选的对象，这些对象就构成选择集。选择集可以包含单个对象，也可以包含复杂的对象编组。在 AutoCAD 中，选择"工具"|"选项"命令，可以通过打开的"选项"对话框的"选择"选项卡，设置选择模式、拾取框的大小及夹点功能。

5.1.1 选择对象的方法

在 AutoCAD 中，选择对象的方法很多。例如，可以通过单击对象逐个拾取，也可利用矩形窗口或交叉窗口选择；可以选择最近创建的对象、前面的选择集或图形中的所有对象，也可以向选择集中添加对象或从中删除对象。

在命令行输入 SELECT 命令，按 Enter 键，并且在命令行的"选择对象:"提示下输入"？"，将显示如下的提示信息。

> 需要点或窗口(W)/上一个(L)/窗交(C)/框(BOX)/全部(ALL)/栏选(F)/圈围(WP)/圈交(CP)/编组(G)/添加(A)/删除(R)/多个(M)/前一个(P)/放弃(U)/自动(AU)/单个(SI)/子对象(SU)/对象(O)

根据提示信息，输入其中的大写字母即可以指定对象选择模式。例如，要设置矩形窗口的选择模式，在命令行的"选择对象:"提示下输入 W 即可。其中，常用的选择模式主要有以下几种。

- ◆ 默认情况下，可以直接选择对象，此时光标变为一个小方框(即拾取框)，利用该方框可逐个拾取所需对象。该方法每次只能选取一个对象，不便于选取大量对象。
- ◆ "窗口(W)"选项：可以通过绘制一个矩形区域来选择对象。当指定了矩形窗口的两个对角点时，所有部分均位于这个矩形窗口内的对象将被选中，不在该窗口内或者只有部分在该窗口内的对象则不被选中，如图 5-1 所示。

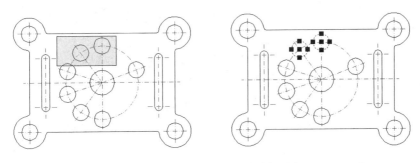

图 5-1　使用"窗口"方式选择对象

◆ "窗交(C)"选项：使用交叉窗口选择对象，与用窗口选择对象的方法类似，但全部位于窗口之内或者与窗口边界相交的对象都将被选中。在定义交叉窗口的矩形窗口时，以虚线方式显示矩形，以区别于窗口选择方法，如图 5-2 所示。

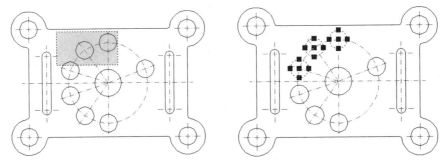

图 5-2　使用"窗交"方式选择对象

◆ "编组(G)"选项：使用组名称来选择一个已定义的对象编组。

5.1.2　过滤选择

在命令行提示下输入 FILTER 命令，将打开"对象选择过滤器"对话框。可以以对象的类型(如直线、圆及圆弧等)、图层、颜色、线型或线宽等特性作为条件，过滤选择符合设定条件的对象，如图 5-3 所示。此时必须考虑图形中对象的这些特性是否设置为随层。

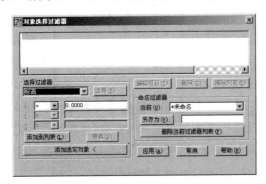

图 5-3　"对象选择过滤器"对话框

"对象选择过滤器"对话框上面的列表框中显示了当前设置的过滤条件。其他各选项的功能如下。

- ◆ "选择过滤器"选项区域：设置选择过滤器，包括以下选项。
  - ① "选择过滤器"下拉列表框：选择过滤器类型，如直线、圆、圆弧、图层、颜色、线型及线宽等对象特性，以及关系语句。
  - ② X、Y、Z 下拉列表框：可以设置与选择调节对应的关系运算符。关系运算符包括 =、!=、<、<=、>、>= 和 *。例如，当建立"块位置"过滤器时，在对应的文本框中可以设置对象的位置坐标。
  - ③ "添加到列表"按钮：单击该按钮，可以将选择的过滤器及附加条件添加到过滤器列表中。
  - ④ "替换"按钮：单击该按钮，可用当前"选择过滤器"选项区域中的设置代替列表中选定的过滤器。
  - ⑤ "添加选定对象"按钮：单击该按钮将切换到绘图窗口中，然后选择一个对象，将会把选中的对象特性添加到过滤器列表框中。
- ◆ "编辑项目"按钮：单击该按钮，可编辑过滤器列表框中选中的项目。
- ◆ "删除"按钮：单击该按钮，可删除过滤器列表框中选中的项目。
- ◆ "清除列表"按钮：单击该按钮，可删除过滤器列表框中的所有项目。
- ◆ "命名过滤器"选项区域：选择已命名的过滤器，包括以下选项。
  - ① "当前"下拉列表框：列举了可用的已命名过滤器。
  - ② "另存为"按钮：单击该按钮，并在其后的文本框中输入名称，可以保存当前设置的过滤器集。
  - ③ "删除当前过滤器列表"按钮：单击该按钮，可从 FILTER.NFL 文件中删除当前的过滤器集。

【例 5-1】选择图 5-4 中的所有半径为 50 和 75 的圆形。

(1) 在命令提示下输入 FILTER 命令，并按 Enter 键，打开"对象选择过滤器"对话框。

(2) 在"选择过滤器"选项区域的下拉列表框中，选择"** 开始 OR"选项，并单击"添加到列表"按钮，将其添加到过滤器列表框中，表示以下各项目为逻辑"或"关系。

(3) 在"选择过滤器"选项区域的下拉列表框中，选择"圆半径"选项，并在 X 后面的下拉列表框中选择"="，在对应的文本框中输入 50，表示将圆的半径设置为 50。

(4) 单击"添加到列表"按钮，将设置的圆半径过滤器添加到过滤器列表框中，将显示"对象 = 圆"和"圆半径 = 50"两个选项。

(5) 在"选择过滤器"选项区域的下拉列表框中选择"圆半径"，并在 X 后面的下拉列表框中选择"="，在对应的文本框中输入 75，然后将其添加到过滤器列表框中。

(6) 为确保只选择半径为 50 和 75 的圆，需要删除过滤器"对象 = 圆"。可在过滤器列表框中选择"对象 = 圆"，然后单击"删除"按钮。

(7) 在过滤器列表框中单击"圆半径 = 75"下面的空白区，并在"选择过滤器"选项区域的下拉列表框中选择"** 结束 OR"选项，然后单击"添加到列表"按钮，将其添加到过滤器列表框中，表示结束逻辑"或"关系。对象选择过滤器设置完毕，在过滤器列表框中显示的完整内容如下：

    ** 开始   OR
    圆半径   =   50
    圆半径   =   75
    ** 结束   OR

(8) 单击"应用"按钮，并在绘图窗口中用窗口选择法框选所有图形，然后按 Enter键，系统将过滤出满足条件的对象，并将其选中，结果如图 5-5 所示。

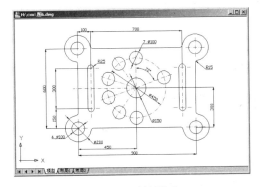
图 5-4   原始图形

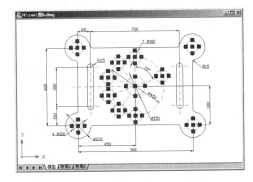
图 5-5   选择符合过滤条件的图形

5.1.3   快速选择

在 AutoCAD 中，当需要选择具有某些共同特性的对象时，可利用"快速选择"对话框，根据对象的图层、线型、颜色、图案填充等特性和类型，创建选择集。选择"工具"|"快速选择"命令，可打开"快速选择"对话框，如图 5-6 所示。

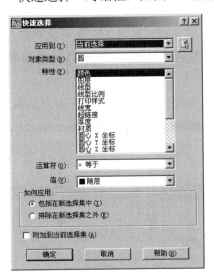
图 5-6   "快速选择"对话框

其各选项的功能如下。

◆ "应用到"下拉列表框：选择过滤条件的应用范围，可以应用于整个图形，也可以应用到当前选择集中。如果有当前选择集，则"当前选择"选项为默认选项；如果没有当前选择集，则"整个图形"选项为默认选项。

◆ "选择对象"按钮 🖳：单击该按钮将切换到绘图窗口中，可以根据当前所指定的过滤条件来选择对象。选择完毕后，按 Enter 键结束选择，并回到"快速选择"对话框中，同时 AutoCAD 会将"应用到"下拉列表框中的选项设置为"当前选择"。

◆ "对象类型"下拉列表框：指定要过滤的对象类型。如果当前没有选择集，在该下拉列表框中将包含 AutoCAD 所有可用的对象类型；如果已有一个选择集，则包含所选对象的对象类型。

◆ "特性"列表框：指定作为过滤条件的对象特性。

◆ "运算符"下拉列表框：控制过滤的范围。运算符包括：=、<>、>、<、全部选择等。其中 > 和 < 运算符对某些对象特性是不可用的。

◆ "值"下拉列表框：设置过滤的特性值。

◆ "如何应用"选项区域：选择其中的"包括在新选择集中"单选按钮，则由满足过滤条件的对象构成选择集；选择"排除在新选择集之外"单选按钮，则由不满足过滤条件的对象构成选择集。

◆ "附加到当前选择集"复选框：指定由 QSELECT 命令所创建的选择集是追加到当前选择集中，还是替代当前选择集。

【例 5-2】使用快速选择法，选择图 5-7 中半径为 25 的圆弧。

(1) 选择"工具"|"快速选择"命令，打开"快速选择"对话框。

(2) 在"应用到"下拉列表框中，选择"整个图形"选项；在"对象类型"下拉列表框中，选择"圆弧"选项。

(3) 在"特性"列表框中选择"半径"选项，在"运算符"下拉列表框中选择"= 等于"选项，然后在"值"文本框中输入数值 25，表示选择图形中所有半径为 25 的圆弧。

(4) 在"如何应用"选项区域中，选择"包括在新选择集中"单选按钮，按设定条件创建新的选择集。

(5) 单击"确定"按钮，将选中图形中所有符合要求的图形对象，如图 5-7 所示。

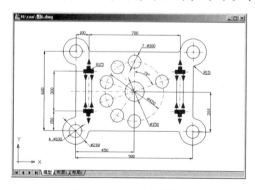

图 5-7　显示选择结果

5.1.4 使用编组

在 AutoCAD 2007 中，可以将图形对象进行编组以创建一种选择集，使编辑对象变得更为灵活。

1. 创建对象编组

编组是已命名的对象选择集，随图形一起保存。一个对象可以作为多个编组的成员。在命令行提示下输入 GROUP，并按 Enter 键，可打开"对象编组"对话框，如图 5-8 所示，其选项的含义如下。

- ♦ "编组名"列表框：显示了当前图形中已存在的对象编组名称。其中"可选择的"列表示对象编组是否可选。如果一个对象编组是可选的，当选择该对象编组的一个成员对象时，所有成员都将被选中(处于锁定层上的对象除外)；如果对象编组是不可选的，则只有选择的对象编组成员被选中。
- ♦ "编组标识"选项区域：设置编组的名称及说明等，包括以下选项。
  - ① "编组名"文本框：输入或显示选中的对象编组的名称。组名最长可有 31 个字符，包括字母、数字以及特殊符号 *、! 等。
  - ② "说明"文本框：显示选中的对象编组的说明信息。
  - ③ "查找名称"按钮：单击该按钮将切换到绘图窗口，拾取要查找的对象后，该对象所属的组名即显示在"编组成员列表"对话框中，如图 5-9 所示。
  - ④ "亮显"按钮：在"编组名"列表框中选择一个对象编组，单击该按钮可以在绘图窗口中亮显对象编组的所有成员对象。
  - ⑤ "包含未命名的"复选框：控制是否在"编组名"列表框中列出未命名的编组。

图 5-8 "对象编组"对话框

图 5-9 "编组成员列表"对话框

- ♦ "创建编组"选项区域：创建一个有名或无名的新组，包括以下选项。
  - ① "新建"按钮：单击该按钮可以切换到绘图区，并可选择要创建编组的图形对象。
  - ② "可选择的"复选框：选中该复选框，当选择对象编组中的一个成员对象时，该对象编组的所有成员都将被选中。

③ "未命名的"复选框：确定是否要创建未命名的对象编组。

2. 修改编组

在"对象编组"对话框中，使用"修改编组"选项区域中的选项可以修改对象编组中的单个成员或者对象编组本身。只有在"编组名"列表框中选择了一个对象编组后，该选项区域中的按钮才可用，包括以下选项。

◆ "删除"按钮：单击该按钮，将切换到绘图窗口，选择要从对象编组中删除的对象，然后按 Enter 键或 Space(空格)键结束选择对象并删除已选对象。

◆ "添加"按钮：单击该按钮将切换到绘图窗口，选择要加入到对象编组中的对象，选中的对象将被加入到对象编组中。

◆ "重命名"按钮：单击该按钮，可在"编组标识"选项区域中的"编组名"文本框中输入新的编组名。

◆ "重排"按钮：单击该按钮，打开"编组排序"对话框，可以重排编组中的对象顺序，如图 5-10 所示。各选项的功能如下。

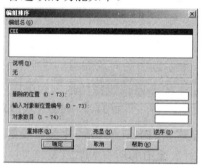

图 5-10 "编组排序"对话框

① "编组名"列表框：显示当前图形中定义的所有对象编组名字。对象编组中的成员从 0 开始顺序编号。

② "删除的位置"文本框：输入要删除的对象位置。

③ "输入对象新位置编号"文本框：输入对象的新位置。

④ "对象数目"文本框：输入对象重新排序的序号。

⑤ "重排序"和"逆序"按钮：单击这两个按钮，可以按指定数字改变对象的顺序或按相反的顺序排序。

⑥ "亮显"按钮：单击该按钮，可以使所选对象编组中的成员在绘图区中加亮显示。

◆ "说明"按钮：单击该按钮，可以在"编组标识"选项区域中的"说明"文本框中修改所选对象编组的说明描述。

◆ "分解"按钮：单击该按钮，可以删除所选的对象编组，但不删除图形对象。

◆ "可选择的"按钮：单击该按钮，可以控制对象编组的可选择性。

【例 5-3】将图 5-11 中的所有圆创建为一个对象编组 Circle。

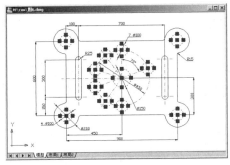

图 5-11　选择对象

(1) 在命令行提示下输入 GROUP 命令，按 Enter 键，打开"对象编组"对话框。

(2) 在"编组标识"选项区域的"编组名"文本框中输入编组名 Circle。

(3) 单击"新建"按钮，切换到绘图窗口，选择图 5-11 所示图形中的所有圆。

(4) 按 Enter 键结束对象选择，返回到"对象编组"对话框，单击"确定"按钮，完成对象编组。此时，如果单击编组中的任一对象，所有其他对象也同时被选中。

5.2　编辑对象的方法

在 AutoCAD 中，用户可以使用夹点对图形进行简单编辑，或综合使用"修改"菜单和"修改"工具栏中的多种编辑命令对图形进行较为复杂的编辑。

5.2.1　夹点

选择对象时，在对象上将显示出若干个小方框，这些小方框用来标记被选中对象的夹点，夹点就是对象上的控制点，如图 5-12 所示。

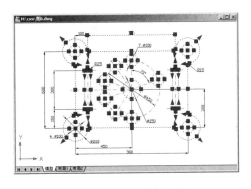

图 5-12　显示对象夹点

默认情况下，夹点始终是打开的。可以通过"选项"对话框的"选择"选项卡设置夹点的显示和大小。对于不同的对象，用来控制其特征的夹点的位置和数量也不相同，通过拖动夹点可以对图形进行简单编辑。

5.2.2 "修改"菜单

"修改"菜单用于编辑图形，创建复杂的图形对象，如图 5-13 所示。"编辑"菜单中包含了 AutoCAD 2007 的大部分编辑命令，通过选择该菜单中的命令或子命令，可以完成对图形的所有编辑操作。

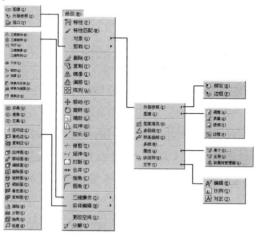

图 5-13　"修改"菜单

5.2.3 "修改"工具栏

"修改"工具栏的每个工具按钮都与"修改"菜单中相应的绘图命令相对应，单击即可执行相应的修改操作，如图 5-14 所示。

图 5-14　"修改"工具栏

5.3 使用夹点编辑图形对象

在 AutoCAD 2007 中，夹点是一种集成的编辑模式，提供了一种方便快捷的编辑操作途径。例如，使用夹点可以对对象进行拉伸、移动、旋转、缩放及镜像等操作。

5.3.1 拉伸对象

在不执行任何命令的情况下选择对象，显示其夹点，然后单击其中一个夹点作为拉伸的基点，命令行将显示如下提示信息。

　　　** 拉伸 **
　　　指定拉伸点或 [基点(B)/复制(C)/放弃(U)/退出(X)]:

　　其选项的功能如下。

- ◆ "基点(B)"选项：重新确定拉伸基点。
- ◆ "复制(C)"选项：允许确定一系列的拉伸点，以实现多次拉伸。
- ◆ "放弃(U)"选项：取消上一次操作。
- ◆ "退出(X)"选项：退出当前的操作。

　　默认情况下，指定拉伸点(可以通过输入点的坐标或者直接用鼠标指针拾取点)后，AutoCAD 将把对象拉伸或移动到新的位置。因为对于某些夹点，移动时只能移动对象而不能拉伸对象，如文字、块、直线中点、圆心、椭圆中心和点对象上的夹点。

5.3.2　移动对象

　　移动对象仅仅是位置上的平移，对象的方向和大小并不会改变。要精确地移动对象，可使用捕捉模式、坐标、夹点和对象捕捉模式。在夹点编辑模式下确定基点后，在命令行提示下输入 MO 进入移动模式，命令行将显示如下提示信息。

　　　** 移动 **
　　　指定移动点或 [基点(B)/复制(C)/放弃(U)/退出(X)]:

　　通过输入点的坐标或拾取点的方式来确定平移对象的目的点后，即可以基点为平移的起点，以目的点为终点将所选对象平移到新位置。

5.3.3　旋转对象

　　在夹点编辑模式下，确定基点后，在命令行提示下输入 RO 进入旋转模式，命令行将显示如下提示信息。

　　　** 旋转 **
　　　指定旋转角度或 [基点(B)/复制(C)/放弃(U)/参照(R)/退出(X)]:

　　默认情况下，输入旋转的角度值后或通过拖动方式确定旋转角度后，即可将对象绕基点旋转指定的角度。也可以选择"参照"选项，以参照方式旋转对象，这与"旋转"命令中的"对照"选项功能相同。

5.3.4　缩放对象

　　在夹点编辑模式下确定基点后，在命令行提示下输入 SC 进入缩放模式，命令行将显示如下提示信息。

    ** 比例缩放 **
    指定比例因子或 [基点(B)/复制(C)/放弃(U)/参照(R)/退出(X)]:

默认情况下，当确定了缩放的比例因子后，AutoCAD 将相对于基点进行缩放对象操作。当比例因子大于 1 时放大对象；当比例因子大于 0 而小于 1 时缩小对象。

5.3.5　镜像对象

与"镜像"命令的功能类似，镜像操作后将删除原对象。在夹点编辑模式下确定基点后，在命令行提示下输入 MI 进入镜像模式，命令行将显示如下提示信息。

    ** 镜像 **
    指定第二点或 [基点(B)/复制(C)/放弃(U)/退出(X)]:

指定镜像线上的第 2 个点后，AutoCAD 将以基点作为镜像线上的第 1 点，新指定的点为镜像线上的第 2 个点，将对象进行镜像操作并删除原对象。

注意：
在使用夹点移动、旋转及镜像对象时，在命令行中输入 C，可以在进行编辑操作时复制图形。

【例 5-4】使用夹点编辑功能绘制如图 5-15 所示的零件图形。
(1) 在"绘图"工具栏中单击"构造线"按钮 ，绘制一条水平构造线和一条垂直构造线作为辅助线。
(2) 选择"绘图"|"射线"命令，以构造线的交点为起点，绘制一条与水平构造线成 210° 角的辅助线。
(3) 在"绘图"工具栏中单击"圆"按钮 ，以构造线的交点为圆心，绘制一个半径为 35 的辅助圆，如图 5-16 所示。

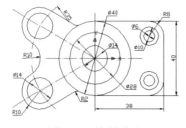

图 5-15　绘制图形

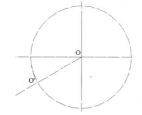

图 5-16　绘制辅助线和辅助圆

(4) 在"修改"工具栏中单击"打断"按钮 ，参照图 5-17 所示，打断图形并删除图形中的多余线条。
(5) 选择"工具"|"新建 UCS"|"原点"命令，将坐标系移到辅助线的交点 O 处。

(6) 在"绘图"工具栏中单击"矩形"按钮□，以点(0,-20)和(38,20)为对角点，绘制一个矩形。

(7) 在"修改"工具栏中单击"圆角"按钮，设置圆角半径为 8，对所绘矩形右边的两个角修圆角，结果如图 5-18 所示。

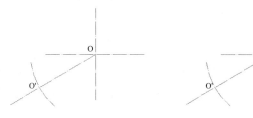

图 5-17　打断并删除辅助线　　　　图 5-18　绘制矩形并修圆角

(8) 在"绘图"工具栏中单击"圆"按钮，以矩形右下角圆角的圆心为圆心，绘制一个半径为 3 和一个半径为 5 的圆。

(9) 选择绘制的两个圆和水平构造线，并单击水平构造线的端点 A，将其作为基点(该点将显示为红色)，接着在命令行输入 MI，镜像选中的对象，再输入 C，在镜像的同时复制图形，然后单击水平构造线的另一端点 B，即可得到镜像图形，如图 5-19 所示。

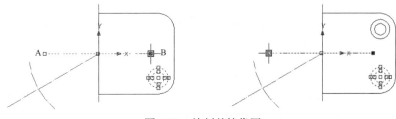

图 5-19　绘制并镜像圆

(10) 在"绘图"工具栏中单击"圆"按钮，以构造线交点 O 为圆心，绘制一个半径为 20 的圆。

(11) 选择所绘的圆，并单击该圆的最上端夹点，将其作为基点(该点将显示为红色)，接着在命令行输入 C，在拉伸的同时复制图形，然后再在命令行输入(0,14)，即可得到一个半径为 14 的拉伸圆，如图 5-20 所示。

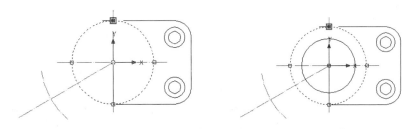

图 5-20　使用夹点的拉伸功能绘制圆

(12) 选择通过拉伸得到的圆，并单击圆的中心夹点，将其作为基点，接着在命令行输入 SC，缩放所选的对象，再输入 C，在缩放的同时复制图形，然后在命令行输入缩放比例 0.5，即可得到一个半径为 7 的圆，如图 5-21 所示。

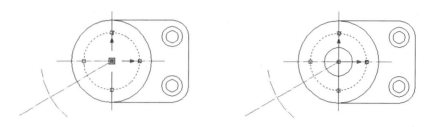

图 5-21　使用夹点的缩放功能绘制圆

(13) 选择通过缩放得到的圆,并单击圆的中心夹点,将其作为基点,接着在命令行输入 MO,移动所选对象,再输入 C,在移动的同时复制图形,然后单击辅助线的交点 O',在该点将得到一个半径为 7 的圆,如图 5-22 所示。

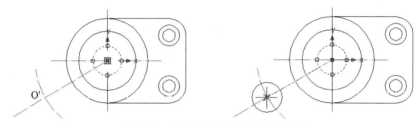

图 5-22　使用夹点的移动功能绘制圆

(14) 在"绘图"工具栏中单击"圆"按钮⊙,以辅助线 O'为圆心,绘制一个半径为 10 的圆。

(15) 在"修改"工具栏中单击"偏移"按钮△,选择所绘的射线辅助线,向两边偏移 10 个单位。然后选中偏移复制的直线,在"图层"工具栏的图层控制下拉列表框中选择轮廓线层图层,将其转换为轮廓线层,结果如图 5-23 所示。

(16) 在"修改"工具栏中单击"修剪"按钮／,参照图 5-24 所示,修剪图形中的多余线条。

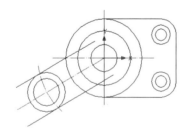　　　　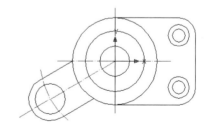

图 5-23　偏移复制图形　　　　　　　　图 5-24　修剪图形

(17) 选择修剪后的图形和辅助线(如图 5-25 左图所示),并单击辅助线的端点,将其作为基点,接着在命令行输入 RO,旋转所选的对象,再输入 C,在旋转的同时复制图形,然后在命令行输入 60,即可得到旋转 60° 的图形,如图 5-25 右图所示。

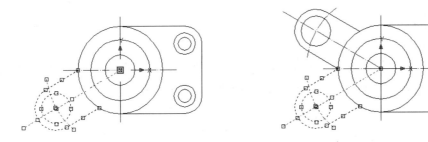

图 5-25　使用夹点的旋转功能绘制图形

(18) 在"修改"工具栏中单击"圆角"按钮，设置圆角半径为 10，对旋转得到的图形与原图形的夹角修圆角；设置圆角半径为 2，对直线与大圆的交点处修圆角，结果如图 5-26 所示。

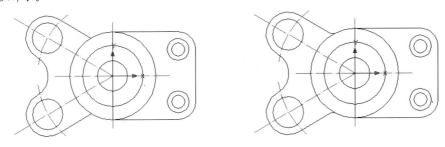

图 5-26　对图形修圆角

(19) 选择"工具"|"新建 UCS"|"世界"命令，恢复世界坐标系。关闭绘图窗口，并保存所绘的图形。

5.4　删除、复制、镜像、偏移和阵列对象

在 AutoCAD 2007 中，可以用"删除"命令删除选中的对象，还可以使用"复制"、"阵列"、"偏移"、"镜像"命令，，创建与原对象相同或相似的图形。

5.4.1　删除对象

选择"修改"|"删除"命令(ERASE)，或在"修改"工具栏中单击"删除"按钮，都可以删除图形中选中的对象。

通常，当发出"删除"命令后，需要选择要删除的对象，然后按 Enter 键或 Space 键结束对象选择，同时删除已选择的对象。如果在"选项"对话框的"选择"选项卡中，选中"选择模式"选项区域中的"先选择后执行"复选框，就可以先选择对象，然后单击"删除"按钮删除。

5.4.2　复制对象

选择"修改"|"复制"命令(COPY)，或单击"修改"工具栏中的"复制"按钮🖭，可以对已有的对象复制出副本，并放置到指定的位置。执行该命令时，首先需要选择对象，然后指定位移的基点和位移矢量(相对于基点的方向和大小)。

使用"复制"命令还可以同时创建多个副本。在"指定第二个点或[退出(E)/放弃(U)<退出>:"提示下：通过连续指定位移的第二点来创建该对象的其他副本，直到按 Enter 键结束。

5.4.3　镜像对象

选择"修改"|"镜像"命令(MIRROR)，或在"修改"工具栏中单击"镜像"按钮⚠，可以将对象以镜像线对称复制。

执行该命令时，需要选择要镜像的对象，然后依次指定镜像线上的两个端点，命令行将显示"删除源对象吗？[是(Y)/否(N)] <N>:"提示信息。如果直接按 Enter 键，则镜像复制对象，并保留原来的对象；如果输入 Y，则在镜像复制对象的同时删除原对象。

在 AutoCAD 2007 中，使用系统变量 MIRRTEXT 可以控制文字对象的镜像方向。如果 MIRRTEXT 的值为 1，则文字对象完全镜像，镜像出来的文字变得不可读，如图 5-27 右图所示；如果 MIRRTEXT 的值为 0，则文字对象方向不镜像，如图 5-27 左图所示(其中 AB 为镜像线)。

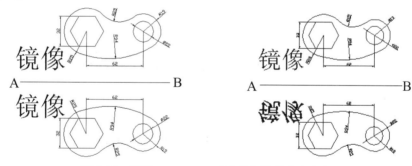

图 5-27　使用 MIRRTEXT 变量控制镜像文字方向

5.4.4　偏移对象

选择"修改"|"偏移"命令(OFFSET)，或在"修改"工具栏中单击"偏移"按钮🗗，可以对指定的直线、圆弧、圆等对象作同心偏移复制。在实际应用中，常利用"偏移"命令的特性创建平行线或等距离分布图形。执行"偏移"命令时，其命令行显示如下提示：

指定偏移距离或 [通过(T)/删除(E)/图层(L)] <通过>:

默认情况下，需要指定偏移距离，再选择要偏移复制的对象，然后指定偏移方向，以复制出对象。其他各选项的功能如下。

- ◆ "通过(T)"选项：在命令行输入 T，命令行提示"选择要偏移的对象，或 [退出(E)/放弃(U)] <退出>:"提示信息，选择偏移对象后，命令行提示"指定通过点或 [退出(E)/多个(M)/放弃(U)] <退出>:"提示信息，指定复制对象经过的点或输入 M 将对象偏移多次。
- ◆ "删除(E)"选项：在命令行中输入 E，命令行显示"要在偏移后删除源对象吗？[是(Y)/否(N)] <否>:"提示信息，输入 Y 或 N 来确定是否要删除源对象。
- ◆ "图层(L)"选项；在命令行中输入 L，选择要偏移的对象的图层。

使用"偏移"命令复制对象时，复制结果不一定与原对象相同。例如，对圆弧作偏移后，新圆弧与旧圆弧同心且具有同样的包含角，但新圆弧的长度要发生改变。对圆或椭圆作偏移后，新圆、新椭圆与旧圆、旧椭圆有同样的圆心，但新圆的半径或新椭圆的轴长要发生变化。对直线段、构造线、射线作偏移，是平行复制。

注意：

偏移命令是一个单对象编辑命令，只能以直接拾取方式选择对象。通过指定偏移距离的方式来复制对象时，距离值必须大于 0。

【**例 5-5**】使用"偏移"命令绘制图 5-28 所示的图形。

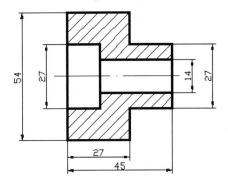

图 5-28　使用偏移绘制图形

(1) 在"绘图"工具栏中单击"直线"按钮 。

(2) 在绘图窗口中绘制一条水平直线 a 和一条垂直直线 b 作为基准线，如图 5-29 所示。

(3) 在"修改"工具栏中单击"偏移"按钮 。

(4) 指定偏移距离为 7，并按 Enter 键。

(5) 选择需要偏移的直线，如水平直线 a。

(6) 在直线的上方单击，确定偏移方向，将得到偏移直线 c。

(7) 再次选择直线 a。

(8) 在直线的下方单击，确定偏移方向，将得到偏移直线 d。

(9) 按 Enter 键，结束偏移命令，结果如图 5-30 所示。

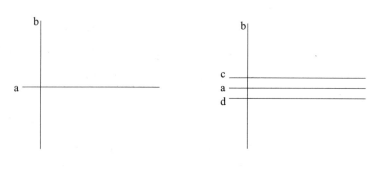

図 5-29　绘制基准线　　　　　　　図 5-30　绘制偏移直线

(10) 重复步骤(3)~(9)，通过偏移直线 a 和 b，绘制直线 e、f、g、h 和 i，如図 5-31 所示。其中，直线的偏移方向和距离如下。

直线 a 向上偏移至 e，偏移距离为 13.5。

直线 a 向下偏移至 f，偏移距离为 13.5。

直线 a 向上偏移至 g，偏移距离为 27。

直线 a 向下偏移至 h，偏移距离为 27。

直线 b 向右偏移至 i，偏移距离为 45。

(11) 在"修改"工具栏中单击"修剪"按钮 。

(12) 选择直线 b 和 i 作为修剪边，然后按 Enter 键。

(13) 单击直线 c、d、e、f、g 和 h 位于直线 b 和 i 外面的部分，修剪多余的直线，结果如図 5-32 所示。

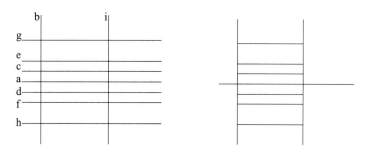

図 5-31　偏移直线　　　　　　　図 5-32　修剪多余的直线

(14) 在"修改"工具栏中单击"偏移"按钮 ，向右偏移直线 b，绘制直线 j 和 k，偏移距离分别为 14 和 27，如図 5-33 所示。

(15) 在"修改"工具栏中单击"修剪"按钮 。

(16) 选择垂直直线 b、j、k 和 i，作为修剪边，然后按 Enter 键。

(17) 单击直线 c 和 d 位于直线 b 和 j 之间的部分；单击直线 e 和 f 位于直线 j 和 k 之间的部分；单击直线 g 和 h 位于直线 k 和 i 之间的部分。

(18) 按 Enter 键，修剪结果如図 5-34 所示。

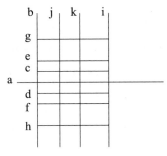
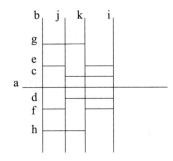

图 5-33　绘制偏移直线　　　　　　　　　　图 5-34　修剪多余的直线

(19) 重复步骤(15)~(18)，依次选择水平直线 e、f、g 和 h(e 和 f 此时有两部分，应全部选中)作为修剪边，然后单击直线 b、j、k 和 i 的上端和下端；分别单击直线 j 位于直线 e 和 g 之间及 f 和 h 之间的部分；单击直线 k 位于直线 e 和 f 之间的部分，修剪结果如图 5-35 所示。

(20) 选择水平直线 a，按 Delete 键删除，结果如图 5-36 所示。

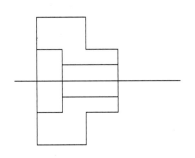
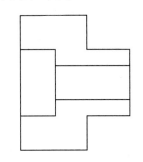

图 5-35　修剪多余的直线　　　　　　　　图 5-36　删除多余的直线

5.4.5　阵列对象

选择"修改"|"阵列"命令(ARRAY)，或在"修改"工具栏中单击"阵列"按钮，都可以打开"阵列"对话框，可以在该对话框中设置以矩形阵列或者环形阵列方式多重复制对象。

1. 矩形阵列复制

在"阵列"对话框中，选择"矩形阵列"单选按钮，可以以矩形阵列方式复制对象，此时的"阵列"对话框如图 5-37 所示。各选项的含义如下。

- ◆ "行"文本框：设置矩形阵列的行数。
- ◆ "列"文本框：设置矩形阵列的列数。
- ◆ "偏移距离和方向"选项区域：在"行偏移"、"列偏移"、"阵列角度"文本框中可以输入矩形阵列的行距、列距和阵列角度。也可以单击文本框右边的按钮，在绘图窗口中通过指定点来确定距离和方向。

注意：

行距、列距和阵列角度的值的正负性将影响将来的阵列方向：行距和列距为正值将使阵列沿 X 轴或者 Y 轴正方向阵列复制对象；阵列角度为正值则沿逆时针方向阵列复制对象，负值则相反。如果是通过单击按钮在绘图窗口中设置偏移距离和方向，则给定点的前后顺序将确定偏移的方向。

- ◆ "选择对象"按钮：单击该按钮将切换到绘图窗口，选择进行阵列复制的对象。
- ◆ 预览窗口：显示当前的阵列模式、行距和列距以及阵列角度。
- ◆ "预览"按钮：单击该按钮将切换到绘图窗口，可预览阵列复制效果，如图 5-38 所示。

图 5-37　矩形阵列

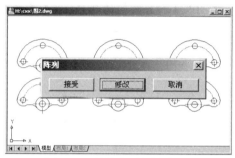

图 5-38　预览阵列复制效果

注意：

预览阵列复制效果时，如果单击"接受"按钮，则确认当前的设置，阵列复制对象并结束命令；如果单击"修改"按钮，则返回到"阵列"对话框，可以重新修改阵列复制参数；如果单击"取消"按钮，则退出"阵列"命令，不做任何编辑。

【例 5-6】 绘制如图 5-39 所示图形。

(1) 在"绘图"工具栏中单击"矩形"按钮，绘制一个长 120、宽 60 的矩形。

(2) 在"绘图"工具栏中单击"圆"按钮⊘，以矩形的左下角为圆心，绘制一个半径为 6 和一个半径为 9 的同心圆，如图 5-40 所示。

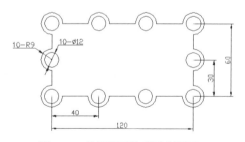

图 5-39　使用矩形阵列绘制图形

图 5-40　绘制同心圆

(3) 在"修改"工具栏中单击"阵列"按钮，打开"阵列"对话框。选择"矩形阵列"单选按钮，设置矩形阵列的行为 3，列为 4；在"偏移距离和方向"选项区域中，设置

"行偏移"为 30，"列偏移"为 40。

(4) 单击"选择对象"按钮 ⬚，然后在绘图窗口中选择同心圆，并单击 Enter 键，返回"阵列"对话框。单击"确定"按钮，复制结果如图 5-41 所示。

(5) 在"修改"工具栏中单击"修剪"按钮 ⬚ 和"删除"按钮 ⬚，修剪和删除图形，结果如图 5-42 所示。

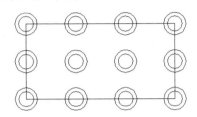
图 5-41   矩形阵列复制结果

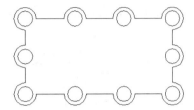
图 5-42   修剪和删除图形

2. 环形阵列复制

在"阵列"对话框中，选择"环形阵列"单选按钮，可以以环形阵列方式复制图形，此时的"阵列"对话框如图 5-43 所示。其中各选项的含义如下。

- ◆ "中心点"选项区域：在 X 和 Y 文本框中，输入环形阵列的中心点坐标，也可以单击右边的按钮切换到绘图窗口，直接指定一点作为阵列的中心点。
- ◆ "方法和值"选项区域：设置环形阵列复制的方法和值。其中，在"方法"下拉列表框中选择环形的方法，包括"项目总数和填充角度"、"项目总数和项目间的角度"和"填充角度和项目间的角度"3 种，选择的方法不同，设置的值也不同。可以直接在对应的文本框中输入值，也可以通过单击相应按钮，在绘图窗口中指定。
- ◆ "复制时旋转项目"复选框：设置在阵列时是否将复制出的对象旋转。
- ◆ "详细"按钮：单击该按钮，对话框中将显示对象的基点信息，可以利用这些信息设置对象的基点。

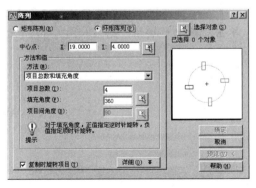
图 5-43   环形阵列

【例 5-7】绘制如图 5-44 所示的绽开的荷花。

(1) 在"绘图"工具栏中单击"圆"按钮 ⬚，以点(220,150)为圆心，绘制一个半径为 50 的圆。

(2) 在"修改"工具栏中单击"复制"按钮 ，在命令行的"选择对象:"提示下，拾取圆 A。

(3) 在命令行的"指定基点或 [位移(D)] <位移>:"提示下输入 CEN，拾取圆 A 的圆心。

(4) 在命令行的"指定第二个点或 <使用第一个点作为位移>:"提示下光标水平向左移动，当显示"极轴:80.0000<0°"时(如图 5-45 所示)单击，指定第二个点，即可复制圆 A，得到相交的圆 B，效果如图 5-46 所示。

图 5-44　绘制绽开的荷花

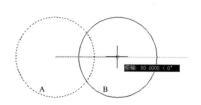

图 5-45　绘制圆

(5) 在"修改"工具栏中单击"修剪"按钮 ，修剪图形，如图 5-47 所示。

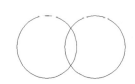

图 5-46　复制图形

图 5-47　修剪图形

(6) 在"绘图"工具栏中单击"直线"按钮 ，连接交点 C 和 D，如图 5-48 所示。

(7) 在"修改"工具栏中单击"阵列"按钮 ，打开"阵列"对话框。

(8) 选中"环形阵列"单选按钮，然后单击"拾取中心点"按钮 ，捕捉点 C 作为环形阵列的中心点。

(9) 单击"选择对象"按钮 ，在"选择对象:"提示下，选择直线 CD 作为阵列对象。

(10) 按 Enter 键返回"阵列"对话框，在"项目总数"文本框中输入 5，在"填充角度"文本框中输入 24°，单击"确定"按钮，结果如图 5-49 所示。

图 5-48　绘制直线

图 5-49　阵列复制直线 CD

(11) 在"修改"工具栏中单击"镜像"按钮 ，以直线 CD 为对称轴镜像图形 CE、CF、CG 和 CH，结果如图 5-50 所示。

(12) 在"修改"工具栏中单击"修剪"按钮 ，修剪图形，如图 5-51 所示。

图 5-50　镜像复制直线　　　　　　　图 5-51　修剪图形

(13) 在"修改"工具栏中单击"阵列"按钮 ，打开"阵列"对话框。选择"环形阵列"单选按钮，以点 D 点中心点，项目总数为 16，填充角度为 360°，并且选择"复制时旋转项目"复选框，复制图 5-51 中的图形，效果如图 5-44 所示。

5.5　移动、旋转和对齐对象

在 AutoCAD 2007 中，不仅可以使用夹点来移动、旋转、对齐对象，还可以通过"修改"菜单中的相关命令来实现。

5.5.1　使用菜单命令移动对象

移动对象是指对象的重定位。选择"修改"|"移动"命令(MOVE)，或在"修改"工具栏中单击"移动"按钮 ，可以在指定方向上按指定距离移动对象，对象的位置发生了改变，但方向和大小不改变。

要移动对象，首先选择要移动的对象，然后指定位移的基点和位移矢量。在命令行的"指定基点或[位移]<位移>"提示下，如果单击或以键盘输入形式给出了基点坐标，命令行将显示"指定第二点或 <使用第一个点作位移>:"提示；如果按 Enter 键，那么所给出的基点坐标值就作为偏移量，即将该点作为原点(0,0)，然后将图形相对于该点移动由基点设定的偏移量。

5.5.2　使用菜单命令旋转对象

选择"修改"|"旋转"命令(ROTATE)，或在"修改"工具栏中单击"修改"按钮 ，可以将对象绕基点旋转指定的角度。

执行该命令后，从命令行显示的"UCS 当前的正角方向：ANGDIR=逆时针 ANGBASE=0"提示信息中，可以了解到当前的正角度方向(如逆时针方向)，零角度方向与 X 轴正方向的夹角(如 0°)。

注意：

可以使用系统变量 ANGDIR 和 ANGBASE 设置旋转时的正方向和零角度方向。也可以选择"格式"|"单位"命令，在打开的"图形单位"对话框中设置。

选择要旋转的对象(可以依次选择多个对象)，并指定旋转的基点，命令行将显示"指定旋转角度或 [复制(C)参照(R)]<O>"提示信息。如果直接输入角度值，则可以将对象绕基点转动该角度，角度为正时逆时针旋转，角度为负时顺时针旋转；如果选择"参照(R)"选项，将以参照方式旋转对象，需要依次指定参照方向的角度值和相对于参照方向的角度值。

【例 5-8】将图 5-52 所示原始图形的下半部分旋转 45°，结果如图 5-53 所示。

图 5-52   原始图形   图 5-53   修改后的图形

(1) 选择"修改"|"旋转"命令，发出 ROTATE 命令。

(2) 在命令行的"选择对象:"提示下，使用"栏选"方式选择图形的下半部分。

(3) 在命令行的"指定基点:"提示下，指定圆心 O 为旋转的基点位置。

(4) 在命令行的"指定旋转角度或 [复制(C)/参照(R)]<O>"提示下，指定旋转角度为 −45°，然后按 Enter 键，结果如图 5-53 所示。

5.5.3   对齐对象

选择"修改"|"三维操作"|"对齐"命令(ALIGN)，可以使当前对象与其他对象对齐，它既适用于二维对象，也适用于三维对象。

在对齐二维对象时，可以指定 1 对或 2 对对齐点(源点和目标点)，在对齐三维对象时，则需要指定 3 对对齐点，如图 5-54 所示。

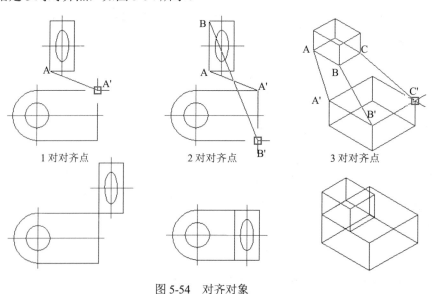

图 5-54   对齐对象

在对齐对象时，如果命令行显示"是否基于对齐点缩放对象？[是(Y)/否(N)] <否>:"提示信息时，选择"否(N)"选项，则对象改变位置，且对象的第一源点与第一目标点重合，第二源点位于第一目标点与第二目标点的连线上，即对象先平移，后旋转；选择"是(Y)"选项，则对象除平移和旋转外，还基于对齐点进行缩放。由此可见，"对齐"命令是"移动"命令和"旋转"命令的组合。

5.6　修改对象的形状和大小

在 AutoCAD 2007 中，可以使用"修剪"和"延伸"命令缩短或拉长对象，以与其他对象的边相接。也可以使用"缩放"、"拉伸"和"拉长"命令，在一个方向上调整对象的大小或按比例增大或缩小对象。

5.6.1　修剪对象

选择"修改" | "修剪"命令(TRIM)，或在"修改"工具栏中单击"修剪"按钮 ⊬，可以以某一对象为剪切边修剪其他对象。执行该命令，并选择了作为剪切边的对象后(可以是多个对象)，按 Enter 键将显示如下提示信息。

> 选择要修剪的对象，或按住 Shift 键选择要延伸的对象，或 [栏选(F)/窗交(C)/ 投影(P)/边(E)/删除(R)/放弃(U)]:

在 AutoCAD 2007 中，可以作为剪切边的对象有直线、圆弧、圆、椭圆或椭圆弧、多段线、样条曲线、构造线、射线以及文字等。剪切边也可以同时作为被剪边。默认情况下，选择要修剪的对象(即选择被剪边)，系统将以剪切边为界，将被剪切对象上位于拾取点一侧的部分剪切掉。如果按下 Shift 键，同时选择与修剪边不相交的对象，修剪边将变为延伸边界，将选择的对象延伸至与修剪边界相交。该命令提示中主要选项的功能如下。

- ◆ "投影(P)"选项：可以指定执行修剪的空间，主要应用于三维空间中两个对象的修剪，可将对象投影到某一平面上执行修剪操作。
- ◆ "边(E)"选项：选择该选项时，命令行显示"输入隐含边延伸模式 [延伸(E)/不延伸(N)] <不延伸>:"提示信息。如果选择"延伸(E)"选项，当剪切边太短而且没有与被修剪对象相交时，可延伸修剪边，然后进行修剪；如果选择"不延伸(N)"选项，只有当剪切边与被修剪对象真正相交时，才能进行修剪。
- ◆ "放弃(U)"选项：取消上一次的操作。

5.6.2　延伸对象

选择"修改" | "延伸"命令(EXTEND)，或在"修改"工具栏中单击"延伸"按钮 ⊸，可以延长指定的对象与另一对象相交或外观相交。

延伸命令的使用方法和修剪命令的使用方法相似，不同之处在于：使用延伸命令时，如果在按下 Shift 键的同时选择对象，则执行修剪命令；使用修剪命令时，如果在按下 Shift 键的同时选择对象，则执行延伸命令。

【例 5-9】延伸如图 5-55 所示图形的弧 AB，使其与辅助线 OC 相交，结果如图 5-56 所示。

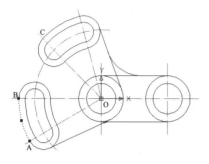
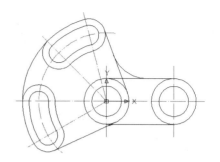

图 5-55　原始图形　　　　　　　　　　　　　图 5-56　延伸后的效果

(1) 在"修改"工具栏中单击"延伸"按钮 7，发出 EXTEND 命令。

(2) 在命令行的"选择对象:"提示下，用鼠标指针拾取辅助线 OC，然后按 Enter 键结束对象选择。

(3) 在命令行的"选择要延伸的对象，或按住 Shift 键选择要修剪的对象，或 [栏选(F)/窗交(C)/投影(P)/边(E)/放弃(U)]："提示下，用鼠标指针拾取圆弧 AB，然后按 Enter 键结束延伸命令，延伸结果如图 5-56 所示。

5.6.3　缩放对象

选择"修改"|"缩放"命令(SCALE)，或在"修改"工具栏中单击"缩放"按钮，可以将对象按指定的比例因子相对于基点进行尺寸缩放。先选择对象，然后指定基点，命令行将显示"指定比例因子或 [复制(C)/参照(R)]<1.0000>:"提示信息。如果直接指定缩放的比例因子，对象将根据该比例因子相对于基点缩放，当比例因子大于 0 而小于 1 时缩小对象，当比例因子大于 1 时放大对象；如果选择"参照(R)"选项，对象将按参照的方式缩放，需要依次输入参照长度的值和新的长度值，AutoCAD 根据参照长度与新长度的值自动计算比例因子(比例因子=新长度值/参照长度值)，然后进行缩放。

例如，要将图 5-56 所示图形缩小为原来的一半，可在"修改"工具栏中单击"缩放"按钮，选中所有图形，并指定基点为(0,0)，在"指定比例因子或[复制(C)/参照(R)]<1.0000>:"提示行输入比例因子 0.5，按 Enter 键即可，效果如图 5-57 所示。

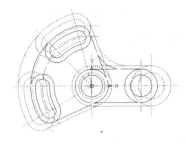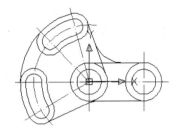

图 5-57　缩放图形

5.6.4　拉伸对象

选择"修改"|"拉伸"命令(STRETCH)，或在"修改"工具栏中单击"拉伸"按钮 □，就可以移动或拉伸对象，操作方式根据图形对象在选择框中的位置决定。执行该命令时，可以使用"交叉窗口"方式或者"交叉多边形"方式选择对象，然后依次指定位移基点和位移矢量，将会移动全部位于选择窗口之内的对象，而拉伸(或压缩)与选择窗口边界相交的对象。

例如，要将图 5-56 所示图形右半部分拉伸，可以在"修改"工具栏中单击"拉伸"按钮 □，然后使用"窗交"选择右半部分的图形，并指定基点为(0, 0)，拖动鼠标指针即可随意拉伸图形，如图 5-58 所示。

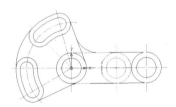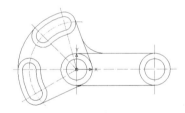

图 5-58　拉伸图形

5.6.5　拉长对象

选择"修改"|"拉长"命令(LENGTHEN)，或在"修改"工具栏中单击"拉长"按钮 ，即可修改线段或者圆弧的长度。执行该命令时，命令行显示如下提示。

选择对象或 [增量(DE)/百分数(P)/全部(T)/动态(DY)]:

默认情况下，选择对象后，系统会显示出当前选中对象的长度和包含角等信息。该命令提示中主要选项的功能如下。

- ◆ "增量(DE)"选项：以增量方式修改圆弧的长度。可以直接输入长度增量来拉长直线或者圆弧，长度增量为正值时拉长，长度增量为负值时缩短。也可以输入 A，通过指定圆弧的包含角增量来修改圆弧的长度。
- ◆ "百分数(P)"选项：以相对于原长度的百分比来修改直线或者圆弧的长度。

♦ "全部(T)"选项：以给定直线新的总长度或圆弧的新包含角来改变长度。

♦ "动态(D)"选项：允许动态地改变圆弧或者直线的长度。

5.7 倒角、圆角和打断

在 AutoCAD 2007 中，可以使用"倒角"、"圆角"命令修改对象使其以平角或圆角相接，使用"打断"命令在对象上创建间距。

5.7.1 倒角对象

选择"修改"|"倒角"命令(CHAMFER)，或在"修改"工具栏中单击"倒角"按钮 ，即可为对象绘制倒角。执行该命令时，命令行显示如下提示信息。

选择第一条直线或 [放弃(U)/多段线(P)/距离(D)/角度(A)/修剪(T)/方式(E)/多个(M)]:

默认情况下，需要选择进行倒角的两条相邻的直线，然后按当前的倒角大小对这两条直线修倒角。该命令提示中主要选项的功能如下。

♦ "多段线(P)"选项：以当前设置的倒角大小对多段线的各顶点(交角)修倒角。

♦ "距离(D)"选项：设置倒角距离尺寸。

♦ "角度(A)"选项：根据第一个倒角距离和角度来设置倒角尺寸。

♦ "修剪(T)"选项：设置倒角后是否保留原拐角边，命令行将显示"输入修剪模式选项 [修剪(T)/不修剪(N)] <修剪>:"提示信息。其中，选择"修剪(T)"选项，表示倒角后对倒角边进行修剪；选择"不修剪(N)"选项，表示不进行修剪。

♦ "方法(E)"选项：设置倒角的方法，命令行显示"输入修剪方法 [距离(D)/角度(A)] <距离>:"提示信息。其中，选择"距离(D)"选项，将以两条边的倒角距离来修倒角；选择"角度(A)"选项，将以一条边的距离以及相应的角度来修倒角。

♦ "多个(M)"选项：对多个对象修倒角。

注意：

修倒角时，倒角距离或倒角角度不能太大，否则无效。当两个倒角距离均为 0 时，CHAMFER 命令将延伸两条直线使之相交，不产生倒角。此外，如果两条直线平行或发散，则不能修倒角。

例如，对如图 5-59 左图所示的轴平面图修倒角后，结果如图 5-59 右图所示。

图 5-59　对图形修倒角

5.7.2 圆角对象

选择"修改"|"圆角"命令(FILLET)，或在"修改"工具栏中单击"圆角"按钮 ⌐ ，即可对对象用圆弧修圆角。执行该命令时，命令行显示如下提示信息。

选择第一个对象或 [放弃(U)/多段线(P)/半径(R)/修剪(T)/多个(M)]:

修圆角的方法与修倒角的方法相似，在命令行提示中，选择"半径(R)"选项，即可设置圆角的半径大小。

注意：

在 AutoCAD 2007 中，允许对两条平行线倒圆角，圆角半径为两条平行线距离的一半。

【例 5-10】使用偏移、复制、镜像、修剪等命令，绘制如图 5-60 所示图形。

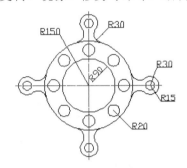

图 5-60 绘制图形

(1) 在"绘图"工具栏中单击"构造线"按钮 ⟋ ，绘制一条水平构造线和一条垂直构造线作为辅助线，如图 5-61 所示。

(2) 选择"工具"|"新建 UCS"|"原点"命令，将坐标系移到辅助线的交点 O 处。

(3) 在"绘图"工具栏中单击"圆"按钮 ⊙ ，以辅助线交点 O 为圆心，绘制一个半径为 150 的圆形，如图 5-62 所示。

图 5-61 绘制辅助线   图 5-62 绘制圆形

(4) 在"绘图"工具栏中单击"圆"按钮 ⊙ ，以坐标(210,0)为圆心，分别绘制一个半径为 30 和半径为 15 的同心圆形，如图 5-63 所示。

(5) 单击"修改"工具栏中的"镜像"按钮 ⚠ ，以垂直辅助线为镜像线，镜像绘制的两个圆，效果如图 5-64 所示。

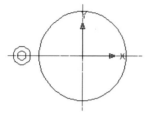

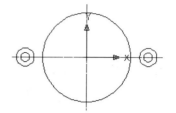

图 5-63 绘制同心圆   图 5-64 镜像复制图形

(6) 单击"修改"工具栏中的"复制"按钮，选择镜像复制得到的两个圆，然后以点(210,0)为基点，以点(0,210)为位移的第 2 点，复制圆，如图 5-65 所示。

(7) 参照第(5)步的方法，以水平辅助线为镜像线，镜像所复制的两个圆，如图 5-66 所示。

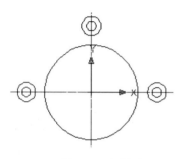

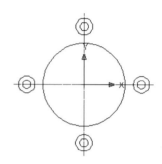

图 5-65 复制圆   图 5-66 镜像复制图形

(8) 选择"绘图"|"圆"|"相切、相切、半径"命令，单击半径为 150 的圆，获得一个切点；然后单击半径为 30 的圆，获得另一个切点，分别在两圆的左右两侧各绘制一个半径为 30 的圆。使用同样方法，参照如图 5-67 所示分别绘制其他相切圆。

(9) 在"修改"工具栏中单击"修剪"按钮，参照如图 5-68 所示的图形进行修剪。

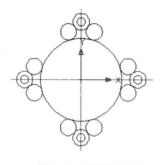

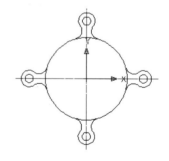

图 5-67 绘制相切圆   图 5-68 修剪图形

(10) 单击"修改"工具栏中的"偏移"按钮，将绘制的半径为 150 的圆形向内偏移 90 个单位，如图 5-69 所示。

(11) 在"绘图"工具栏中单击"圆"按钮，以坐标(-120,0)为圆心，绘制一个半径为 20 的同心圆形，如图 5-70 所示。

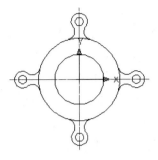
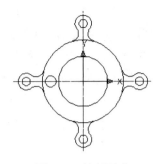

图 5-69　偏移复制圆形　　　　　　　图 5-70　绘制圆形

(12) 选择"修改"|"阵列"命令，打开"阵列"对话框，并选择"环行阵列"单选按钮。单击"拾取中心点"按钮 ，切换到绘图屏幕，选择半径为 150 的圆形的中心点为环行阵列的中心点。

(13) 在"阵列"对话框中的"方法"下拉列表框中选择"项目总数和填充角度"选项。

(14) 在"项目总数"文本框中输入数值 8，在"填充角度"文本框中输入数值 360。

(15) 单击"选择对象"按钮，切换到绘图屏幕，选择半径为 20 的圆形。

(16) 在"阵列"对话框中单击"确定"按钮，对半径为 150 的圆形执行环行阵列操作，得到最终效果，如图 5-71 所示。

(17) 选择"工具"|"新建 UCS"|"世界"命令，恢复世界坐标系。然后删除图形中的所有辅助线，最终的图形效果如图 5-72 所示。

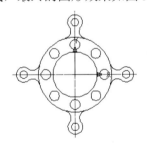
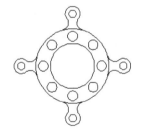

图 5-71　对图形进行环行阵列　　　　　图 5-72　图形的最终效果

5.7.3　打断对象

在 AutoCAD 2007 中，使用"打断"命令可部分删除对象或把对象分解成两部分，还可以使用"打断于点"命令将对象在一点处断开成两个对象。

1. 打断对象

选择"修改"|"打断"命令(BREAK)，或在"修改"工具栏中单击"打断"按钮，即可部分删除对象或把对象分解成两部分。执行该命令并选择需要打断的对象，命令行将显示如下提示信息。

指定第二个打断点或 [第一点(F)]:

默认情况下，以选择对象时的拾取点作为第一个断点，需要指定第二个断点。如果直接选取对象上的另一点或者在对象的一端之外拾取一点，将删除对象上位于两个拾取点之间的部分。如果选择"第一点(F)"选项，可以重新确定第一个断点。

在确定第二个打断点时，如果在命令行输入@，可以使第一个、第二个断点重合，从而将对象一分为二。如果对圆、矩形等封闭图形使用打断命令时，AutoCAD 将沿逆时针方向把第一断点到第二断点之间的那段圆弧或直线删除。例如，在图 5-73 所示图形中，使用打断命令时，单击点 A 和 B 与单击点 B 和 A 产生的效果是不同的。

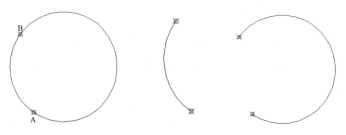

图 5-73 打断图形

2. 打断于点

在"修改"工具栏中单击"打断于点"按钮 ⊡，可以将对象在一点处断开成两个对象，它是从"打断"命令中派生出来的。执行该命令时，需要选择要被打断的对象，然后指定打断点，即可从该点打断对象。

例如，在图 5-74 所示图形中，要从点 C 处打断圆弧，可以执行"打断于点"命令，并选择圆弧，然后单击点 C 即可。

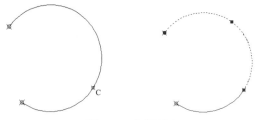

图 5-74 打断于点

5.7.4 合并对象

如果需要连接某一连续图形上的两个部分，或者将某段圆弧闭合为整圆，可以选择"修改"|"合并"命令或在命令行输入 JOIN 命令，也可以单击"修改"工具栏上的"合并"按钮 ✛。执行该命令并选择需要合并的对象，命令行将显示如下提示信息。

选择圆弧，以合并到源或进行 [闭合(L)]:

选择需要合并的另一部分对象，按 Enter 键，即可将这些对象合并。图 5-75 所示就是对在同一个圆上的两段圆弧进行合并后的效果(注意方向)。如果选择"闭合(L)"选项，表示可以将选择的任意一段圆弧闭合为一个整圆。选择图 5-75 中左边图形上的任一段圆弧，执行该命令后，得到一个完整的圆，效果如图 5-76 所示。

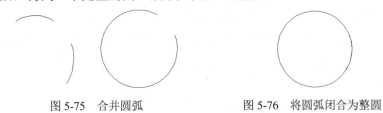

图 5-75　合并圆弧　　　　　　图 5-76　将圆弧闭合为整圆

5.7.5　分解对象

对于矩形、块等由多个对象编组成的组合对象，如果需要对单个成员进行编辑，就需要先将它分解开。选择"修改"|"分解"命令(EXPLODE)，或在"修改"工具栏中单击"分解"按钮，选择需要分解的对象后按 Enter 键，即可分解图形并结束该命令。

5.8　编辑对象特性

对象特性包含一般特性和几何特性，一般特性包括对象的颜色、线型、图层及线宽等，几何特性包括对象的尺寸和位置。可以直接在"特性"选项板中设置和修改对象的特性。

5.8.1　打开"特性"选项板

选择"修改"|"特性"命令，或选择"工具"|"选项板"|"特性"命令，也可以在"标准"工具栏中单击"特性"按钮，打开"特性"选项板，如图 5-77 所示。

"特性"选项板默认处于浮动状态。在"特性"选项板的标题栏上右击，将弹出一个快捷菜单，如图 5-78 所示。可通过该快捷菜单确定是否隐藏选项板、是否在选项板内显示特性的说明部分以及是否将选项板锁定在主窗口中。

图 5-77　对象"特性"选项板　　　　　　图 5-78　对象"特性"选项板快捷菜单

例如，在对象"特性"选项板快捷菜单中选择了"说明"命令，然后在"特性"选项板中选择对象的某一特性，则"特性"选项板下面将显示该特性的说明信息。在对象"特性"选项板快捷菜单中选择"自动隐藏"命令，则不使用对象"特性"选项板时，它会自动隐藏，只显示一个标题栏。

5.8.2 "特性"选项板的功能

"特性"选项板中显示了当前选择集中对象的所有特性和特性值，当选中多个对象时，将显示它们的共有特性。可以通过它浏览、修改对象的特性，也可以通过它浏览、修改满足应用程序接口标准的第三方应用程序对象。在使用"特性"选项板时应注意以下几点。

- ♦ 打开"特性"选项板，在没有选中对象时，选项板显示整个图纸的特性及其当前设置；当选择了一个对象后，选项板内将列出该对象的全部特性及其当前设置；选择同一类型的多个对象，则选项板内列出这些对象的共有特性和当前设置；选择不同类型的多个对象，则选项板内只列出这些对象的基本特性及其当前设置，如颜色、图层、线型、线型比例、打印样式、线宽、超链接及厚度等，如图 5-79 所示。

图 5-79 选择一个和多个对象时的"特性"选项板

- ♦ "切换 PICKADD 系统变量值"按钮：单击该按钮可以修改 PICKADD 系统变量的值，设置是否能选择多个对象进行编辑。
- ♦ "选择对象"按钮：单击该按钮切换到绘图窗口，可以选择其他对象。
- ♦ "快速选择"按钮：单击该按钮将打开"快速选择"对话框，可以快速创建供编辑用的选择集。
- ♦ 在"特性"选项板内双击对象的特性栏，可显示该特性所有可能的取值。
- ♦ 修改所选择对象的特性时，可以直接输入新值、从下拉列表中选择值、通过对话框改变值或利用"选择对象"按钮在绘图区改变坐标值。

5.9　思　考　练　习

1. 在 AutoCAD 2007 中选择对象的方法有哪些，如何使用"窗口"和"窗交"选择对象？

2. 在 AutoCAD 2007 中如何创建对象编组？

3. 在 AutoCAD 2007 中如何使用夹点编辑对象？

4. 在 AutoCAD 2007 中"打断"命令与"打断于点"命令有何区别？

5. 绘制如图 5-80 所示的各图形(图中只给出了主要尺寸，其余尺寸由读者确定，可暂不绘中心线)。

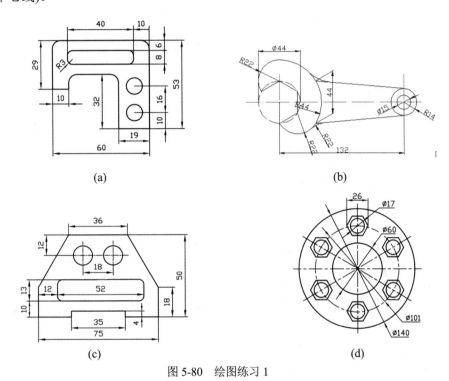

图 5-80　绘图练习 1

6. 已知有图 5-81(a)所示的图形，如何将其修改成图 5-81(b)所示的结果。

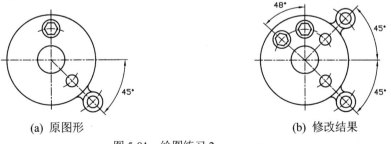

图 5-81　绘图练习 2

7. 已知有图 5-82(a)所示的图形，如何将其修改成图 5-82(b)所示的结果。

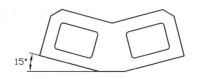

(a) 原图形　　　　　　　　　　　　(b) 修改结果

图 5-82　绘图练习 3

8. 使用夹点编辑对象的方法，绘制如图 5-83 所示的图形。

9. 绘制如图 5-84 所示的图形。

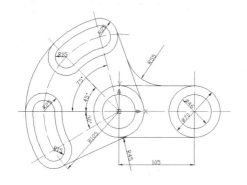 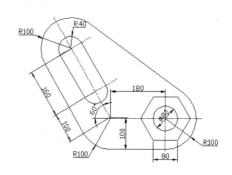

图 5-83　绘图练习 4　　　　　　　　图 5-84　绘图练习 5

10. 绘制如图 5-85 所示的图形。

11. 绘制如图 5-86 所示的图形。

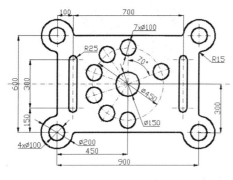 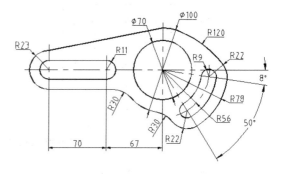

图 5-85　绘图练习 6　　　　　　　　图 5-86　绘图练习 7

第6章　精确绘制图形

在绘图时，灵活运用 AutoCAD 所提供的绘图工具进行准确定位，可以有效地提高绘图的精确性和效率。在中文版 AutoCAD 2007 中，用户可以使用系统提供的对象捕捉、对象捕捉追踪等功能，在不输入坐标的情况下快速、精确地绘制图形。

6.1　使用捕捉、栅格和正交功能定位点

在绘制图形时，尽管可以通过移动光标来指定点的位置，但却很难精确指定点的某一位置。因此，要精确定位点，必须使用坐标或捕捉功能。在第 2 章已经详细介绍了使用坐标来精确定位点的方法，本节主要介绍如何使用系统提供的栅格、捕捉和正交功能来精确定位点。

6.1.1　设置栅格和捕捉

"捕捉"用于设定鼠标光标移动的间距。"栅格"是一些标定位置的小点，起坐标纸的作用，可以提供直观的距离和位置参照，如图 6-1 所示。在 AutoCAD 中，使用"捕捉"和"栅格"功能，可以提高绘图效率。

1. 打开或关闭捕捉和栅格功能

打开或关闭"捕捉"和"栅格"功能有以下几种方法。

◆ 在 AutoCAD 程序窗口的状态栏中，单击"捕捉"和"栅格"按钮。

◆ 按 F7 键打开或关闭栅格，按 F9 键打开或关闭捕捉。

◆ 选择"工具"|"草图设置"命令，打开"草图设置"对话框，如图 6-2 所示。在"捕捉和栅格"选项卡中选中或取消"启用捕捉"和"启用栅格"复选框。

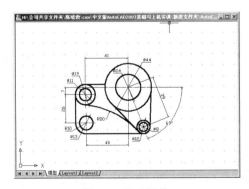

图 6-1　显示栅格

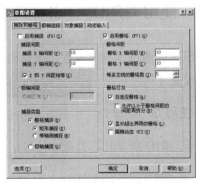

图 6-2　"草图设置"对话框

2. 设置捕捉和栅格参数

利用"草图设置"对话框中的"捕捉和栅格"选项卡，如图 6-2 所示，可以设置捕捉和栅格的相关参数，各选项的功能如下。

◆ "启用捕捉"复选框：打开或关闭捕捉方式。选中该复选框，可以启用捕捉。

◆ "捕捉间距"选项区域：设置捕捉间距、捕捉角度以及捕捉基点坐标。

◆ "启用栅格"复选框：打开或关闭栅格的显示。选中该复选框，可以启用栅格。

◆ "栅格间距"选项区域：设置栅格间距。如果栅格的 X 轴和 Y 轴间距值为 0，则栅格采用捕捉 X 轴和 Y 轴间距的值。

◆ "捕捉类型"选项区域：可以设置捕捉类型和样式，包括"栅格捕捉"和"极轴捕捉"两种。

　① "栅格捕捉"单选按钮：选中该单选按钮，可以设置捕捉样式为栅格。当选中"矩形捕捉"单选按钮时，可将捕捉样式设置为标准矩形捕捉模式，光标可以捕捉一个矩形栅格；当选中"等轴测捕捉"单选按钮时，可将捕捉样式设置为等轴测捕捉模式，光标将捕捉到一个等轴测栅格；在"捕捉间距"和"栅格间距"选项区域中可以设置相关参数。

　② "极轴捕捉"单选按钮：选中该单选按钮，可以设置捕捉样式为极轴捕捉。此时，在启用了极轴追踪或对象捕捉追踪的情况下指定点，光标将沿极轴角或对象捕捉追踪角度进行捕捉，这些角度是相对最后指定的点或最后获取的对象捕捉点计算的，并且在"极轴间距"选项区域中的"极轴距离"文本框中可设置极轴捕捉间距。

◆ "栅格行为"选项区域：用于设置"视觉样式"下栅格线的显示样式(三维线框除外)。

　① "自适应栅格"复选框：用于限制缩放时栅格的密度。

　② "允许以小于栅格间距的间距再拆分"复选框：用于是否能够以小于栅格间距的间距来拆分栅格。

　③ "显示超出界限的栅格"复选框：用于确定是否显示图限之外的栅格。

　④ "跟随动态 UCS"复选框：跟随动态 UCS 的 XY 平面而改变栅格平面。

6.1.2　使用 GRID 与 SNAP 命令

不仅可以通过"草图设置"对话框设置栅格和捕捉参数，还可以通过 GRID 与 SNAP 命令来设置。

1. 使用 GRID 命令

执行 GRID 命令时，其命令行显示如下提示信息。

指定栅格间距(X)或[开(ON)/关(OFF)/捕捉(S)/主(M)/自适应(D)/界限(L)/跟随(F)/纵横向间距(A)]
<10.0000>:

默认情况下，需要设置栅格间距值。该间距不能设置太小，否则将导致图形模糊及屏幕重画太慢，甚至无法显示栅格。该命令提示中其他选项的功能如下。

- ◆ "开(ON)"/"关(OFF)"选项：打开或关闭当前栅格。
- ◆ "捕捉(S)"选项：将栅格间距设置为由 SNAP 命令指定的捕捉间距。
- ◆ "主(M)"选项：设置每个主栅格线的栅格分块数。
- ◆ "自适应(D)"选项：设置是否允许以小于栅格间距的间距拆分栅格。
- ◆ "界限(L)"选项：设置是否显示超出界限的栅格。
- ◆ "跟随(F)"选项：设置是否跟随动态 UCS 的 XY 平面而改变栅格平面。
- ◆ "纵横向间距(A)"选项：设置栅格的 X 轴和 Y 轴间距值。

2. 使用 SNAP 命令

执行 SNAP 命令时，其命令行显示如下提示信息。

指定捕捉间距或 [开(ON)/关(OFF)/纵横向间距(A)/样式(S)/类型(T)] <10.0000>:

默认情况下，需要指定捕捉间距，并使用"开(ON)"选项，以当前栅格的分辨率、旋转角和样式激活捕捉模式；使用"关(OFF)"选项，关闭捕捉模式，但保留当前设置。此外，该命令提示中其他选项的功能如下。

- ◆ "纵横向间距(A)"选项：在 X 和 Y 方向上指定不同的间距。如果当前捕捉模式为等轴测，则不能使用该选项。
- ◆ "样式(S)"选项：设置"捕捉"栅格的样式为"标准"或"等轴测"。"标准"样式显示与当前 UCS 的 XY 平面平行的矩形栅格，X 间距与 Y 间距可能不同；"等轴测"样式显示等轴测栅格，栅格点初始化为 30°和 150°角。等轴测捕捉可以旋转，但不能有不同的纵横向间距值。等轴测包括上等轴测平面(30°和 150°角)、左等轴测平面(90°和 150°角)和右等轴测平面(30°和 90°角)，如图 6-3 所示。
- ◆ "类型(T)"选项：指定捕捉类型为极轴或栅格。

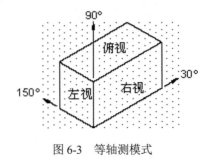

图 6-3 等轴测模式

6.1.3 使用正交模式

使用 ORTHO 命令，可以打开正交模式，用于控制是否以正交方式绘图。在正交模式下，可以方便地绘制出与当前 X 轴或 Y 轴平行的线段。打开或关闭正交方式有以下两种方法。

◆ 在 AutoCAD 程序窗口的状态栏中单击"正交"按钮。

◆ 按 F8 键打开或关闭。

打开正交功能后，输入的第 1 点是任意的，但当移动光标准备指定第 2 点时，引出的橡皮筋线已不再是这两点之间的连线，而是起点到光标十字线的垂直线中较长的那段线，此时单击，橡皮筋线就变成所绘直线。

6.2　使用对象捕捉功能

在绘图的过程中，经常要指定一些已有对象上的点，例如端点、圆心和两个对象的交点等。如果只凭观察来拾取，不可能非常准确地找到这些点。为此，AutoCAD 2007 提供了对象捕捉功能，可以迅速、准确地捕捉到某些特殊点，从而精确地绘制图形。

6.2.1　打开对象捕捉功能

在 AutoCAD 中，可以通过"对象捕捉"工具栏和"草图设置"对话框等方式调用对象捕捉功能。

1．"对象捕捉"工具栏

在绘图过程中，当要求指定点时，单击"对象捕捉"工具栏中相应的特征点按钮，再把光标移到要捕捉对象上的特征点附近，即可捕捉到相应的对象特征点。图 6-4 所示为"对象捕捉"工具栏。

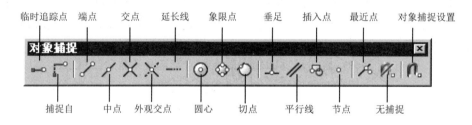

图 6-4　"对象捕捉"工具栏

2．使用自动捕捉功能

在绘图的过程中，使用对象捕捉的频率非常高。为此，AutoCAD 又提供了一种自动对象捕捉模式。

自动捕捉就是当把光标放在一个对象上时，系统自动捕捉到对象上所有符合条件的几何特征点，并显示相应的标记。如果把光标放在捕捉点上多停留一会，系统还会显示捕捉的提示。这样，在选点之前，就可以预览和确认捕捉点。

要打开对象捕捉模式，可在"草图设置"对话框的"对象捕捉"选项卡中，选中"启用对象捕捉"复选框，然后在"对象捕捉模式"选项区域中选中相应复选框，如图 6-5 所示。

注意：

要设置自动捕捉功能，可选择"工具"|"选项"命令，在"选项"对话框的"草图"选项卡中进行设置。

3. 对象捕捉快捷菜单

当要求指定点时，可以按下 Shift 键或者 Ctrl 键，右击打开对象捕捉快捷菜单，如图 6-6 所示。选择需要的子命令，再把光标移到要捕捉对象的特征点附近，即可捕捉到相应的对象特征点。

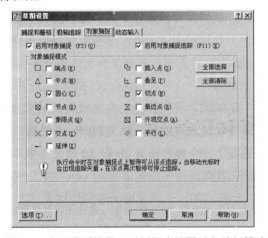

图 6-5　在"草图设置"对话框中设置对象捕捉模式　　图 6-6　对象捕捉快捷菜单

在对象捕捉快捷菜单中，"点过滤器"子命令中的各命令用于捕捉满足指定坐标条件的点。除此之外的其余各项都与"对象捕捉"工具栏中的各种捕捉模式相对应。

6.2.2　运行和覆盖捕捉模式

在 AutoCAD 中，对象捕捉模式又可以分为运行捕捉模式和覆盖捕捉模式。

- 在"草图设置"对话框的"对象捕捉"选项卡中，设置的对象捕捉模式始终处于运行状态，直到关闭为止，称为运行捕捉模式。
- 如果在点的命令行提示下输入关键字(如 MID、CEN、QUA 等)、单击"对象捕捉"工具栏中的工具或在对象捕捉快捷菜单中选择相应命令，只临时打开捕捉模式，称为覆盖捕捉模式，仅对本次捕捉点有效，在命令行中显示一个"于"标记。

要打开或关闭运行捕捉模式，可单击状态栏上的"对象捕捉"按钮。设置覆盖捕捉模式后，系统将暂时覆盖运行捕捉模式。

【例 6-1】使用对象捕捉功能绘制如图 6-7 所示的零件平面视图。

(1) 选择"工具"|"草图设置"命令，打开"草图设置"对话框，在"对象捕捉"选项卡的"对象捕捉模式"选项区域中选中"圆心"、"交点"以及"切点"3 个复选框，

即选择这 3 种捕捉模式，然后单击"确定"按钮。

(2) 在"绘图"工具栏中单击"构造线"按钮✍，绘制如图 6-8 所示的辅助线，其中两条水平构造线的距离为 75。

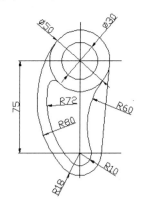

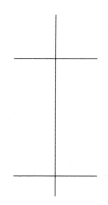

图 6-7　使用图层绘制图形　　　　　　　　　图 6-8　绘制构造线

(3) 在"绘图"工具栏中单击"圆"按钮⊙，将指针移到构造线之间的交点处，当显示"交点"标记时，如图 6-9 所示，单击拾取该点，绘制直径为 50 和 30 的圆。

(4) 使用同样的方法，在另外一个交点分别绘制半径为 18 和 10 的圆，效果如图 6-10 所示。

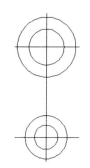

图 6-9　捕捉交点　　　　　　　　　　　图 6-10　绘制圆

(5) 选择"绘图"|"圆"|"相切、相切、半径"命令，将指针移至直径为 50 的圆的上半部分，当显示"递延切点"标记时，如图 6-11 所示，单击拾取该点。

(6) 将指针移至半径为 18 的圆上拾取另一个切点，绘制半径为 80 的圆，效果如图 6-12 所示。

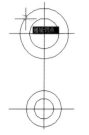

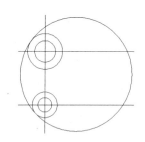

图 6-11　捕捉切点　　　　　　　图 6-12　绘制半径为 80 的相切圆

(7) 使用相同的方法，绘制与直径为 50 的圆和半径为 10 的圆相切的圆，且半径为 60，效果如图 6-13 所示。

(8) 在"绘图"工具栏中单击"圆"按钮 ◎，将指针移至半径为 80 的圆心处，当显示"圆心"标记时，如图 6-14 所示，单击拾取该点，绘制半径为 70 的圆。

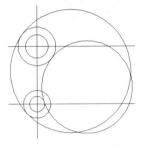
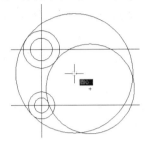

图 6-13　绘制半径为 60 的相切圆　　　　图 6-14　拾取圆心

(9) 在"绘图"工具栏中单击"直线"按钮 ／，并且在"对象捕捉"工具栏中单击"捕捉到切点"按钮 ◎，然后将指针称至直径为 80 的圆右半部分，当显示"递延切点"标记时，如图 6-15 所示，单击拾取该点。

(10) 将指针移至半径为 15 的圆上拾取另一切点，绘制直线，效果如图 6-16 所示。

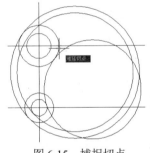
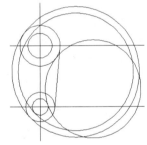

图 6-15　捕捉切点　　　　　　　　图 6-16　绘制切线

(11) 在"修改"工具栏中单击"修剪"按钮 ⊹，参照图 6-17 所示修剪图形。

(12) 在"修改"工具栏中单击"圆角"按钮 ，指定圆角半径为 5，依次选择半径为 72 的圆弧和直径为 50 的圆为修剪对象，效果如图 6-18 所示。

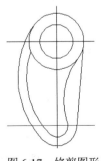
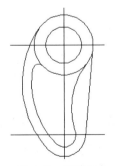

图 6-17　修剪图形　　　　　　　　图 6-18　创建圆角

(13) 参照图 6-7 标注图形尺寸(关于图形尺寸标注，请参考第 10 章的内容)。

6.3 使用自动追踪

在 AutoCAD 中，自动追踪可按指定角度绘制对象，或者绘制与其他对象有特定关系的对象。自动追踪功能分极轴追踪和对象捕捉追踪两种，是非常有用的辅助绘图工具。

6.3.1 极轴追踪与对象捕捉追踪

极轴追踪是按事先给定的角度增量来追踪特征点。而对象捕捉追踪则按与对象的某种特定关系来追踪，这种特定的关系确定了一个未知角度。也就是说，如果事先知道要追踪的方向(角度)，则使用极轴追踪；如果事先不知道具体的追踪方向(角度)，但知道与其他对象的某种关系(如相交)，则用对象捕捉追踪。极轴追踪和对象捕捉追踪可以同时使用。

注意：

对象追踪必须与对象捕捉同时工作，即在追踪对象捕捉到点之前，必须先打开对象捕捉功能。

极轴追踪功能可以在系统要求指定一个点时，按预先设置的角度增量显示一条无限延伸的辅助线(这是一条虚线)，这时就可以沿辅助线追踪得到光标点。可在"草图设置"对话框的"极轴追踪"选项卡中对极轴追踪和对象捕捉追踪进行设置，如图 6-19 所示。

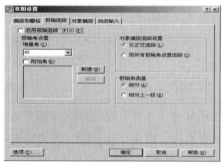

图 6-19   "极轴追踪"选项卡

"极轴追踪"选项卡中各选项的功能和含义如下。

◆ "启用极轴追踪"复选框：打开或关闭极轴追踪。也可以使用自动捕捉系统变量或按 F10 键来打开或关闭极轴追踪。

◆ "极轴角设置"选项区域：设置极轴角度。在"增量角"下拉列表框中可以选择系统预设的角度，如果该下拉列表框中的角度不能满足需要，可选中"附加角"复选框，然后单击"新建"按钮，在"附加角"列表中增加新角度。

◆ "对象捕捉追踪设置"选项区域：设置对象捕捉追踪。选中"仅正交追踪"单选按钮，可在启用对象捕捉追踪时，只显示获取的对象捕捉点的正交(水平/垂直)对象捕捉追踪路径；选中"用所有极轴角设置追踪"单选按钮，可以将极轴追踪设置应用到对象捕捉追踪。使用对象捕捉追踪时，光标将从获取的对象捕捉点起沿极轴对齐角度进行追踪。也可以使用系统变量 POLARMODE 对对象捕捉追踪进行设置。

注意:

打开正交模式，光标将被限制沿水平或垂直方向移动。因此，正交模式和极轴追踪模式不能同时打开，若一个打开，另一个将自动关闭。

♦ "极轴角测量"选项区域：设置极轴追踪对齐角度的测量基准。其中，选中"绝对"单选按钮，可以基于当前用户坐标系(UCS)确定极轴追踪角度；选中"相对上一段"单选按钮，可以基于最后绘制的线段确定极轴追踪角度。

6.3.2　使用临时追踪点和捕捉自功能

在"对象捕捉"工具栏中，还有两个非常有用的对象捕捉工具，即"临时追踪点"和"捕捉自"工具。

♦ "临时追踪点"工具 ：可在一次操作中创建多条追踪线，并根据这些追踪线确定所要定位的点。

♦ "捕捉自"工具 ：在使用相对坐标指定下一个应用点时，"捕捉自"工具可以提示输入基点，并将该点作为临时参照点，这与通过输入前缀@使用最后一个点作为参照点类似。它不是对象捕捉模式，但经常与对象捕捉一起使用。

6.3.3　使用自动追踪功能绘图

使用自动追踪功能可以快速而精确地定位点，在很大程度上提高了绘图效率。在 AutoCAD 2007 中，要设置自动追踪功能选项，可打开"选项"对话框，在"草图"选项卡的"自动追踪设置"选项区域中进行设置，其各选项功能如下。

♦ "显示极轴追踪矢量"复选框：设置是否显示极轴追踪的矢量数据。

♦ "显示全屏追踪矢量"复选框：设置是否显示全屏追踪的矢量数据。

♦ "显示自动追踪工具栏提示"复选框：设置在追踪特征点时是否显示工具栏上的相应按钮的提示文字。

【例6-2】利用自动追踪功能绘制如图 6-20 所示的图形。

(1) 选择"工具"|"草图设置"命令，此时系统将打开"草图设置"对话框。

(2) 在"捕捉和栅格"选项卡中选择"启用捕捉"复选框，在"捕捉类型"选项区域中选择"极轴捕捉"单选按钮，在"极轴距离"文本框中设置极轴间距为 1，如图 6-21 所示。

(3) 在状态栏中单击"极轴"、"对象捕捉"、"对象追踪"按钮，打开极轴、对象捕捉以及对象捕捉追踪功能。

(4) 在"绘图"工具栏中单击"构造线"按钮 ，然后在绘图窗口中绘制一条水平构造线和一条垂直构造线作为辅助线。

（5）在"绘图"工具栏中单击"正多边形"按钮⬠，设置正多边形的边数为 6，并捕捉辅助线的交点作为正多边形的中心点。

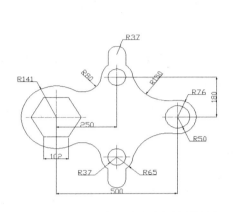

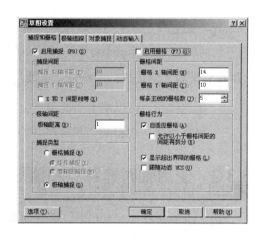

图 6-20　利用自动追踪功能绘制的图形　　　　　图 6-21　开启"极轴捕捉"功能

（6）设置多边形绘制方式为"内接于圆"方式，然后沿水平方向移动指针，追踪 102 个单位，此时屏幕上将显示"极轴:102.0000<0"（如图 6-22 所示)，然后单击鼠标，绘制出一个内接于半径为 102 的圆的正六边形。

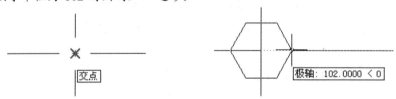

图 6-22　绘制正六边形

（7）在"绘图"工具栏中单击"圆"按钮⊙，以辅助线的交点为圆心，绘制一个半径为 141 的圆。

（8）在"绘图"工具栏中单击"圆"按钮，从辅助线的交点向右追踪 500 个单位后，单击确定圆心位置，然后再向右追踪 50 个单位，并单击鼠标绘制半径为 50 的圆，如图 6-23 所示。

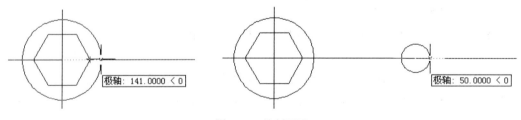

图 6-23　绘制圆形

（9）在"绘图"工具栏中单击"圆"按钮，捕捉步骤(8)中绘制的圆的圆心，然后绘制一个半径为 76 的圆，如图 6-24 所示。

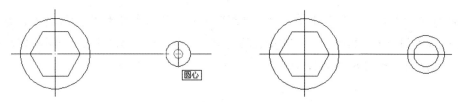

图 6-24　绘制同心圆形

（10）在"绘图"工具栏中单击"构造线"按钮，捕捉半径为 141 的圆的圆心，接下来从辅助线的交点向右追踪 250 个单位后单击鼠标，绘制一条垂直构造线，如图 6-25 所示。

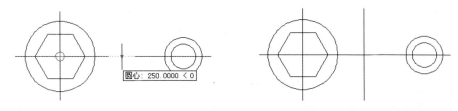

图 6-25　绘制垂直构造线

（11）在"绘图"工具栏中单击"圆"按钮，捕捉垂直构造线和水平构造线的交点，接下来从交点处向上追踪 180 个单位后单击鼠标，然后绘制一个半径为 65 的圆形，如图 6-26 所示。

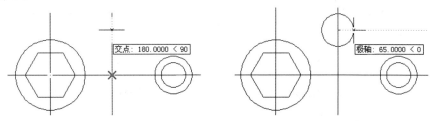

图 6-26　绘制圆形

（12）在"绘图"工具栏中单击"圆"按钮，捕捉半径为 65 的圆的圆心，然后绘制一个半径为 37 的圆。使用同样方法，在水平构造线下方绘制同样大小的同心圆形，效果如图 6-27 所示。

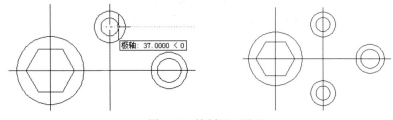

图 6-27　绘制同心圆形

（13）选择"工具"|"草图设置"命令，打开"草图设置"对话框。然后在"对象捕捉"选项卡的"对象捕捉模式"选项区域中选中"象限点"复选框，并单击"确定"按钮。

(14) 在"绘图"工具栏中单击"构造线"按钮，捕捉半径为 37 的圆的左侧象限点，如图 6-28 左图所示，然后绘制一条垂直构造线。使用同样方法绘制通过该圆右侧象限点的垂直构造线，如图 6-28 右图所示。

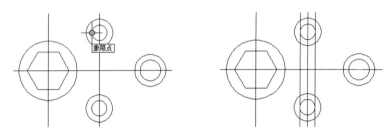

图 6-28   绘制构造线

(15) 选择"绘制" | "圆" | "相切、相切、相切"命令，分别单击两条垂直构造线和半径为 65 的圆为切点，绘制两个圆形，效果如图 6-29 所示。

(16) 在"修改"工具栏中单击"修剪"按钮，参照如图 6-30 所示对图形进行修剪。

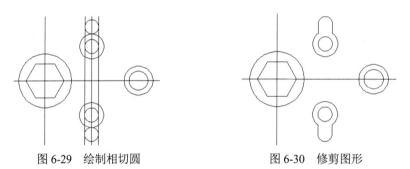

图 6-29   绘制相切圆   图 6-30   修剪图形

(17) 选择"绘制" | "圆" | "相切、相切、半径"命令，分别绘制 2 个与半径为 141 和半径为 65 的圆相切，且半径为 80 的圆。

(18) 使用同样方法，分别绘制 2 个与半径为 76 和半径为 65 的圆相切，且半径为 150 的圆，效果如图 6-31 所示。

(19) 在"修改"工具栏中单击"修剪"按钮，参照如图 6-20 所示对绘制的相切圆进行修剪，同时删除多余的构造线，最终效果如图 6-32 所示。

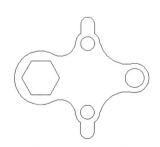

图 6-31   绘制相切圆   图 6-32   修剪图形

6.4 使用动态输入

在 AutoCAD 2007 中，使用动态输入功能可以在指针位置处显示标注输入和命令提示等信息，从而极大地方便了绘图。

6.4.1 启用指针输入

在"草图设置"对话框的"动态输入"选项卡中，选中"启用指针输入"复选框可以启用指针输入功能，如图 6-33 所示。可以在"指针输入"选项区域中单击"设置"按钮，使用打开的"指针输入设置"对话框设置指针的格式和可见性，如图 6-34 所示。

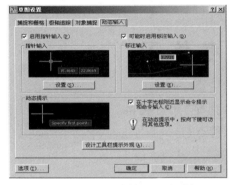

图 6-33 "动态输入"选项卡

图 6-34 "指针输入设置"对话框

6.4.2 启用标注输入

在"草图设置"对话框的"动态输入"选项卡中，选中"可能时启用标注输入"复选框可以启用标注输入功能。在"标注输入"选项区域中单击"设置"按钮，使用打开的"标注输入的设置"对话框可以设置标注的可见性，如图 6-35 所示。

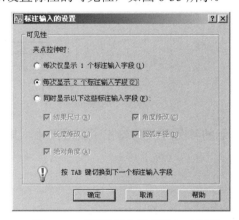

图 6-35 "标注输入的设置"对话框

6.4.3　显示动态提示

在"草图设置"对话框的"动态输入"选项卡中，选中"动态提示"选项区域中的"在十字光标附近显示命令提示和命令输入"复选框，可以在光标附近显示命令提示，如图 6-36 所示。

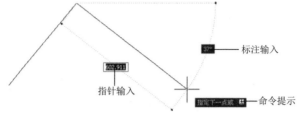

图 6-36　动态显示命令提示

6.5　思　考　练　习

1. 在 AutoCAD 2007 中要打开或关闭"捕捉"和"栅格"功能共有几种方法？

2. 对象捕捉模式包括哪两种？各有什么特点？

3. 极轴追踪与对象捕捉追踪有何区别？

4. 如何使用动态输入功能？

5. 利用栅格捕捉、栅格显示功能绘制图 6-37 中的各图形。

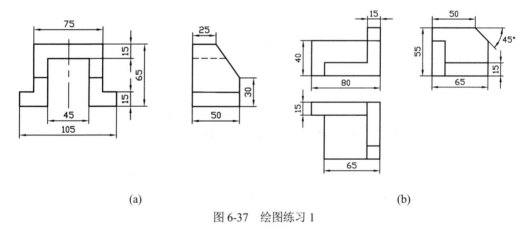

(a)　　　　　　　　　　　　　　　　　　　　(b)

图 6-37　绘图练习 1

6. 绘制如图 6-38 所示的各图形(图中给出了主要尺寸，其余尺寸由读者确定)。

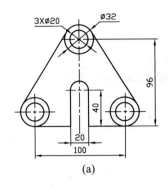

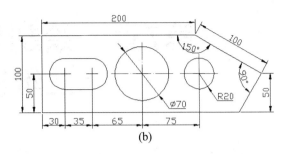

图 6-38　绘图练习 2

7. 利用极轴追踪和对象捕捉追踪等功能绘制如图 6-39 所示的图形。

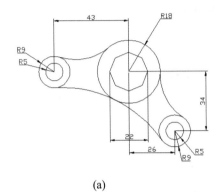

(a)

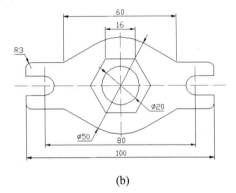

(b)

图 6-39　绘图练习 3

第7章 绘制与编辑复杂二维图形对象

在中文版 AutoCAD 2007 中，使用"绘图"菜单中的命令除了可以绘制点、直线、圆、圆弧、多边形等简单二维图形对象，还可以绘制多线、多段线和样条曲线等复杂二维图形对象。

7.1 绘制与编辑多线

多线是一种由多条平行线组成的组合对象，如图 7-1 所示。平行线之间的间距和数目是可以调整的，多线常用于绘制建筑图中的墙体、电子线路图等平行线对象。

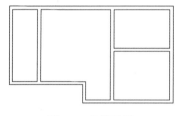

图 7-1 多线示例

7.1.1 绘制多线

选择"绘图" | "多线"命令，或在命令行输入 MLINE 命令，可以绘制多线。执行 MLINE 后，命令行显示如下提示信息：

> 当前的设置：对正=上，比例=20.00，样式=STANDARD
> 指定起点或 [对正(J)/比例(S)/样式(ST)]:

在该提示信息中，第一行说明当前的绘图格式：对正方式为上，比例为 20.00，多线样式为标准型(STANDARD)；第二行为绘制多线时的选项，各选项意义如下。

- ◆ 对正(J)：指定多线的对正方式。此时命令行显示"输入对正类型 [上(T)/无(Z)/下(B)] <上>:"提示信息。"上(T)"选项表示当从左向右绘制多线时，多线上最顶端的线将随着光标移动；"无(Z)"选项表示绘制多线时，多线的中心线将随着光标点移动；"下(B)"选项表示当从左向右绘制多线时，多线上最底端的线将随着光标移动。
- ◆ 比例(S)：指定所绘制的多线的宽度相对于多线的定义宽度的比例因子，该比例不影响多线的线型比例。

◆ 样式(ST)：指定绘制的多线的样式，默认为标准(STANDARD)型。当命令行显示"输入多线样式名或 [?]:"提示信息时，可以直接输入已有的多线样式名，也可以输入"？"，显示已定义的多线样式。

【例 7-1】绘制如图 7-2 所示的多线图形。

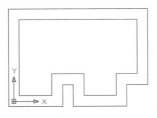

图 7-2　绘制图形

(1) 选择"绘图"|"多线"命令，发出 MLINE 命令。

(2) 在"指定起点或 [对正(J)/比例(S)/样式(ST)]:"提示下输入 J，然后在"输入对正类型 [上(T)/无(Z)/下(B)] <上>:"提示下输入 Z。

(3) 在"指定起点或 [对正(J)/比例(S)/样式(ST)]: "提示下输入 S，然后在"输入多线比例 <20.00>:"提示下输入 25。

(4) 在"指定起点或[对正(J)/比例(S)/样式(ST)]:"提示下输入起点坐标(0,0)。

(5) 依次在"指定下一点或[放弃(U)]:"提示下输入其他点坐标(100,0)、(100,50)、(150,50)、(150,0)、(250,0)、(250,50)、(300,50)、(300,200)和(0,200)。

(6) 在"指定下一点或 [闭合(C)/放弃(U)]:"提示下输入字母 C，然后按 Enter 键，即可得到如图 7-2 所示封闭的多线图形。

7.1.2　使用"多线样式"对话框

选择"格式"|"多线样式"命令(MLSTYLE)，打开"多线样式"对话框，如图 7-3 所示。可以根据需要创建多线样式，设置其线条数目和线的拐角方式。该对话框中各选项的功能如下。

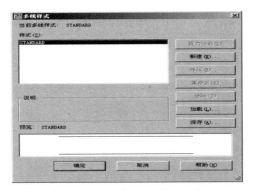

图 7-3　"多线样式"对话框

◆ "样式"列表框：显示已经加载的多线样式。

♦ "置为当前"按钮：在"样式"列表中选择需要使用的多线样式后，单击该按钮，可以将其设置为当前样式。

♦ "新建"按钮：单击该按钮，打开"创建新的多线样式"对话框，可以创建新多线样式，如图 7-4 所示。

♦ "修改"按钮：单击该按钮，打开"修改多线样式"对话框，可以修改创建的多线样式。

♦ "重命名"按钮：重命名"样式"列表中选中的多线样式名称，但不能重命名标准(STANDARD)样式。

♦ "删除"按钮：删除"样式"列表中选中的多线样式。

♦ "加载"按钮：单击该按钮，打开"加载多线样式"对话框，如图 7-5 所示。可以从中选取多线样式并将其加载到当前图形中，也可以单击"文件"按钮，打开"从文件加载多线样式"对话框，选择多线样式文件。默认情况下，AutoCAD 2007 提供的多线样式文件为 acad.mln。

图 7-4　"创建新的多线样式"对话框

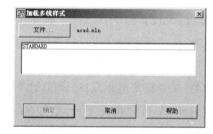

图 7-5　"加载多线样式"对话框

♦ "保存"按钮：打开"保存多线样式"对话框，可以将当前的多线样式保存为一个多线文件(*.mln)。

此外，当选中一种多线样式后，在对话框的"说明"和"预览"区域中还将显示该多线样式的说明信息和样式预览。

7.1.3　创建多线样式

在"创建新的多线样式"对话框中，单击"继续"按钮，将打开"新建多线样式"对话框，可以创建新多线样式的封口、填充、元素特性等内容，如图 7-6 所示。该对话框中各选项的功能如下。

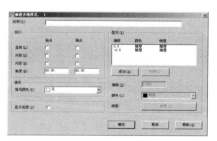

图 7-6　"新建多线样式"对话框

◆ "说明"文本框：用于输入多线样式的说明信息。当在"多线样式"列表中选中多线时，说明信息将显示在"说明"区域中。

◆ "封口"选项区域：用于控制多线起点和端点处的样式。可以为多线的每个端点选择一条直线或弧线，并输入角度。其中，"直线"穿过整个多线的端点，"外弧"连接最外层元素的端点，"内弧"连接成对元素，如果有奇数个元素，则中心线不相连，如图 7-7 所示。

◆ "填充"选项区域：用于设置是否填充多线的背景。可以从"填充颜色"下拉列表框中选择所需的填充颜色作为多线的背景。如果不使用填充色，则在"填充颜色"下拉列表框中选择"无"选项即可。

◆ "显示连接"复选框：选中该复选框，可以在多线的拐角处显示连接线，否则不显示，如图 7-8 所示。

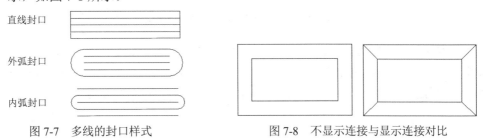

图 7-7　多线的封口样式　　　　图 7-8　不显示连接与显示连接对比

◆ "图元"选项区域：可以设置多线样式的元素特性，包括多线的线条数目、每条线的颜色和线型等特性。其中，"图元"列表框中列举了当前多线样式中各线条元素及其特性，包括线条元素相对于多线中心线的偏移量、线条颜色和线型。如果要增加多线中线条的数目，可单击"添加"按钮，在"图元"列表中将加入一个偏移量为 0 的新线条元素；通过"偏移"文本框设置线条元素的偏移量；在"颜色"下拉列表框中设置当前线条的颜色；单击"线型"按钮，使用打开的"线型"对话框设置线元素的线型。如果要删除某一线条，可在"图元"列表框中选中该线条元素，然后单击"删除"按钮即可。

7.1.4　修改多线样式

在"多线样式"对话框中单击"修改"按钮，使用打开的"修改多线样式"对话框可以修改创建的多线样式。"修改多线样式"对话框与"创建新多线样式"对话框中的内容完全相同，用户可参照创建多线样式的方法对多线样式进行修改。

7.1.5　编辑多线

多线编辑命令是一个专用于多线对象的编辑命令，选择"修改"|"对象"|"多线"命令，可打开"多线编辑工具"对话框。该对话框中的各个图像按钮形象地说明了编辑多线

的方法，如图 7-9 所示。

图 7-9　"多线编辑工具"对话框

使用 3 种十字型工具▦、▦、▦可以消除各种相交线，如图 7-10 所示。当选择十字型中的某种工具后，还需要选取两条多线，AutoCAD 总是切断所选的第一条多线，并根据所选工具切断第二条多线。在使用"十字合并"工具时可以生成配对元素的直角，如果没有配对元素，则多线将不被切断。

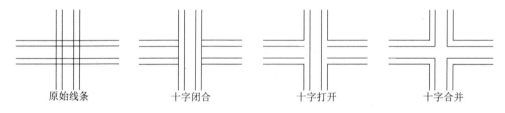

　　原始线条　　　　　　十字闭合　　　　　　十字打开　　　　　　十字合并

图 7-10　多线的十字型编辑效果

使用 T 字型工具▦、▦、▦和角点结合工具∟也可以消除相交线，如图 7-11 所示。此外，角点结合工具还可以消除多线一侧的延伸线，从而形成直角。使用该工具时，需要选取两条多线，只需在要保留的多线某部分上拾取点，AutoCAD 就会将多线剪裁或延伸到它们的相交点。

　原始线条　　　　　T 型闭合　　　　　T 型打开　　　　　T 型合并　　　　　角点结合

图 7-11　多线的 T 型编辑效果

使用添加顶点工具▨可以为多线增加若干顶点，使用删除顶点工具▨可以从包含 3 个或更多顶点的多线上删除顶点，若当前选取的多线只有两个顶点，那么该工具将无效。

使用剪切工具▨、▨可以切断多线。其中，"单个剪切"工具▨用于切断多线中一条, 只需简单地拾取要切断的多线某一元素上的两点, 则这两点中的连线即被删除(实际上是不显示); "全部剪切"工具用于切断整条多线。

此外, 使用"全部接合"工具可以重新显示所选两点间的任何切断部分。

【例 7-2】绘制如图 7-12 所示的房屋平面图的墙体结

(1) 选择"视图"|"缩放"|"中心点"命令, 在命令行输入(7000,4000), 设置视图中心点。

(2) 在绘图工具栏中单击"直线"按钮, 绘制水平直线 a、b、c 和 d, 其间距分别为 1300、2350 和 2950; 绘制垂直直线 e、f、g、h、i 和 j, 其间距分别为 2000、3200、2000、4200 和 1500, 可以通过偏移绘制这些直线, 结果如图 7-13 所示。

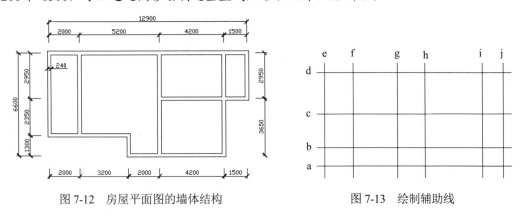

图 7-12　房屋平面图的墙体结构　　　　　图 7-13　绘制辅助线

(3) 选择"绘图"|"多线"命令, 并在命令行输入 J, 再输入 Z, 将对正方式设置为"无"。

(4) 在命令行输入 S, 再输入 240, 将多线比例设置为 240, 然后单击直线的起点和端点绘制多线, 如图 7-14 所示。

(5) 选择"修改"|"对象"|"多线"命令, 打开"多线编辑工具"对话框, 单击该对话框中的"角点结合"工具, 然后单击"确定"按钮。

(6) 参照图 7-15 所示对绘制的多线修直角。

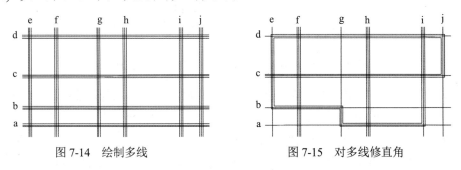

图 7-14　绘制多线　　　　　图 7-15　对多线修直角

(7) 在"多线编辑工具"对话框中单击"T 形打开"工具, 参照图 7-16 所示对多线修 T 形。

(8) 在"多线编辑工具"对话框中单击"十字合并"工具, 参照图 7-17 所示对 i 和 c 处的多线进行十字合并。

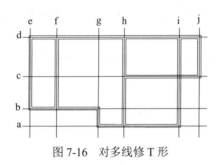
图 7-16　对多线修 T 形

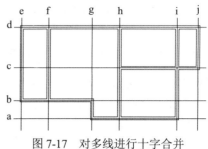
图 7-17　对多线进行十字合并

(9) 选择绘制的所有直线，按 Delete 键删除即可得到如图 7-12 所示的图形。

(10) 关闭绘图窗口，并保存图形。

7.2　绘制与编辑多段线

在 AutoCAD 中，"多段线"是一种非常有用的线段对象，它是由多段直线段或圆弧段组成的一个组合体，如图 7-18 所示。这些直线或圆弧既可以一起编辑，也可以分别编辑，还可以具有不同的宽度。

图 7-18　多段线示例

7.2.1　绘制多段线

选择"绘图"|"多段线"命令、在命令行输入 PLINE 命令或在"绘图"工具栏中单击"多段线"按钮 ，可以绘制多段线。执行 PLINE 命令后，命令行显示如下提示信息：

　　　指定下一个点或 [圆弧(A)/闭合(C)/半宽(H)/长度(L)/放弃(U)/宽度(W)]:

默认情况下，当指定了多段线另一端点的位置后，将从起点到该点绘出一段多段线。该命令提示中其他选项的功能如下。

- ◆ 圆弧(A)：从绘制直线方式切换到绘制圆弧方式。
- ◆ 半宽(H)：设置多段线的半宽度，即多段线的宽度等于输入值的 2 倍。其中，可以分别指定对象的起点半宽和端点半宽。
- ◆ 长度(L)：指定绘制的直线段的长度。此时，AutoCAD 将以该长度沿着上一段直线的方向绘制直线段。如果前一段线对象是圆弧，则该段直线的方向为上一圆弧端点的切线方向。

♦ 放弃(U)：删除多段线上的上一段直线段或者圆弧段，以方便及时修改在绘制多段
　线过程中出现的错误。

♦ 宽度(W)：设置多段线的宽度，可以分别指定对象的起点半宽和端点半宽。具有宽
　度的多段线填充与否可以通过 FILL 命令来设置。如果将模式设置成"开(ON)"，
　则绘制的多段线是填充的；如果将模式设置成"关(OFF)"，则所绘制的多段线是
　不填充的。

♦ 闭合(C)：封闭多段线并结束命令。此时，系统将以当前点为起点，以多段线的起
　点为端点，以当前宽度和绘图方式(直线方式或者圆弧方式)绘制一段线段，以封闭
　该多段线，然后结束命令。

在绘制多段线时，如果在"指定下一个点或 [圆弧(A)/半宽(H)/长度(L)/放弃(U)/宽度
(W)]："命令提示下输入 A，可以切换到圆弧绘制方式，命令行显示如下提示信息。

　　指定圆弧的端点或
　　[角度(A)/圆心(CE)/闭合(CL)/方向(D)/半宽(H)/直线(L)/半径(R)/第二个点(S)/放弃(U)/宽度(W)]:

该命令提示中各选项的功能说明如下。

♦ 角度(A)：根据圆弧对应的圆心角来绘制圆弧段。选择该选项后需要在命令行提示
　下输入圆弧的包含角。圆弧的方向与角度的正负有关，同时也与当前角度的测量方
　向有关。

♦ 圆心(CE)：根据圆弧的圆心位置来绘制圆弧段。选择该选项，需要在命令行提示下
　指定圆弧的圆心。当确定了圆弧的圆心位置后，可以再指定圆弧的端点、包含角或
　对应弦长中的一个条件来绘制圆弧。

♦ 闭合(CL)：根据最后点和多段线的起点为圆弧的两个端点，绘制一个圆弧，以封闭
　多段线。闭合后，将结束多段线绘制命令。

♦ 方向(D)：根据起始点处的切线方向来绘制圆弧。选择该选项，可通过输入起始点
　方向与水平方向的夹角来确定圆弧的起点切向。也可以在命令行提示下确定一点，
　系统将把圆弧的起点与该点的连线作为圆弧的起点切向。当确定了起点切向后，再
　确定圆弧另一个端点即可绘制圆弧。

♦ 半宽(H)：设置圆弧起点的半宽度和终点的半宽度。

♦ 直线(L)：将多段线命令由绘制圆弧方式切换到绘制直线的方式。此时将返回到"指
　定下一个点或 [圆弧(A)/半宽(H)/长度(L)/放弃(U)/宽度(W)]："提示。

♦ 半径(R)：可根据半径来绘制圆弧。选择该选项后，需要输入圆弧的半径，并通过
　指定端点和包含角中的一个条件来绘制圆弧。

♦ 第二个点(S)：可根据 3 点来绘制一个圆弧。

♦ 放弃(U)：取消上一次绘制的圆弧。

♦ 宽度(W)：设置圆弧的起点宽度和终点宽度。

【例 7-3】使用"多段线"命令绘制如图 7-19 所示的二极管符号。

图 7-19   绘制二极管符号

(1) 在"绘图"工具栏中单击"多段线"按钮 ，发出 PLINE 命令。

(2) 在命令行的"指定起点"提示下输入多段线的起点(20,30)。

(3) 在命令行的"指定下一个点或 [圆弧(A)/半宽(H)/长度(L)/放弃(U)/宽度(W)]:"提示下输入多段线的下一个点(40,30)。

(4) 在命令行的"指定下一点或 [圆弧(A)/闭合(C)/半宽(H)/长度(L)/放弃(U)/宽度(W)]:"提示下输入 W，选定宽度选项。

(5) 在命令行的"指定起点宽度 <0.0000>"提示下输入多段线的起点宽度为 10。

(6) 在命令行的"指定端点宽度 <10.0000>"提示下输入多段线的端点宽度为 0。

(7) 在命令行的"指定下一点或 [圆弧(A)/闭合(C)/半宽(H)/长度(L)/放弃(U)/宽度(W)]"提示下输入多段线的下一点(50,30)。

(8) 重复步骤(3)~(7)，设置多段线的起点和端点的宽度都为 10，绘制从点(50,30)到(51,30)的一段多段线。

(9) 重复步骤(3)~(7)，设置多段线的起点和端点的宽度都为 0，绘制从点(51,30)到(70,30)的一段多段线。

(10) 在命令行的"指定下一点或 [圆弧(A)/闭合(C)/半宽(H)/长度(L)/放弃(U)/宽度(W)]:"提示下按 Enter 键，结束多段线绘制，结果将如图 7-19 所示。

7.2.2   编辑多段线

AutoCAD 2007 增强了多段线编辑命令功能，可以一次编辑一条或多条多段线。选择"修改"|"对象"|"多段线"命令(PEDIT)，调用编辑二维多段线命令。如果只选择一个多段线，命令行显示如下提示信息。

输入选项[闭合(C)/合并(J)/宽度(W)/编辑顶点(E)/拟合(F)/样条曲线(S)/非曲线化(D)/线型生成(L)/放弃(U)]:

如果选择多个多段线，命令行则显示如下提示信息。

输入选项[闭合(C)/打开(O)/合并(J)/宽度(W)/拟合(F)/样条曲线(S)/非曲线化(D)/线型生成(L)/放弃(U)]:

编辑多段线时，命令行中主要选项的功能如下。

◆ 闭合(C)：封闭所编辑的多段线，自动以最后一段的绘图模式(直线或者圆弧)连接原多段线的起点和终点。

◆ 合并(J)：将直线段、圆弧或者多段线连接到指定的非闭合多段线上。如果编辑的是多个多段线，系统将提示输入合并多段线的允许距离；如果编辑的是单个多段线，系统将连续选取首尾连接的直线、圆弧和多段线等对象，并将它们连成一条多段线。选择该选项时，要连接的各相邻对象必须在形式上彼此首尾相连。

◆ 宽度(W)：重新设置所编辑的多段线的宽度。当输入新的线宽值后，所选的多段线均变成该宽度。

◆ "编辑顶点(E)"选项：编辑多段线的顶点，只能对单个的多段线操作。

在编辑多段线的顶点时，系统将在屏幕上使用小叉标记出多段线的当前编辑点，命令行显示如下提示信息。

输入顶点编辑选项
[下一个(N)/上一个(P)/打断(B)/插入(I)/移动(M)/重生成(R)/拉直(S)/切向(T)/宽度(W)/ 退出(X)] <N>:

该提示中各选项的意义如下：

◇ 打断(B)：删除多段线上指定两顶点之间的线段。

◇ 插入(I)：在当前编辑的顶点后面插入一个新的顶点，只需要确定新顶点的位置即可。

◇ 移动(M)：将当前的编辑顶点移动到新位置，需要指定标记顶点的新位置。

◇ 重生成(R)：重新生成多段线，常与"宽度"选项连用。

◇ 拉直(S)：拉直多段线中位于指定两个顶点之间的线段。

◇ 切向(T)：改变当前所编辑顶点的切线方向。可以直接输入表示切线方向的角度值。也可以确定一点，之后系统将以多段线上的当前点与该点的连线方向作为切线方向。

◇ 宽度(W)：修改多段线中当前编辑顶点之后的那条线段的起始宽度和终止宽度。

◆ 拟合(F)：采用双圆弧曲线拟合多段线的拐角，如图 7-20 所示。

图 7-20　用曲线拟合多段线的前后效果

◆ 样条曲线(S)：用样条曲线拟合多段线，且拟合时以多段线的各顶点作为样条曲线的控制点，如图 7-21 所示。

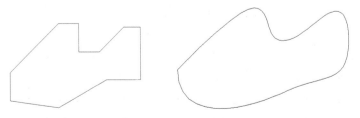

图 7-21　用样条曲线拟合多段线的前后效果

由上图可以看出，"样条曲线(S)"选项与"拟合(F)"选项生成的曲线有很大区别，而这两种曲线与用 SPLINE 命令创建的真实 B 样条曲线是有所不同的。

- ◆ 非曲线化(D)：删除在执行"拟合"或者"样条曲线"选项操作时插入的额外顶点，并拉直多段线中的所有线段，同时保留多段线顶点的所有切线信息。
- ◆ 线型生成(L)：设置非连续线型多段线在各顶点处的绘线方式。选择该选项，命令行将显示"输入多段线线型生成选项 [开(ON)/关(OFF)] <关>:"提示信息。当选择 ON 时，多段线以全长绘制线型；当选择 OFF 时，多段线的各个线段独立绘制线型，当长度不足以表达线型时，以连续线代替。
- ◆ 放弃(U)：取消 PEDIT 命令的上一次操作。用户可重复使用该选项。

7.3　绘制与编辑样条曲线

样条曲线是一种通过或接近指定点的拟合曲线。在 AutoCAD 中，其类型是非均匀有理 B 样条(Non-Uniform Rational Basis Splines, NURBS)曲线，适于表达具有不规则变化曲率半径的曲线。例如，机械图形的断切面及地形外貌轮廓线等，如图 7-22 所示。

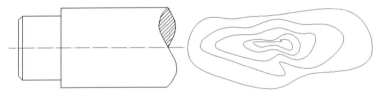

图 7-22　样条曲线的应用

7.3.1　绘制样条曲线

选择"绘图"|"样条曲线"命令(SPLINE)，或在"绘图"工具栏中单击"样条曲线"按钮～，即可绘制样条曲线。此时，命令行将显示"指定第一个点或 [对象(O)]:"提示信息。当选择"对象(O)"时，可以将多段线编辑得到的二次或者三次拟合样条曲线转换成等价的样条曲线。默认情况下，可以指定样条曲线的起点，然后在指定样条曲线上的另一个点后，系统将显示如下提示信息。

指定下一点或 [闭合(C)/拟合公差(F)] <起点切向>:

可以通过继续定义样条曲线的控制点创建样条曲线，也可以使用其他选项，其功能如下。

- ◆ 起点切向：在完成控制点的指定后按 Enter 键，要求确定样条曲线在起始点处的切线方向，同时在起点与当前光标点之间出现一根橡皮筋线，表示样条曲线在起点处的切线方向。如果在"指定起点切向:"提示下移动鼠标，样条曲线在起点处的切线方向的橡皮筋线也会随着光标点的移动发生变化，同时样条曲线的形状也发生相应的变化。可在该提示下直接输入表示切线方向的角度值，或者通过移动鼠标的方法来确定样条曲线起点处的切线方向，即单击拾取一点，以样条曲线起点到该点的连线作为起点的切向。当指定了样条曲线在起点处的切线方向后，还需要指定样条曲线终点处的切线方向。

◆ 闭合(C)：封闭样条曲线，并显示"指定切向:"提示信息，要求指定样条曲线在起点同时也是终点处的切线方向(因为样条曲线的起点与终点重合)。当确定了切线方向后，即可绘出一条封闭的样条曲线。

◆ 拟合公差(F)：设置样条曲线的拟合公差。拟合公差是指实际样条曲线与输入的控制点之间所允许偏移距离的最大值。当给定拟合公差时，绘出的样条曲线不会全部通过各个控制点，但总是通过起点与终点。这种方法特别适用于拟合点比较多的情况。当输入了拟合公差值后，又返回"指定下一点或 [闭合(C)/拟合公差(F)] <起点切向>:"提示，可根据前面介绍的方法绘制样条曲线，不同的是该样条曲线不再全部通过除起点和终点外的各个控制点。

7.3.2 编辑样条曲线

选择"修改"|"对象"|"样条曲线"命令(SPLINEDIT)，或在"修改 II"工具栏中单击"编辑样条曲线"按钮，即可编辑选中的样条曲线。样条曲线编辑命令是一个单对象编辑命令，一次只能编辑一个样条曲线对象。执行该命令并选择需要编辑的样条曲线后，在曲线周围将显示控制点，同时命令行显示如下提示信息。

输入选项 [拟合数据(F)/闭合(C)/移动顶点(M)/精度(R)/反转(E)/放弃(U)]:

可以选择某一编辑选项来编辑样条曲线，主要选项的功能如下。

◆ 拟合数据(F)：编辑样条曲线所通过的某些控制点。选择该选项后，样条曲线上各控制点的位置均会出现一小方格，且显示如下提示信息。

输入拟合数据选项[添加(A)/闭合(C)/删除(D)/移动(M)/清理(P)/相切(T)/公差(L)/退出(X)] <退出>:

此时，可以通过选择以下拟合数据选项来编辑样条曲线。

◇ 添加(A)：为样条曲线添加新的控制点。

◇ 删除(D)：删除样条曲线控制点集中的一些控制点。

◇ 移动(M)：移动控制点集中点的位置。

◇ 清理(P)：从图形数据库中清除样条曲线的拟合数据。

◇ 相切(T)：修改样条曲线在起点和端点的切线方向。

◇ 公差(L)：重新设置拟合公差的值。

◆ 移动顶点(M)：移动样条曲线上的当前控制点。与"拟合数据"选项中的"移动"子选项的含义相同。

◆ 精度(R)：对样条曲线的控制点进行细化操作，此时命令行显示如下提示信息。

输入精度选项 [添加控制点(A)/提高阶数(E)/权值(W)/退出(X)] <退出>:

精度选项包括：

◊ 添加控制点(A)：增加样条曲线的控制点。在命令提示下选取样条曲线上的某个控制点，以两个控制点代替，且新点与样条曲线更加逼近。

◊ 提高阶数(E)：控制样条曲线的阶数，阶数越高控制点越多，样条曲线越光滑，AutoCAD 2007 允许的最大阶数值是 26。

◊ 权值(W)：改变控制点的权值。

♦ 反转(E)：使样条曲线的方向相反。

【例7-4】参照图 7-23 中左边图形，在右边图形上绘制一断切面。

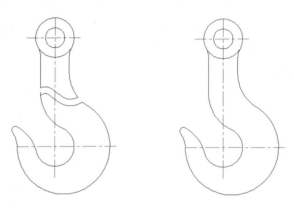

图 7-23   绘制图形断切面

(1) 选择"绘图"|"样条曲线"命令，或在"绘图"工具栏中单击"样条曲线"按钮 。

(2) 指定样条曲线的起点 A。

(3) 指定样条曲线经过的其他点 B、C 和 D。

(4) 连续按 Enter 键，直到结束绘图命令，即可绘制 AD 段样条曲线，如图 7-24 所示。

(5) 在"修改"工具栏中单击"偏移"按钮 ，将绘制样条线向下移 20 个单位，结果如图 7-25 所示。

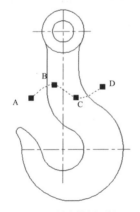

图 7-24   绘制样条线

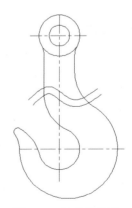

图 7-25   偏移样条线

(6) 在"修改"工具栏中单击"修剪"按钮━，选择图形的边作为修剪边，修剪样条线多余的部分。

(7) 在"修改"工具栏中单击"修剪"按钮，选择样条曲线作为修剪边，修剪样条曲线之间的图形边，结果如图 7-23 左图所示。

7.4　徒手绘制图形

在 AutoCAD 2007 中，可以使用 SKETCH(徒手画)命令绘制徒手线对象，也可以使用"绘图"|"修订云线"命令绘制云彩对象，并可使用"绘图"|"区域覆盖"命令绘制区域覆盖对象，它们的共同点在于可以通过拖动鼠标指针来徒手绘制，如图 7-26 所示。

图 7-26　徒手绘制的图形

7.4.1　使用 SKETCH 命令徒手绘图

利用 SKETCH 命令可以徒手绘制图形、轮廓线及签名等。在 AutoCAD 2007 中，SKETCH 命令没有对应的菜单或工具按钮，因此要使用该命令，必须在命令行中输入SKETCH，这时系统要求指定增量距离，然后显示如下提示信息。

> 徒手画. 画笔(P)/ 退出(X)/结束(Q)/记录(R)/删除(E)/连接(C)。

当处于 SKETCH(徒手画)命令状态下时，可以使用以上选项中的任何一个。可以输入一个单字符或按下鼠标/麦克笔相应的按钮来访问相应的选项。

7.4.2　绘制修订云线

在 AutoCAD 2007 中，检查或用有色线条标注图形时可以使用修订云线功能标记，以提高工作效率。

选择"绘图"|"修订云线"命令(REVCLOUD)，或在"绘图"工具栏中单击"修订云线"按钮，可以绘制一个云彩形状的图形，它是由连续圆弧组成的多段线。当执行该命令时，命令行显示如下提示信息。

> 最小弧长: 15　最大弧长: 15　样式: 手绘
> 指定起点或 [弧长(A)/对象(O)/样式(S)] <对象>:

默认情况下，系统将显示当前云线的弧长和样式，如"最小弧长: 15 最大弧长: 15 样式: 手绘"。可以使用该弧线长度绘制云线路径，并在绘图窗口中拖动鼠标即可。当起点和终点重合后，将绘制一个封闭的云线路径，同时结束 REVCLOUD 命令。

绘制修订云线时应注意以下几点。

♦ 弧长(A)：指定云线的最小弧长和最大弧长，默认情况下弧长的最小值为 0.5 个单位，最大值不能超过最小值的 3 倍。

♦ 对象(O)：可以选择一个封闭图形，如矩形、多边形等，并将其转换为云线路径，命令行将显示"选择对象: 反转方向 [是(Y)/否(N)] <否>:"提示信息。此时，如果输入 Y，则圆弧方向向内；如果输入 N，则圆弧方向向外，如图 7-27 所示。

♦ 样式(S)：指定修订云线的样式，包括"普通"和"手绘"两种，其效果如图 7-28 所示。

图 7-27　将对象转换为云彩路径　　　　图 7-28　"普通"和"手绘"方式绘制的修订云线

7.4.3　绘制区域覆盖对象

区域覆盖可以在现有对象上生成一个空白区域，用于添加注释或详细的屏蔽信息。该区域与区域覆盖边框进行绑定，可以打开此区域进行编辑，也可以关闭此区域进行打印。

选择"绘图"|"区域覆盖"命令(WIPEOUT)，可以创建一个多边形区域，并使用当前的背景色来遮挡它下面的对象。执行该命令时，命令行显示如下提示信息。

指定第一点或 [边框(F)/多段线(P)] <多段线>:

默认情况下，可以通过指定一系列点来定义区域覆盖的边界。绘制区域覆盖对象时应注意以下几点。

♦ 边框(F)：确定是否显示区域覆盖对象的边界。此时命令行显示"输入模式 [开(ON)/关(OFF)] <ON>:"提示信息。选择"开(ON)"选项可显示边界；选择"关(OFF)"选项可隐藏绘图窗口中所有区域覆盖对象的边界，如图 7-29 所示。

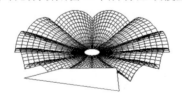

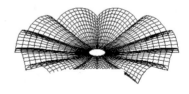

图 7-29　显示与隐藏区域覆盖对象边界效果

♦ 多段线(P)：可以使用以封闭多段线创建的多边形作为区域覆盖对象的边界，如图 7-30 所示。当选择一个封闭的多段线(该多段线中不能包含圆弧)后，命令行显示"是否要删除多段线？[是(Y)/否(N)] <否>:"提示信息。输入 Y 可以删除用来创建区域覆盖对象的多段线；输入 N 则保留该多段线。

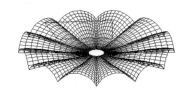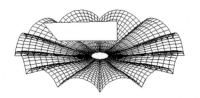

图 7-30　将多段线转换为区域覆盖对象

7.5　绘制圆环、宽线与二维填充图形

圆环、宽线与二维填充图形都属于填充图形对象。如果要显示填充效果，可以使用 FILL 命令，并将填充模式设置为"开(ON)"。

7.5.1　绘制圆环

绘制圆环是创建填充圆环或实体填充圆的一个捷径。在 AutoCAD 中，圆环实际上是由具有一定宽度的多段线封闭形成的。

要创建圆环，可选择"绘图"|"圆环"命令(DONUT)，指定它的内径和外径，然后通过指定不同的圆心来连续创建直径相同的多个圆环对象，直到按 Enter 键结束命令。如果要创建实体填充圆，应将内径值指定为 0。

【例 7-5】在坐标原点绘制一个内径为 10，外径为 15 的圆环，如图 7-31 所示。

(1) 选择"绘图"|"圆环"命令。

(2) 在命令行的"指定圆环的内径<5.000>:"提示下输入 10，将圆环的内径设置为 10。

(3) 在命令行的"指定圆环的外径<51.000>:"提示下输入 15，将圆环的外径设置为 15。

(4) 在命令行的"指定圆环的中心点或 <退出>:"提示下，输入(0,0)，指定圆环的圆点为坐标系原点，如图 7-31 所示。

(5) 按 Enter 键，结束圆环绘制命令。

注意：

圆环对象与圆不同，通过拖动其夹点只能改变形状，而不能改变大小，如图 7-32 所示。

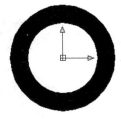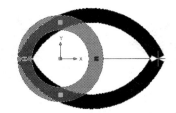

图 7-31　绘制圆环　　　　图 7-32　通过拖动夹点改变圆环形状

7.5.2　绘制宽线

绘制宽线需要使用 TRACE 命令，其使用方法与"直线"命令相似，绘制的宽线图形类似填充四边形。

【例 7-6】在坐标原点绘制一个线宽为 20，大小为 200×100 的矩形，如图 7-33 所示。

(1) 在命令行的"命令"提示下，输入宽线绘制命令 TRACE。

(2) 在命令行的"指定宽线宽度 <50.0000>:"提示下，指定宽线的宽度为 20。

(3) 在命令行的"指定起点:"提示下，指定宽线的起点为(0,0)。

(4) 在命令行的"指定下一点:"提示下，依次指定宽线下一点的坐标为 (200,0)、(200,100)、(0,100)和(0,0)。

(5) 按 Enter 键结束宽线绘制，结果如图 7-33 所示。

如果要改变宽线的宽度，可以先选择该宽线，然后拉伸其夹点即可，如图 7-34 所示。

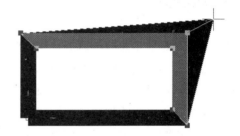

图 7-33　使用宽线命令绘制图形　　　　　图 7-34　改变宽线宽度

7.5.3　绘制二维填充图形

在 AutoCAD 2007 中，选择"绘图"|"曲面"|"二维填充"命令(SOLID)，可以绘制三角形和四边形的有色填充区域。

绘制三角形填充区域时，选择"绘图"|"曲面"|"二维填充"命令，依次指定三角形的 3 个角点，按下 Enter 键直到退出命令即可，结果如图 7-35 所示。

同样，使用"绘图"|"曲面"|"二维填充"命令也可以绘制四边形填充区域，但如果第 3 点和第 4 点的顺序不同，得到的图形形状也将不同，如图 7-36 所示。

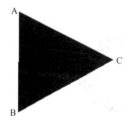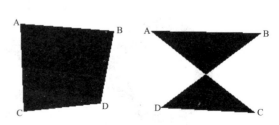

图 7-35　绘制三角形填充区域　　　　图 7-36　第 3 点和第 4 点顺序将影响图形的形状

7.6　思考练习

1. 在绘制多线时，如何设置多线样式？

2. 在中文版 AutoCAD 2007 中，如何编辑样条曲线？

3. 利用多线工具绘制如图 7-37 所示的图形。

4. 绘制如图 7-38 所示图形的断切面。

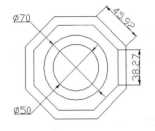

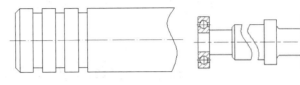

图 7-37　绘制多线图形　　　　　　　　　图 7-38　绘制断切面

5. 绘制如图 7-39 所示的房屋平面图。

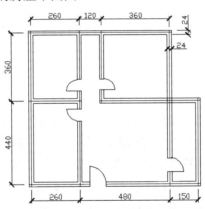

图 7-39　绘制房屋平面图

第8章 绘制面域与图案填充

面域指的是具有边界的平面区域，它是一个面对象，内部可以包含孔。从外观来看，面域和一般的封闭线框没有区别，但实际上面域就像是一张没有厚度的纸，除了包括边界外，还包括边界内的平面。

图案填充是一种使用指定线条图案、颜色来充满指定区域的操作，常常用于表达剖切面和不同类型物体对象的外观纹理等，被广泛应用在绘制机械图、建筑图及地质构造图等各类图形中。

8.1 将图形转换为面域

在中文版 AutoCAD 2007 中，用户可以将由某些对象围成的封闭区域转换为面域，这些封闭区域可以是圆、椭圆、封闭的二维多段线或封闭的样条曲线等对象，也可以是由圆弧、直线、二维多段线、椭圆弧、样条曲线等对象构成的封闭区域。

8.1.1 创建面域

选择"绘图"|"面域"命令(REGION)，或在"绘图"工具栏中单击"面域"按钮 ⬜，然后选择一个或多个用于转换为面域的封闭图形，当按下 Enter 键后即可将它们转换为面域。因为圆、多边形等封闭图形属于线框模型，而面域属于实体模型，因此它们在选中时表现的形式也不相同，图 8-1 所示为选中圆与圆形面域时的效果。

选择"绘图"|"边界"命令(BOUNDARY)，也可以使用打开的"边界创建"对话框来定义面域。此时，在"对象类型"下拉列表框中选择"面域"选项(如图 8-2 所示)，单击"确定"按钮后创建的图形将是一个面域，而不是边界。

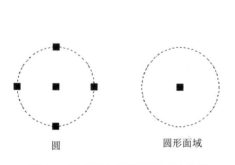

图 8-1 选中圆与圆形面域时的效果

图 8-2 "边界创建"对话框

　　面域总是以线框的形式显示，可以对其进行复制、移动等编辑操作。但在创建面域时，如果系统变量 DELOBJ 的值为 1，AutoCAD 在定义了面域后将删除原始对象；如果系统变量 DELOBJ 的值为 0，则不删除原始对象。

　　此外，如果选择"修改"|"分解"命令(EXPLODE)，可以将面域的各个环转换成相应的线、圆等对象。

8.1.2　对面域进行布尔运算

　　布尔运算是数学上的一种逻辑运算。在 AutoCAD 中绘图时使用布尔运算，可以提高绘图效率，尤其是在绘制比较复杂的图形时。布尔运算的对象只包括实体和共面的面域，对于普通的线条图形对象，则无法使用布尔运算。

　　在 AutoCAD 2007 中，用户可以对面域执行"并集"、"差集"及"交集" 3 种布尔运算，各种运算效果如图 8-3 所示。

原始面域　　　　　面域的并集运算　　　　面域的差集运算　　面域的交集运算

图 8-3　面域的布尔运算

◆ 并集运算：创建面域的并集，此时需要连续选择要进行并集操作的面域对象，直到按下 Enter 键，即可将选择的面域合并为一个图形并结束命令。

◆ 差集运算：创建面域的差集，使用一个面域减去另一个面域。

◆ 交集运算：创建多个面域的交集即各个面域的公共部分，此时需要同时选择两个或两个以上面域对象，然后按下 Enter 键即可。

8.1.3　从面域中提取数据

　　从表面上看，面域和一般的封闭线框没有区别，就像是一张没有厚度的纸。实际上，面域是二维实体模型，它不但包含边的信息，还有边界内的信息。可以利用这些信息计算工程属性，如面积、质心、惯性等。

　　在 AutoCAD 中，选择"工具"|"查询"|"面域/质量特性"命令(MASSPROP)，然后选择面域对象，按 Enter 键，系统将自动切换到"AutoCAD 文本窗口"，显示面域对象的数据特性，如图 8-4 所示。

　　此时，如果在命令行显示提示下按 Enter 键可结束命令操作；如果输入 Y，将打开"创建质量与面积特性文件"对话框，可将面域对象的数据特性存为文件。

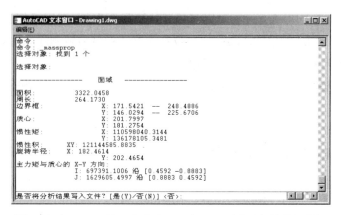

图 8-4　在 "AutoCAD 文本窗口" 中显示面域对象的数据特性

【例 8-1】绘制如图 8-5 所示的机械零件，并查询其数据特性。

(1) 在 "绘图" 工具栏中单击 "圆" 按钮 ⊙，然后在窗口中绘制一个半径为 40 的圆，并以该圆的圆心为中心绘制一个外切于半径为 92 的圆的正六边形，如图 8-6 所示。

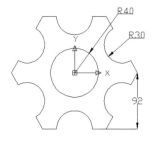

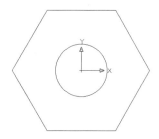

图 8-5　机械零件　　　　　　　图 8-6　绘制圆和正六边形

(2) 在 "绘图" 工具栏中单击 "圆" 按钮 ⊙，并在 "对象捕捉" 工具栏中单击 "捕捉到中点" 按钮，然后将指针移到正六边形的一条边上，当显示 "中点" 时单击，从而以正六边形的一条边的中点为圆心，绘制一个半径为 30 的圆，如图 8-7 所示。

(3) 重复步骤(2)，使用同样的方法，绘制其他几个圆，结果如图 8-8 所示。

(4) 选择 "绘图" | "面域" 命令，并在绘图窗口中选择正六边形和 6 个小圆，然后按 Enter 键，将其转换为面域。

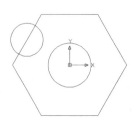

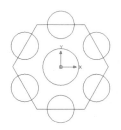

图 8-7　绘制圆　　　　　　　图 8-8　绘制其他圆

(5) 选择 "修改" | "实体编辑" | "差集" 命令，并选择正六边形作为要从中减去的面域，按 Enter 键，然后再依次单击 6 个小圆作为被减去的面域，最后再按 Enter 键，即可得

到经过差集运算后的新面域，如图 8-9 所示。

　　(6) 选择"工具"|"查询"|"面域/质量特性"命令，然后在绘图窗口中选择创建的面域，并按 Enter 键，即可得到该面域的质量特性，如图 8-10 所示。

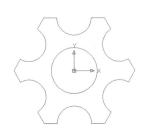

图 8-9　对面域求差集

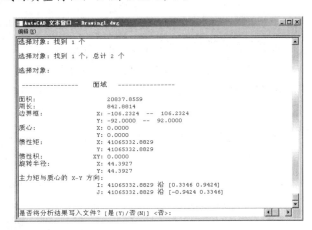

图 8-10　显示图形的数据特性

8.2　使用图案填充

　　重复绘制某些图案以填充图形中的一个区域，从而表达该区域的特征，这种填充操作称为图案填充。图案填充的应用非常广泛，例如，在机械工程图中，可以用图案填充表达一个剖切的区域，也可以使用不同的图案填充来表达不同的零部件或者材料。

8.2.1　设置图案填充

　　选择"绘图"|"图案填充"命令(BHATCH)，或在"绘图"工具栏中单击"图案填充"按钮，打开"图案填充和渐变色"对话框的"图案填充"选项卡，可以设置图案填充时的类型和图案、角度和比例等特性，如图 8-11 所示。

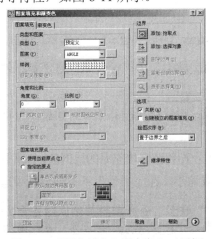

图 8-11　"图案填充和渐变色"对话框

1. 类型和图案

在"类型和图案"选项区域中，可以设置图案填充的类型和图案，主要选项的功能如下。

- ◆ "类型"下拉列表框：设置填充的图案类型，包括"预定义"、"用户定义"和"自定义"3 个选项。其中，选择"预定义"选项，可以使用 AutoCAD 提供的图案；选择"用户定义"选项，则需要临时定义图案，该图案由一组平行线或者相互垂直的两组平行线组成；选择"自定义"选项，可以使用事先定义好的图案。

- ◆ "图案"下拉列表框：设置填充的图案，当在"类型"下拉列表框中选择"预定义"选项时该选项可用。在该下拉列表框中可以根据图案名选择图案，也可以单击其后的▣按钮，在打开的"填充图案选项板"对话框中进行选择，如图 8-12 所示。

 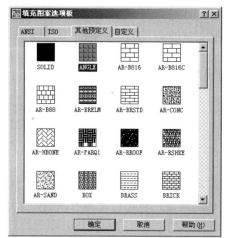

图 8-12　"填充图案选项板"对话框

- ◆ "样例"预览窗口：显示当前选中的图案样例，单击所选的样例图案，也可打开"填充图案选项板"对话框选择图案。

- ◆ "自定义图案"下拉列表框：选择自定义图案，在"类型"下拉列表框中选择"自定义"选项时该选项可用。

2. 角度和比例

在"角度和比例"选项区域中，可以设置用户定义类型的图案填充的角度和比例等参数，主要选项的功能如下。

- ◆ "角度"下拉列表框：设置填充图案的旋转角度，每种图案在定义时的旋转角度都为零。

- ◆ "比例"下拉列表框：设置图案填充时的比例值。每种图案在定义时的初始比例为 1，可以根据需要放大或缩小。在"类型"下拉列表框中选择"用户定义"选项时该选项不可用。

- ◆ "双向"复选框：当在"图案填充"选项卡中的"类型"下拉列表框中选择"用户

定义"选项时,选中该复选框,可以使用相互垂直的两组平行线填充图形;否则为一组平行线。

♦ "相对图纸空间"复选框:设置比例因子是否为相对于图纸空间的比例。

♦ "间距"文本框:设置填充平行线之间的距离,当在"类型"下拉列表框中选择"用户定义"选项时,该选项才可用。

♦ "ISO 笔宽"下拉列表框:设置笔的宽度,当填充图案采用 ISO 图案时,该选项才可用。

3. 图案填充原点

在"图案填充原点"选项区域中,可以设置图案填充原点的位置,因为许多图案填充需要对齐填充边界上的某一个点。主要选项的功能如下。

♦ "使用当前原点"单选按钮:可以使用当前 UCS 的原点(0,0)作为图案填充原点。

♦ "指定的原点"单选按钮:可以通过指定点作为图案填充原点。其中,单击"单击以设置新原点"按钮,可以从绘图窗口中选择某一点作为图案填充原点;选择"默认为边界范围"复选框,可以以填充边界的左下角、右下角、右上角、左上角或圆心作为图案填充原点;选择"存储为默认原点"复选框,可以将指定的点存储为默认的图案填充原点。

4. 边界

在"边界"选项区域中,包括"拾取点"、"选择对象"等按钮,其功能如下。

♦ "拾取点"按钮:以拾取点的形式来指定填充区域的边界。单击该按钮切换到绘图窗口,可在需要填充的区域内任意指定一点,系统会自动计算出包围该点的封闭填充边界,同时亮显该边界。如果在拾取点后系统不能形成封闭的填充边界,则会显示错误提示信息。

♦ "选择对象"按钮:单击该按钮将切换到绘图窗口,可以通过选择对象的方式来定义填充区域的边界。

♦ "删除孤岛"按钮:单击该按钮可以取消系统自动计算或用户指定的边界,图 8-13所示为包含边界与删除边界时的效果对比图。

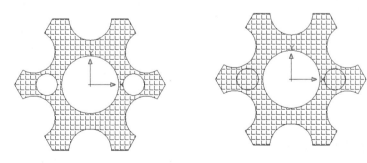

图 8-13 包含孤岛与删除孤岛时的效果对比图

♦ "重新创建边界"按钮:重新创建图案填充边界。

♦ "查看选择集"按钮：查看已定义的填充边界。单击该按钮，切换到绘图窗口，已定义的填充边界将亮显。

5. 选项及其他功能

在"选项"选项区域中，"关联"复选框用于创建其边界时随之更新的图案和填充；"创建独立的图案填充"复选框用于创建独立的图案填充；"绘图次序"下拉列表框用于指定图案填充的绘图顺序，图案填充可以放在图案填充边界及所有其他对象之后或之前。

此外，单击"继承特性"按钮，可以将现有图案填充或填充对象的特性应用到其他图案填充或填充对象；单击"预览"按钮，可以使用当前图案填充设置显示当前定义的边界，单击图形或按 Esc 键返回对话框，单击、右击或按 Enter 键接受图案填充。

【例 9-2】使用网格线填充图形，效果如图 8-14 所示。

(1) 绘制如图 8-14 所示的图形。新建一个"图案填充"图层，将颜色设置成"索引颜色 132"，并将该图层置为当前图层。

(2) 选择"绘图" | "图案填充"命令，或在"绘图"工具栏中单击"图案填充"按钮 ，打开"图案填充和渐变色"对话框。

(3) 在"图案填充"选项卡中，单击"图案"下拉列表框后面的按钮 ，打开"填充图案选项板"对话框。在"其他预定义"选项卡中选择 NET 选项，然后单击"确定"按钮，关闭"填充图案选项板"对话框。

(4) 在"图案填充和渐变色"对话框的"角度"下拉列表框中选择 45 度，在"比例"下拉列表框中，输入比例 3，然后单击"拾取点"按钮切换到绘图窗口，并在图形中需要填充的图形内部单击，选择填充区域，如图 8-15 所示。

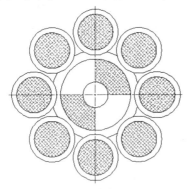　　　　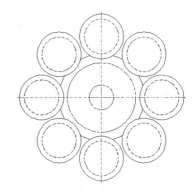

图 8-14　填充图形　　　　　　　图 8-15　设置图案填充比例并选择填充区域

(5) 按 Enter 键返回"图案填充和渐变色"对话框，单击"确定"按钮，则填充效果将如图 8-14 所示。

8.2.2　设置孤岛

在进行图案填充时，通常将位于一个已定义好的填充区域内的封闭区域称为孤岛。单击"图案填充和渐变色"对话框右下角的 ⊙ 按钮，将显示更多选项，可以对孤岛和边界进行设置，如图 8-16 所示。

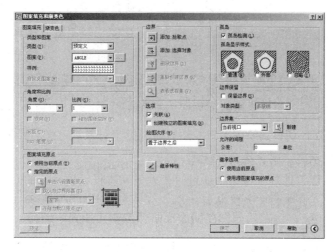

图 8-16　展开的"图案填充和渐变色"对话框

在"孤岛"选项区域中，选中"孤岛检测"复选框，可以指定在最外层边界内填充对象的方法，包括"普通"、"外部"和"忽略"3 种填充方式，效果如图 8-17 所示。

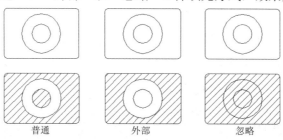

普通　　　　　　　　外部　　　　　　　　忽略

图 8-17　孤岛的 3 种填充效果

- ◆ "普通"方式：从最外边界向里画填充线，遇到与之相交的内部边界时断开填充线，遇到下一个内部边界时再继续绘制填充线，系统变量 HPNAME 设置为 N。
- ◆ "外部"方式：从最外边界向里画填充线，遇到与之相交的内部边界时断开填充线，不再继续往里绘制填充线，系统变量 HPNAME 设置为 O。
- ◆ "忽略"方式：忽略边界内的对象，所有内部结构都被填充线覆盖，系统变量 HPNAME 设置为 I。

注释：

以普通方式填充时，如果填充边界内有诸如文字、属性这样的特殊对象，且在选择填充边界时也选择了它们，填充时图案填充在这些对象处会自动断开，就像用一个比它们略大的看不见的框保护起来一样，以使这些对象更加清晰，如图 8-18 所示。

在"边界保留"选项区域中，选择"保留边界"复选框，可将填充边界以对象的形式保留，并可以从"对象类型"下拉列表框中选择填充边界的保留类型，如"多段线"和"面域"选项等。

图 8-18　包含特殊对象的图案填充

　　在"边界集"选项区域中，可以定义填充边界的对象集，AutoCAD 将根据这些对象来确定填充边界。默认情况下，系统根据"当前视口"中的所有可见对象确定填充边界。也可以单击"新建"按钮，切换到绘图窗口，然后通过指定对象类定义边界集，此时"边界集"下拉列表框中将显示为"现有集合"选项。

　　在"允许的间隙"选项区域中，通过"公差"文本框设置允许的间隙大小。在该参数范围内，可以将一个几乎封闭的区域看作是一个闭合的填充边界。默认值为 0，这时对象是完全封闭的区域。

　　"继承选项"选项区域用于确定在使用继承属性创建图案填充时图案填充原点的位置，可以是当前原点或源图案填充的原点。

8.2.3　设置渐变色填充

　　使用"图案填充和渐变色"对话框的"渐变色"选项卡，可以创建单色或双色渐变色，并对图案进行填充，如图 8-19 所示。其中各选项的功能如下。

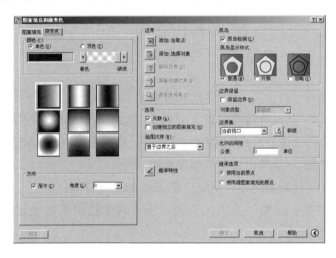

图 8-19　"渐变色"选项卡

- ◆ "单色"单选按钮：可以使用从较深着色到较浅色调平滑过渡的单色填充。此时，AutoCAD 显示"浏览"按钮和"色调"滑块。其中，单击"浏览"按钮 将显示"选择颜色"对话框，可以选择索引颜色、真彩色或配色系统颜色，显示的默认颜色为图形的当前颜色；通过"色调"滑块，可以指定一种颜色的色调或着色。
- ◆ "双色"单选按钮：选中该单选按钮，可以指定两种颜色之间平滑过渡的双色渐变填充，如图 8-20 所示。此时 AutoCAD 在"颜色 1"和"颜色 2"后分别显示带"浏览"按钮的颜色样本，如图 8-21 所示。

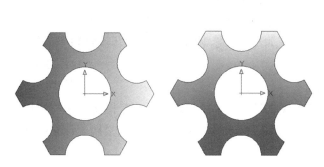

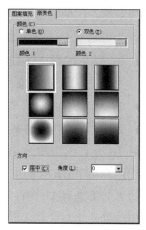

图 8-20   使用渐变色填充图形   图 8-21   选择双色的颜色、

- ◆ "角度"下拉列表框：相对当前 UCS 指定渐变填充的角度，与指定给图案填充的角度互不影响。
- ◆ "渐变图案"预览窗口：显示当前设置的渐变色效果，共有 9 种效果。

注释：

在中文版 AutoCAD 2007 中，尽管可以使用渐变色来填充图形，但该渐变色最多只能由两种颜色创建，并且仍然不能使用位图填充图形。

8.2.4   编辑图案填充

创建了图案填充后，如果需要修改填充图案或修改图案区域的边界，可选择"修改"|"对象"|"图案填充"命令，然后在绘图窗口中单击需要编辑的图案填充，这时将打开"图案填充编辑"对话框，如图 8-22 所示。

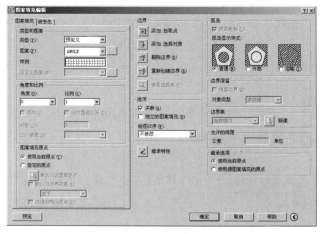

图 8-22   "图案填充编辑"对话框

从图 8-14 所示的对话框可以看出，"图案填充编辑"对话框与"图案填充和渐变色"对话框的内容相同，只是定义填充边界和对孤岛操作的按钮不再可用，即图案填充操作只能修改图案、比例、旋转角度和关联性等，而不能修改它的边界。

在为编辑命令选择图案时，系统变量 PICKSTYLE 起着很重要的作用，其值有 4 种。

- ◆ 0：禁止编组或关联图案选择。即当用户选择图案时仅选择了图案自身，而不会选择与之关联的对象。
- ◆ 1：允许编组选择，即图案可以被加入到对象编组中，这是 PICKSTYLE 的默认设置。
- ◆ 2：允许关联的图案选择。
- ◆ 3：允许编组和关联图案选择。

当用户将 PICKSTYLE 设置为 2 或 3 时，如果用户选择了一个图案，将同时把与之关联的边界对象选进来，有时会导致一些意想不到的结果。例如，如果用户仅想删除填充图案，但结果是将与之相关联的边界也删除了。

【例 9-3】绘制如图 8-23 所示的房屋平面图，并对其进行填充，结果如图 8-24 所示。

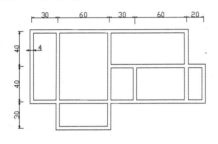

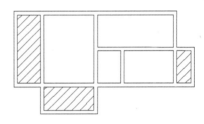

图 8-23　房屋平面图的墙体结构　　　　　图 8-24　填充图形

(1) 选择"绘图"|"直线"命令。在命令行中"指定第一点:"提示下输入直线的第一点坐标(100,200)。

(2) 在命令行中"指定第二点:"提示下输入直线的第二点坐标(320,200)，绘制最上面的水平线。

(3) 采用同样的方法，通过指定直线通过的两个点坐标绘制其他的水平线。使这些水平线的垂直间距依次为 40、40、30。

(4) 选择"绘图"|"直线"命令，并通过指定直线的两个点坐标为(110,210)和(110,80)绘制最左侧的垂直线。

(5) 绘制其他的垂直线，并使这些直线之间的水平间隔依次为 30、60、30、60、20，如图 8-25 所示。

(6) 选择"绘图" | "多线"命令，在"指定起点或 [对正(J)/比例(S)/样式(ST)]:"提示下输入 J，在"输入对正类型 [上(T)/无(Z)/下(B)] <无>:"提示下输入 Z，将对正方式设置为"无"。

(7) 在"指定起点或 [对正(J)/比例(S)/样式(ST)]:"提示下输入 S，再在"输入多线比例 <20.00>:"提示下输入 4，将多线比例设置为 4，然后单击直线的起点和端点，绘制多线，如图 8-26 所示。

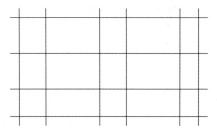
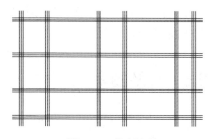

图 8-25　绘制辅助线　　　　　　　　　　　　图 8-26　绘制多线

(8) 选择"修改"|"对象"|"多线"命令，打开"多线编辑工具"对话框，单击"角点结合"工具 ，然后单击"确定"按钮。参照图 8-27 所示，对绘制的多线修直角。

(9) 使用同样方法，在"多线编辑工具"对话框中选择"T 形打开"工具 ，参照图 8-28 所示对多线修 T 形。

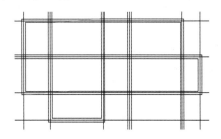
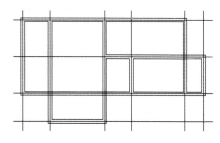

图 8-27　对多线修直角　　　　　　　　　　图 8-28　对多线修 T 形

(10) 使用同样方法，在"多线编辑工具"对话框中单击"十字合并"工具 ，参照图 8-29 所示对多线进行十字合并。

(11) 选择绘制的所有直线，按下 Delete 键将其删除，即可得到图 8-23 所示的图形。

(12) 选择"绘图"|"图案填充"命令，或在"绘图"工具栏中单击"图案填充"按钮 ，打开"图案填充和渐变色"对话框。

(13) 在"图案填充"选项卡中，单击"图案"下拉列表框后面的按钮 打开"填充图案选项板"对话框。在 ANSI 选项卡中单击 ANSI35 选项，然后单击"确定"按钮，关闭"填充图案选项板"对话框。

(14) 在"图案填充和渐变色"对话框的"比例"下拉列表框中，输入比例 100，然后单击"拾取点"按钮，切换到绘图窗口，并在图形中需要填充的图形内部单击，选择填充区域，如图 8-30 所示。

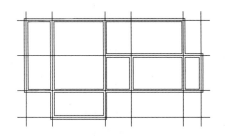
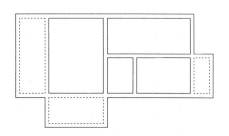

图 8-29　对多线进行十字合并　　　　　图 8-30　设置图案填充比例并选择填充区域

(15) 按 Enter 键返回"图案填充和渐变色"对话框，单击"确定"按钮，则填充效果如图 8-24 所示。

8.2.5　分解图案

图案是一种特殊的块，称为"匿名"块，无论形状多复杂，它都是一个单独的对象。可以使用"修改"|"分解"命令来分解一个已存在的关联图案。

图案被分解后，它将不再是一个单一对象，而是一组组成图案的线条。同时，分解后的图案也失去了与图形的关联性，因此，将无法使用"修改"|"对象"|"图案填充"命令来编辑。

8.3　思考练习

1. 在 AutoCAD 2007 中，可以对面域进行哪几种布尔运算？这些运算的功能是什么？
2. 在 AutoCAD 2007 中，如何使用渐变色填充图形？
3. 简述绘制圆环和宽线的方法。
4. 绘制如图 8-31 所示的图形，并对它们进行填充(图形尺寸读者可自行确定)。

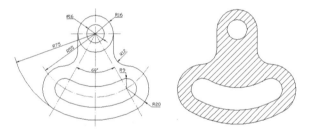

图 8-31　绘制图形并使用填充

5. 绘制如图 8-32 所示的图形，并对它们进行填充(图形尺寸读者可自行确定)。
6. 绘制如图 8-33 所示的房屋平面图，并对其进行填充。

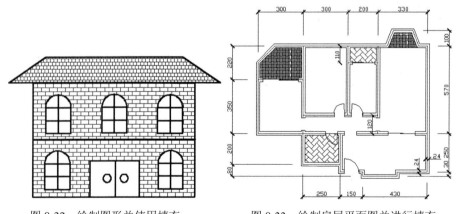

图 8-32　绘制图形并使用填充　　　　　图 8-33　绘制房屋平面图并进行填充

第9章 创建文字和表格

文字对象是 AutoCAD 图形中很重要的图形元素，是机械制图和工程制图中不可缺少的组成部分。在一个完整的图样中，通常都包含一些文字注释来标注图样中的一些非图形信息。例如，机械工程图形中的技术要求、装配说明，以及工程制图中的材料说明、施工要求等。另外，在 AutoCAD 2007 中，使用表格功能可以创建不同类型的表格，还可以在其他软件中复制表格，以简化制图操作。

9.1 创建文字样式

在 AutoCAD 中，所有文字都有与之相关联的文字样式。在创建文字注释和尺寸标注时，AutoCAD 通常使用当前的文字样式。也可以根据具体要求重新设置文字样式或创建新的样式。文字样式包括文字"字体"、"字型"、"高度"、"宽度系数"、"倾斜角"、"反向"、"倒置"以及"垂直"等参数。

选择"格式"|"文字样式"命令，打开"文字样式"对话框，如图 9-1 所示。利用该对话框可以修改或创建文字样式，并设置文字的当前样式。

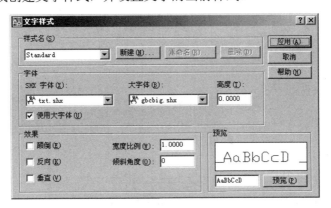

图 9-1 "文字样式"对话框

9.1.1 设置样式名

在"样式名"选项区域中，可以显示文字样式的名称、创建新的文字样式、为已有的文字样式重命名以及删除文字样式。各选项含义如下。

♦ "样式名"下拉列表框：列出了当前可以使用的文字样式，默认文字样式为 Standard (标准)。

♦ "新建"按钮：单击该按钮，AutoCAD 将打开"新建文字样式"对话框，如图 9-2 所示。在该对话框的"样式名"文本框中输入新建文字样式名称后，单击"确定"

　　按钮，可以创建新的文字样式，新建文字样式将显示在"样式名"下拉列表框中。

◆　"重命名"按钮：单击该按钮，AutoCAD 将打开"重命名文字样式"对话框，如图 9-3 所示。用户可在"样式名"文本框输入新的名称，然后单击"确定"按钮重命名文字样式，但无法重命名默认的 Standard 样式。

图 9-2　"新建文字样式"对话框　　　　图 9-3　"重命名文字样式"对话框

◆　"删除"按钮：单击该按钮，可以删除所选择的文字样式，但无法删除已经被使用了的文字样式和默认的 Standard 样式。

9.1.2　设置字体

　　"文字样式"对话框的"字体"选项区域用于设置文字样式使用的字体和字高等属性。其中，"字体名"下拉列表框用于选择字体；"字体样式"下列表框用于选择字体格式，如斜体、粗体和常规字体等；"高度"文本框用于设置文字的高度。选中"使用大字体"复选框，"字体样式"下拉列表框变为"大字体"下拉列表框，用于选择大字体文件。

　　如果将文字的高度设为 0，在使用 TEXT 命令标注文字时，命令行将显示"指定高度:"提示，要求指定文字的高度。如果在"高度"文本框中输入了文字高度，AutoCAD 将按此高度标注文字，而不再提示指定高度。

9.1.3　设置文字效果

　　在"文字样式"对话框中的"效果"选项区域中，可以设置文字的显示效果，如图 9-4 所示。

图 9-4　文字的各种效果

◆　"颠倒"复选框：用于设置是否将文字倒过来书写。
◆　"反向"复选框：用于设置是否将文字反向书写。
◆　"垂直"复选框：用于设置是否将文字垂直书写，但垂直效果对汉字字体无效。

♦ "宽度比例"文本框：用于设置文字字符的高度和宽度之比。当宽度比例为 1 时，将按系统定义的高宽比书写文字；当宽度比例小于 1 时，字符会变窄；当宽度比例大于 1 时，字符会变宽。

♦ "倾斜角度"文本框：用于设置文字的倾斜角度。角度为 0 时不倾斜，角度为正值时向右倾斜，为负值时向左倾斜。

9.1.4 预览与应用文字样式

在"文字样式"对话框的"预览"选项区域中，可以预览所选择或所设置的文字样式效果。其中，在"预览"按钮左侧的文本框中输入要预览的字符，单击"预览"按钮，可以将输入的字符按当前文字样式显示在预览框中。

设置完文字样式后，单击"应用"按钮即可应用文字样式。然后单击"关闭"按钮，关闭"文字样式"对话框。

【例 9-1】定义符合国标要求的新文字样式 Mytext，字高为 3.5，向右倾角 15°。

(1) 选择"格式" | "文字样式"命令，打开"文字样式"对话框。

(2) 在"样式名"选项区域中单击"新建"按钮，打开"新建文字样式"对话框，在"样式名"文本框中输入 Mytext，然后单击"确定"按钮，AutoCAD 返回到"文字样式"对话框，如图 9-5 所示。

(3) 在"字体"选项区域中的"SHX 字体"下拉列表中选择 gbenor.shx(标注直体字母与数字)；在"大字体"下拉列表框中仍采用 gbcbig.shx；在"高度"文本框中输入 3.5，如图 9-6 所示。

图 9-5 创建新样式

图 9-6 选择符合国标要求的字体文件

注意：

此时的设置为符合国标要求的文字样式设置。由于在字体形文件中已经考虑了字的宽高比例，因此在"宽度比例"文本框中输入 1 即可。

(4) 在"效果"选项区域的"倾斜角度"文本框中，将文本的倾斜角度设置为 15°。

(5) 单击"应用"按钮应用该文字样式，然后单击"关闭"按钮关闭"文字样式"对话框，并将文字样式 Mytext 置为当前样式。

9.2　创建与编辑单行文字

在 AutoCAD 2007 中，使用图 9-7 所示的"文字"工具栏可以创建和编辑文字。对于单行文字来说，每一行都是一个文字对象，因此可以用来创建文字内容比较简短的文字对象(如标签)，并且可以进行单独编辑。

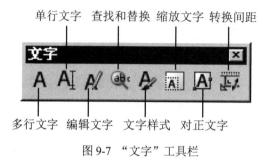

图 9-7　"文字"工具栏

9.2.1　创建单行文字

选择"绘图"|"文字"|"单行文字"命令，单击"文字"工具栏中的"单行文字"按钮AI，或在命令行输入 DTEXT 命令，均可以在图形中创建单行文字对象。执行该命令时，AutoCAD 提示：

当前文字样式：Standard　当前文字高度：2.5000
指定文字的起点或 [对正(J)/样式(S)]：

1. 指定文字的起点

默认情况下，通过指定单行文字行基线的起点位置创建文字。AutoCAD 为文字行定义了顶线、中线、基线和底线 4 条线，用于确定文字行的位置。这 4 条线与文字串的关系如图 9-8 所示。

图 9-8　文字标注参考线定义

如果当前文字样式的高度设置为 0，系统将显示"指定高度："提示信息，要求指定文字高度，否则不显示该提示信息，而使用"文字样式"对话框中设置的文字高度。

然后系统显示"指定文字的旋转角度 <0>："提示信息，要求指定文字的旋转角度。文字旋转角度是指文字行排列方向与水平线的夹角，默认角度为 0°。输入文字旋转角度，或按 Enter 键使用默认角度 0°，最后输入文字即可。也可以切换到 Windows 的中文输入方式下，输入中文文字。

2. 设置对正方式

在"指定文字的起点或 [对正(J)/样式(S)]："提示信息后输入 J，可以设置文字的排列方式。此时命令行显示如下提示信息。

输入对正选项[对齐(A)/调整(F)/中心(C)/中间(M)/右(R)/左上(TL)/中上(TC)/右上(TR)/左中(ML)/正中(MC)/右中(MR)/左下(BL)/中下(BC)/右下(BR)]<左上(TL)>：

在 AutoCAD 2007 中，系统为文字提供了多种对正方式，显示效果如图 9-9 所示。

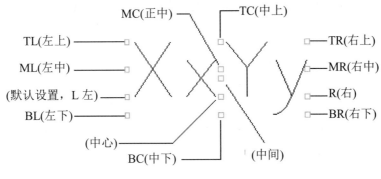

图 9-9 文字的对正方式

此提示中的各选项含义如下：

♦ 对齐(A)：要求确定所标注文字行基线的始点与终点位置。

♦ 调整(F)：此选项要求用户确定文字行基线的始点、终点位置以及文字的字高。

♦ 中心(C)：此选项要求确定一点，AutoCAD 把该点作为所标注文字行基线的中点，即所输入文字的基线将以该点居中对齐。

♦ 中间(M)：此选项要求确定一点，AutoCAD 把该点作为所标注文字行的中间点，即以该点作为文字行在水平、垂直方向上的中点。

♦ 右(R)：此选项要求确定一点，AutoCAD 把该点作为文字行基线的右端点。

在与"对正(J)"选项对应的其他提示中，"左上(TL)"、"中上(TC)"和"右上(TR)"选项分别表示将以所确定点作为文字行顶线的始点、中点和终点；"左中(ML)"、"正中(MC)"、"右中(MR)"选项分别表示将以所确定点作为文字行中线的始点、中点和终点；"左下(BL)"、"中下(BC)"、"右下(BR)"选项分别表示将以所确定点作为文字行底线的始点、中点和终点。

图 9-10 显示了上述文字对正示例。

注意：

在输入文字的过程中，可以随时改变文字的位置。如果在输入文字的过程中想改变后面输入的文字位置，可先将光标移到新位置并按拾取键，原标注行结束，标志出现在新确定的位置后可以在此继续输入文字。但在标注文字时，不论采用哪种文字排列方式，输入文字时，在屏幕上显示的文字都是按左对齐的方式排列，直到结束 TEXT 命令后，才按指定的排列方式重新生成文字。

图 9-10   文字对正示例

3. 设置当前文字样式

在"指定文字的起点或 [对正(J)/样式(S)]:"提示下输入 S，可以设置当前使用的文字样式。选择该选项时，命令行显示如下提示信息。

输入样式名或 [?] <Mytext>:

可以直接输入文字样式的名称，也可输入"?"，在"AutoCAD 文本窗口"中显示当前图形已有的文字样式，如图 9-11 所示。

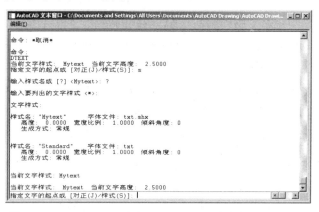

图 9-11   "AutoCAD 文本窗口"显示图形中包含的文字样式

【例 9-2】使用【例 9-1】创建的文字样式，创建如图 9-12 所示的单行文字注释：压缩弹簧。

(1) 选择"绘图"|"文字"|"单行文字"命令，发出单行文字创建命令。

(2) 在绘图窗口右侧需要输入文字的地方单击，确定文字的起点，如图 9-13 所示。

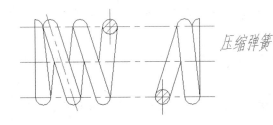 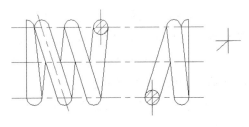

图 9-12 创建单行文字   图 9-13 设置文字的起点

(3) 在命令行的"指定文字的旋转角度<0>:"提示下，输入 0，将文字旋转角度设置
为 0°。

(4) 在命令行的"输入文字:"提示下，输入文本"压缩弹簧"，然后连续按两次 Enter
键，即可得到如图 9-12 右侧所示的注释文字。

9.2.2 使用文字控制符

在实际设计绘图中，往往需要标注一些特殊的字符。例如，在文字上方或下方添加划
线、标注度(°)、±、φ 等符号。这些特殊字符不能从键盘上直接输入，因此 AutoCAD 提
供了相应的控制符，以实现这些标注要求。

AutoCAD 的控制符由两个百分号(％％)及在后面紧接一个字符构成，常用的控制符如
表 9-1 所示。

表 9-1 AutoCAD 2007 常用的标注控制符

控　制　符	功　　能
％％O	打开或关闭文字上划线
％％U	打开或关闭文字下划线
％％D	标注度(°)符号
％％P	标注正负公差(±)符号
％％C	标注直径(φ)符号

在 AutoCAD 的控制符中，％％O 和％％U 分别是上划线与下划线的开关。第 1 次出
现此符号时，可打开上划线或下划线，第 2 次出现该符号时，则会关掉上划线或下划线。

在"输入文字:"提示下，输入控制符时，这些控制符也临时显示在屏幕上，当结束文
本创建命令时，这些控制符将从屏幕上消失，转换成相应的特殊符号。

【例 9-3】创建如图 9-14 所示的单行文字。

在 AutoCAD 2007中使用控制符 创建单行文字

图 9-14 使用控制符创建单行文字

(1) 选择"绘图"|"文字"|"单行文字"命令，此时在命令行中将显示【例 9-1】中的文字样式 Mytext，当前文字高度为 3.5000。

(2) 在命令行的"指定文字的起点或 [对正(J)/样式(S)]:"提示下，在绘图窗口中适当位置单击，确定文字的起点。

(3) 在命令行的"指定文字的旋转角度 <0>:"提示下，按 Enter 键，指定文字的旋转角度为 0°。

(4) 在命令行的"输入文字:"提示下，输入"在%%UAutoCAD 2007 中%%U 使用%%O 控制符%%O 创建单行文字"，然后按 Enter 键结束 DTEXT 命令，结果如图 9-14 所示。

9.2.3　编辑单行文字

编辑单行文字包括编辑文字的内容、对正方式及缩放比例，可以选择"修改"|"对象"|"文字"子菜单中的命令进行设置。各命令的功能如下。

◆ "编辑"命令(DDEDIT)：选择该命令，然后在绘图窗口中单击需要编辑的单行文字，进入文字编辑状态，可以重新输入文本内容。

◆ "比例"命令(SCALETEXT)：选择该命令，然后在绘图窗口中单击需要编辑的单行文字，此时需要输入缩放的基点以及指定新高度、匹配对象(M)或缩放比例(S)。命令行提示如下：

　　输入缩放的基点选项 [现有(E)/左(L)/中心(C)/中间(M)/右(R)/左上(TL)/中上(TC)/右上(TR)/左中(ML)/正中(MC)/右中(MR)/左下(BL)/中下(BC)/右下(BR)] <现有>:
　　指定新高度或 [匹配对象(M)/缩放比例(S)] <10>:

◆ "对正"命令(JUSTIFYTEXT)：选择该命令，然后在绘图窗口中单击需要编辑的单行文字，此时可以重新设置文字的对正方式。

　　输入对正选项 [左(L)/对齐(A)/调整(F)/中心(C)/中间(M)/右(R)/左上(TL)/中上(TC)/右上(TR)/左中(ML)/正中(MC)/右中(MR)/左下(BL)/中下(BC)/右下(BR)] <左>:

9.3　创建与编辑多行文字

"多行文字"又称为段落文字，是一种更易于管理的文字对象，可以由两行以上的文字组成，而且各行文字都是作为一个整体处理。在机械制图中，常使用多行文字功能创建较为复杂的文字说明，如图样的技术要求等。

9.3.1　创建多行文字

选择"绘图"|"文字"|"多行文字"命令(MTEXT)，或在"绘图"工具栏中单击"多

行文字"按钮 **A**，然后在绘图窗口中指定一个用来放置多行文字的矩形区域，将打开"文字格式"工具栏和文字输入窗口。利用它们可以设置多行文字的样式、字体及大小等属性，如图 9-15 所示。

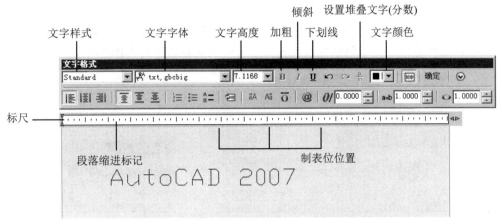

图 9-15　创建多行文字的"文字格式"工具栏和文字输入窗口

1. 使用"文字格式"工具栏

使用"文字格式"工具栏，可以设置文字样式、文字字体、文字高度、加粗、倾斜或加下划线效果。

单击"堆叠/非堆叠"按钮，可以创建堆叠文字(堆叠文字是一种垂直对齐的文字或分数)。在使用时，需要分别输入分子和分母，其间使用 / 、# 或 ^ 分隔，然后选择这一部分文字，单击 按钮即可。例如，要创建分数 2006/2007，则可先输入 2006/2007，然后选中该文字并单击 按钮，效果如图 9-16 所示。

注意：

如果在输入 2006/2007 后按 Enter 键，将打开"自动堆叠特性"对话框，可以设置是否需要在输入如 x/y、x#y 和 x^y 的表达式时自动堆叠，还可以设置堆叠的其他特性，如图 9-17 所示。

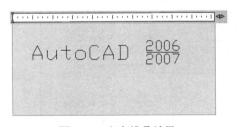

图 9-16　文字堆叠效果

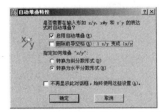

图 9-17　"自动堆叠特性"对话框

2. 设置缩进、制表位和多行文字宽度

在文字输入窗口的标尺上右击，从弹出的标尺快捷菜单中选择"缩进和制表位"命令，

打开"缩进和制表位"对话框，如图 9-18 所示，可以从中设置缩进和制表位位置。其中，在"缩进"选项区域的"第一行"文本框和"段落"文本框中设置首行和段落的缩进位置；在"制表位"列表框中可设置制表符的位置，单击"设置"按钮可设置新制表位，单击"清除"按钮可清除列表框中的所有设置。

在标尺快捷菜单中选择"设置多行文字宽度"子命令，可打开"设置多行文字宽度"对话框，在"宽度"文本框中可以设置多行文字的宽度，如图 9-19 所示。

图 9-18　"缩进和制表位"对话框　　　　　图 9-19　"设置多行文字宽度"对话框

3. 使用选项菜单

在"文字格式"工具栏中单击"选项"按钮，打开多行文字的选项菜单，可以对多行文本进行更多的设置，如图 9-20 所示。在文字输入窗口中右击，将弹出一个快捷菜单，该快捷菜单与选项菜单中的主要命令一一对应。

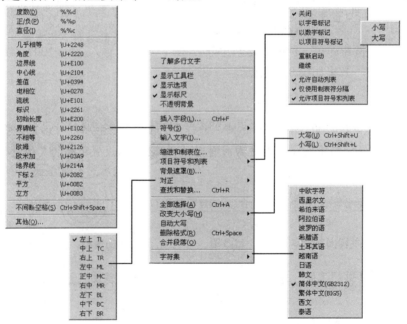

图 9-20　多行文字的选项菜单

在多行文字选项菜单中，主要命令的功能如下。

♦ "插入字段"命令：选择该命令将打开"字段"对话框，可以选择需要插入的字段，如图 9-21 所示。

◆ "符号"命令：选择该命令的子命令，可以在实际设计绘图中插入一些特殊的字符。例如，度数、正/负和直径等符号。如果选择"其他"命令，将打开"字符映射表"对话框，可以插入其他特殊字符，如图 9-22 所示。

◆ "项目符号和列表"命令：可以使用字母(包括大小写)、数字作为段落文字的项目符号。

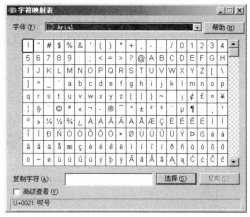

图 9-21 "字段"对话框　　　　　图 9-22 使用"字符映射表"对话框插入特殊字符

◆ "背景遮罩"命令：选择该命令将打开"背景遮罩"对话框，可以设置是否使用背景遮罩、边界偏移因子(1~5)，以及背景遮罩的填充颜色，如图 9-23 所示。

◆ "对正"命令：选择该命令的子命令，可以设置文字的对正方式。

◆ "查找和替换"命令：选择该命令将打开"查找和替换"对话框，如图 9-24 所示。可以搜索或同时替换指定的字符串，也可以设置查找的条件，如是否全字匹配、是否区分大小写等。

图 9-23 "背景遮罩"对话框　　　　　图 9-24 "查找和替换"对话框

◆ "合并段落"命令：可以将选定的多个段落合并为一个段落，并用空格代替每段的回车符。

4. 输入文字

在多行文字的文字输入窗口中，可以直接输入多行文字，也可以在文字输入窗口中右击，从弹出的快捷菜单中选择"输入文字"命令，将已经在其他文字编辑器中创建的文字内容直接导入到当前图形中。

【例 9-4】创建如图 9-25 所示的技术要求。

(1) 选择"绘图"|"文字"|"多行文字"命令，或在"绘图"工具栏中单击"多行文字"按钮 **A**，然后在绘图窗口中拖动，创建一个用来放置多行文字的矩形区域。

(2) 在"样式"下拉列表框中选择前面创建的文字样式 Mytext，在"高度"文本框中输入文字高度 10。

(3) 在文字输入窗口中输入需要创建的多行文字内容，如图 9-26 所示。

技术要求
1. 未注倒角C2。
2. 调质250-285HBS。
3. 棱角倒钝。
4. ∅5H7两圆柱销孔装配时钻。

图 9-25　技术要求　　　　　　　图 9-26　输入多行文字内容

注意：

在输入直径控制符%%C 时，可先右击，从弹出的快捷菜单中选择"符号"|"直径"命令。当有些中文字体不能正确识别文字中的特殊控制符时，可选择英文字体。

(4) 单击"确定"按钮，输入的文字将显示在绘制的矩形窗口中，其效果如图 9-25 所示。

9.3.2　编辑多行文字

要编辑创建的多行文字，可选择"修改"|"对象"|"文字"|"编辑"命令(DDEDIT)，并单击创建的多行文字，打开多行文字编辑窗口，然后参照多行文字的设置方法，修改并编辑文字。

也可以在绘图窗口中双击输入的多行文字，或在输入的多行文字上右击，从弹出的快捷菜单中选择"重复编辑多行文字"命令或"编辑多行文字"命令，打开多行文字编辑窗口。

9.4　创建表格样式和表格

在 AutoCAD 2007 中，可以使用创建表格命令创建表格，还可以从 Microsoft Excel 中直接复制表格，并将其作为 AutoCAD 表格对象粘贴到图形中。此外，还可以输出来自 AutoCAD 的表格数据，以供在 Microsoft Excel 或其他应用程序中使用。

9.4.1　新建表格样式

表格样式控制一个表格的外观，用于保证标准的字体、颜色、文本、高度和行距。可以使用默认的表格样式，也可以根据需要自定义表格样式。

选择"格式"|"表格样式"命令(TABLESTYLE)，打开"表格样式"对话框，如图
9-27 所示。单击"新建"按钮，可以使用打开的"创建新的表格样式"对话框创建新表格
样式，如图 9-28 所示。

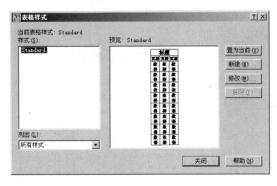

图 9-27　"表格样式"对话框　　　　　　图 9-28　"创建新的表格样式"对话框

在"新样式名"文本框中输入新的表格样式名，在"基础样式"下拉列表中选择默认
的表格样式、标准的或者任何已经创建的样式，新样式将在该样式的基础上进行修改。然
后单击"继续"按钮，将打开"新建表格样式"对话框，可以通过它指定表格的行格式、
表格方向、边框特性和文本样式等内容，如图 9-29 所示。

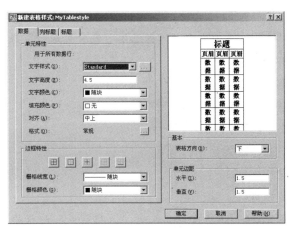

图 9-29　"新建表格样式"对话框

9.4.2　设置表格的数据、列标题和标题样式

在"新建表格样式"对话框中，可以使用"数据"、"列标题"和"标题"选项卡分
别设置表格的数据、列表题和标题对应的样式。其中，"数据"选项卡如图 9-29 所示，"列
标题"选项卡如图 9-30 所示，"标题"选项卡如图 9-31 所示。

"新建表格样式"对话框中 3 个选项卡的内容基本相似，可以分别指定单元特性、边
框特性、表格方向和单元边距。

◆　"单元特性"选项区域：设置表格单元中的文字样式、高度、颜色，表格的背景填

充颜色，表格单元中的文字对齐方式等特性。

♦ "边框特性"选项区域：单击 5 个边框设置按钮，可以设置表格的边框是否存在。当表格具有边框时，还可以在"栅格线宽"下拉列表格框中选择表格的边线宽度，在"栅格颜色"下拉列表框中设置边框颜色。

♦ "基本"选项区域：设置表格的方向是向上或向下。

♦ "单元边距"选项区域：设置表格单元内容距边线的水平和垂直距离。

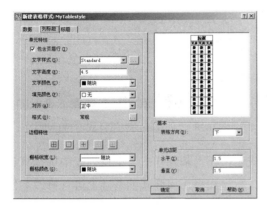
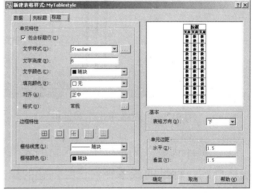

图 9-30 "列标题"选项卡   图 9-31 "标题"选项卡

注意：

在"列标题"和"标题"选项卡中，只有选中"包含页眉行"或"包含标题行"复选框时，才可以设置单元特性和边框特性。

【例 9-5】创建表格样式 MyTable，具体要求如下。

♦ 表格中的文字字体为"仿宋_GB2312"。

♦ 表格中数据的文字高度为 10。

♦ 表格中数据的对齐方式为正中。

♦ 表格不含列标题和标题。

♦ 其他选项都默认设置。

(1) 选择"格式"|"表格样式"命令，打开"表格样式"对话框。

(2) 单击"新建"按钮，打开"创建新的表格样式"对话框，并在"新样式名"文本框中输入表格样式名 MyTable。

(3) 单击"继续"按钮，打开"新建表格样式"对话框，然后打开"数据"选项卡。

(4) 在"单元特性"选项区域中单击"文字样式"下拉列表框后面的按钮，打开"文字样式"对话框，在"字体"选项区域的"字体名"下拉列表框中选择"仿宋_GB2312"，然后单击"关闭"按钮，返回"新建表格样式"对话框。

(5) 在"文字高度"文本框中输入文字高度为 10，在"对齐"下拉列表框中选择"正中"选项。

(6) 分别选择"列标题"和"标题"选项卡，并取消选中"包含页眉行"和"包含标题行"复选框。

(7) 单击"确定"按钮，关闭"新建表格样式"对话框，然后再单击"关闭"按钮，关闭"表格样式"对话框。

9.4.3 管理表格样式

在 AutoCAD 2007 中，还可以使用"表格样式"对话框来管理图形中的表格样式，如图 9-32 所示。在该对话框的"当前表格样式"后面，显示当前使用的表格样式(默认为 Standard)；在"样式"列表中显示了当前图形所包含的表格样式；在"预览"窗口中显示了选中表格的样式；在"列出"下拉列表中，可以选择"样式"列表是显示图形中的所有样式，还是正在使用的样式。

此外，在"表格样式"对话框中，还可以单击"置为当前"按钮，将选中的表格样式设置为当前；单击"修改"按钮，在打开的"修改表格样式"对话框中修改选中的表格样式，如图 9-33 所示；单击"删除"按钮，删除选中的表格样式。

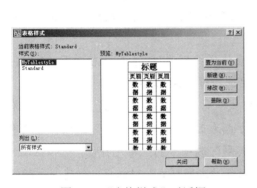

图 9-32 "表格样式"对话框

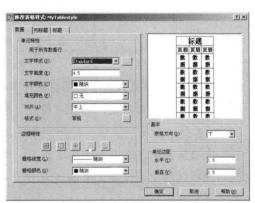

图 9-33 "修改表格样式"对话框

9.4.4 创建表格

选择"绘图"|"表格"命令，打开"插入表格"对话框，如图 9-34 所示。

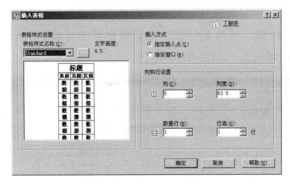

图 9-34 "插入表格"对话框

在"表格样式设置"选项区域中，可以从"表格样式名称"下拉列表框中选择表格样式，或单击其后的■■按钮，打开"表格样式"对话框，创建新的表格样式。在该选项区域中，还可以在"文字高度"下面显示当前表格样式的文字高度，在预览窗口中显示表格的预览效果。

在"插入方式"选项区域中，选择"指定插入点"单选按钮，可以在绘图窗口中的某点插入固定大小的表格；选择"指定窗口"单选按钮，可以在绘图窗口中通过拖动表格边框来创建任意大小的表格。

在"列和行设置"选项区域中，可以通过改变"列"、"列宽"、"数据行"和"行高"文本框中的数值来调整表格的外观大小。

【例 9-6】创建如图 9-35 所示的表格。

直齿圆柱齿轮参数表(mm)				
	模数	齿宽	轴孔直径	键槽宽
大齿轮	4	24	24	6
小齿轮	4	24	20	6

图 9-35　绘制好的表格

(1) 选择"绘图"|"表格"命令，或在"绘图"工具栏中单击"表格"按钮■，打开"插入表格"对话框。

(2) 在"表格样式设置"选项区域中单击"表格样式名称"下拉列表框后面的■■按钮，打开"表格样式"对话框，并在"样式"列表中选择样式 Standard。

(3) 单击"修改"按钮，打开"修改表格样式"对话框，在"数据"选项卡的"单元特性"选项区域中，设置文字高度为 10，对齐方式为正中；在"列标题"选项卡的"单元特性"选项区域中，设置文字高度为 10；在"标题"选项卡的"单元特性"选项区域中，单击"文字样式"下拉列表框后面的■■按钮，打开"文字样式"对话框，创建一个新的文字样式，并设置字体名称为黑体，然后单击"关闭"按钮返回"修改表格样式"对话框，在"文字样式"下拉列表中选中新创建的文字样式，并设置文字高度为 20。

(4) 依次单击"确定"按钮和"关闭"按钮，关闭"修改表格样式"和"表格样式"对话框，返回"插入表格"对话框。

(5) 在"插入方式"选项区域中选择"指定插入点"单选按钮；在"列和行设置"选项区域中分别设置"列"和"数据行"文本框中的数值为 5 和 2。

(6) 单击"确定"按钮，移动鼠标在绘图窗口中单击将绘制出一个表格，此时表格的最上面一行处于文字编辑状态，如图 9-36 所示。

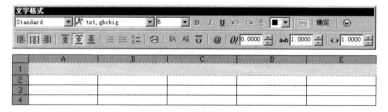

图 9-36　处于编辑状态的表格

(7) 在表单元中输入文字"直齿圆柱齿轮参数表(mm)"，其效果如图 9-37 所示。

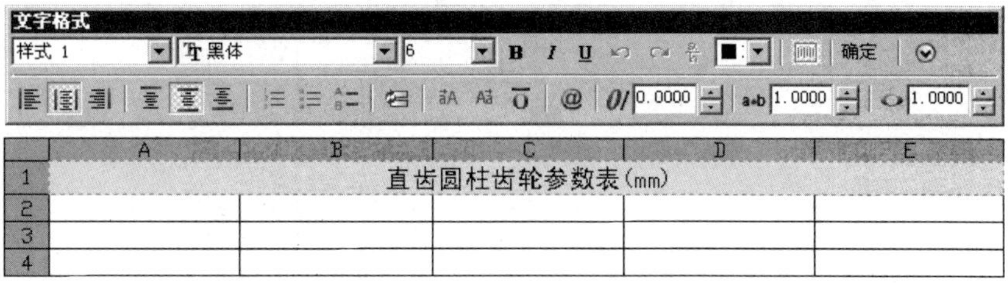

	A	B	C	D	E
1			直齿圆柱齿轮参数表(mm)		
2					
3					
4					

图 9-37　在表格中输入文字

(8) 单击其他表单元，使用同样的方法输入如图 9-35 所示的相应内容。

9.4.5　编辑表格和表格单元

在 AutoCAD 2007 中，还可以使用表格的快捷菜单来编辑表格。当选中整个表格时，其快捷菜单如图 9-38 所示；当选中表格单元时，其快捷菜单如图 9-39 所示。

图 9-38　选中整个表格时的快捷菜单 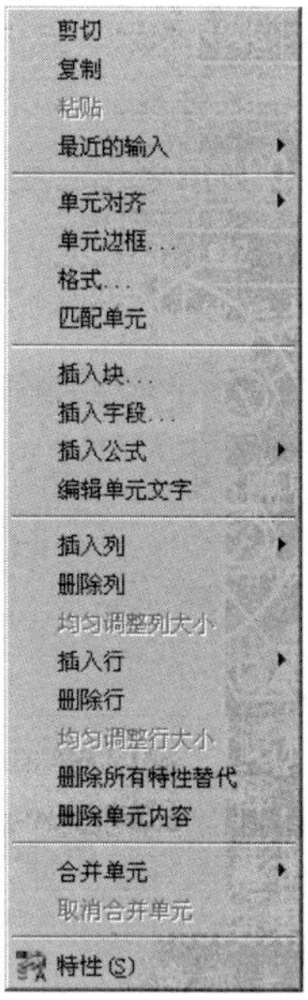　　　图 9-39　选中表格单元时的快捷菜单

1. 编辑表格

从表格的快捷菜单中可以看到，可以对表格进行剪切、复制、删除、移动、缩放和旋转等简单操作，还可以均匀调整表格的行、列大小，删除所有特性替代。当选择"输出"命令时，还可以打开"输出数据"对话框，以.csv 格式输出表格中的数据。

当选中表格后，在表格的四周、标题行上将显示许多夹点，也可以通过拖动这些夹点来编辑表格，如图 9-40 所示。

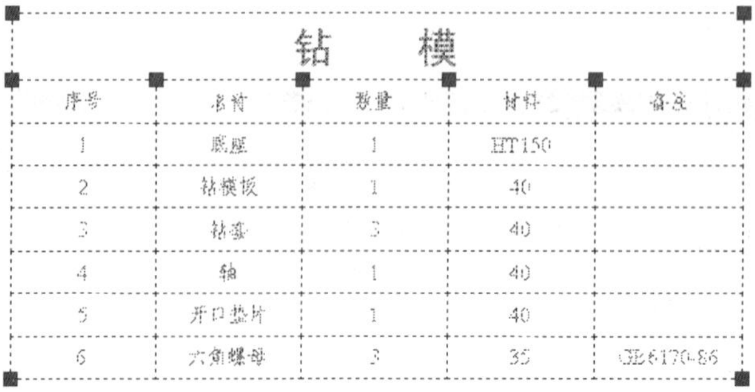

钻　模				
序号	名称	数量	材料	备注
1	底座	1	HT150	
2	钻模板	1	40	
3	钻套	3	40	
4	轴	1	40	
5	开口垫片	1	40	
6	六角螺母	3	35	GB6170-86

图 9-40　显示表格的夹点

2. 编辑表格单元

使用表格单元快捷菜单可以编辑表格单元，其主要命令选项的功能说明如下。

- “单元对齐”命令：在该命令子菜单中可以选择表格单元的对齐方式，如左上、左中、左下等。
- “单元边框”命令：选择该命令将打开“单元边框特性”对话框，可以设置单元格边框的线宽、颜色等特性，如图 9-41 所示。
- “匹配单元”命令：用当前选中的表格单元格式(源对象)匹配其他表格单元(目标对象)，此时鼠标指针变为刷子形状，单击目标对象即可进行匹配。
- “插入块”命令：选择该命令将打开“在表格单元中插入块”对话框。可以从中选择插入到表格中的块，并设置块在表格单元中的对齐方式、比例和旋转角度等特性，如图 9-42 所示。

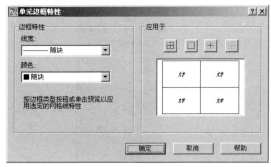

图 9-41　“单元边框特性”对话框

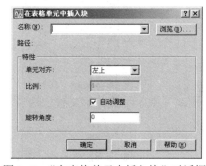

图 9-42　“在表格单元中插入块”对话框

- “合并单元”命令：当选中多个连续的表格元格后，使用该子菜单中的命令，可以全部、按列或按行合并表格单元。

9.5　思 考 练 习

1. 在 AutoCAD 2007 中如何创建文字样式?
2. 在 AutoCAD 2007 中如何创建多行文字?
3. 在 AutoCAD 2007 中，如何创建表格样式?
4. 创建文字样式“注释文字”，要求其字体为仿宋，倾角为 15°，宽度为 1.2。

5. 定义文字样式，其要求如表 9-2 所示(其余设置采用系统的默认设置)。

表9-2　文字样式要求

设 置 内 容	设 置 值
样式名	MYTEXTSTYLE
字体	黑体
字格式	粗体
宽度比例	0.8
字高	5

6. 用 MTEXT 命令标注以下文字：

　　AutoCAD Help contains complete information for using AutoCAD. The left pane of the Help window aids you in locating the information you want. The tabs above the left pane provide methods for finding the topics you want to view. The right pane displays the topics you select.

其中，字体采用 Times New Roman；字高为 3.5。

7. 用 MTEXT 命令标注以下文字：

　　技术要求
　　(1) 发蓝
　　(2) 未注圆角半径 R5

其中，字体采用宋体，字高为 5。

8. 定义表格样式并在当前图形中插入如图 9-43 所示的表格(表格要求：字高为 3.5，数据均居中，其余参数由读者确定)。

序号	L	数量
1	85	10
2	89	12
3	92	10
4	95	15
5	97	14

图 9-43　创建清单

9. 创建如图 9-44 所示的标题块和技术要求。

轴		材料	45
		数量	1
设计	Wang	重量	20kg
制图	Wang	比例	1: 1
审核	Wang	图号	1

技术要求
1.调质处理230~280HBS
2.锐边倒角2×45°

图 9-44　创建标题块和技术要求

第10章 标注图形尺寸

在图形设计中，尺寸标注是绘图设计工作中的一项重要内容，因为绘制图形的根本目的是反映对象的形状，并不能表达清楚图形的设计意图，而图形中各个对象的真实大小和相互位置只有经过尺寸标注后才能确定。AutoCAD 包含了一套完整的尺寸标注命令和实用程序，可以轻松完成图纸中要求的尺寸标注。例如，使用 AutoCAD 中的"直径"、"半径"、"角度"、"线性"、"圆心标记"等标注命令，可以对直径、半径、角度、直线及圆心位置等进行标注。

10.1 尺寸标注的规则与组成

由于尺寸标注对传达有关设计元素的尺寸和材料等信息有着非常重要的作用，因此在对图形进行标注前，应先了解尺寸标注的组成、类型、规则及步骤等。

10.1.1 尺寸标注的规则

在 AutoCAD 2007 中，对绘制的图形进行尺寸标注时应遵循以下规则。

◆ 物体的真实大小应以图样上所标注的尺寸数值为依据，与图形的大小及绘图的准确度无关。

◆ 图样中的尺寸以 mm 为单位时，不需要标注计量单位的代号或名称。如采用其他单位，则必须注明相应计量单位的代号或名称，如°、m 及 cm 等。

◆ 图样中所标注的尺寸为该图样所表示的物体的最后完工尺寸，否则应另加说明。

10.1.2 尺寸标注的组成

在机械制图或其他工程绘图中，一个完整的尺寸标注应由标注文字、尺寸线、尺寸界线、尺寸线的端点符号及起点等组成，如图 10-1 所示。

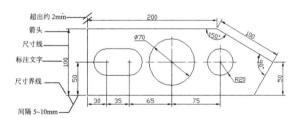

图 10-1 标注尺寸的组成

◆ 标注文字：表明图形的实际测量值。标注文字可以只反映基本尺寸，也可以带尺寸公差。标注文字应按标准字体书写，同一张图纸上的字高要一致。在图中遇到图线时须将图线断开。如果图线断开影响图形表达，则需要调整尺寸标注的位置。

◆ 尺寸线：表明标注的范围。AutoCAD 通常将尺寸线放置在测量区域中。如果空间不足，则将尺寸线或文字移到测量区域的外部，取决于标注样式的放置规则。尺寸线是一条带有双箭头的线段，一般分为两段，可以分别控制其显示。对于角度标注，尺寸线是一段圆弧。尺寸线应使用细实线绘制。。

◆ 尺寸线的端点符号(即箭头)：箭头显示在尺寸线的末端，用于指出测量的开始和结束位置。AutoCAD 默认使用闭合的填充箭头符号。此外，AutoCAD 还提供了多种箭头符号，以满足不同的行业需要，如建筑标记、小斜线箭头、点和斜杠等。

◆ 起点：尺寸标注的起点是尺寸标注对象标注的定义点，系统测量的数据均以起点为计算点。起点通常是尺寸界线的引出点。

◆ 尺寸界线：从标注起点引出的标明标注范围的直线，可以从图形的轮廓线、轴线、对称中心线引出。同时，轮廓线、轴线及对称中心线也可以作为尺寸界线。尺寸界线也应使用细实线绘制。

10.1.3　尺寸标注的类型

AutoCAD 2007 提供了十余种标注工具以标注图形对象，分别位于"标注"菜单或"标注"工具栏中。使用它们可以进行角度、直径、半径、线性、对齐、连续、圆心及基线等标注，如图 10-2 所示。

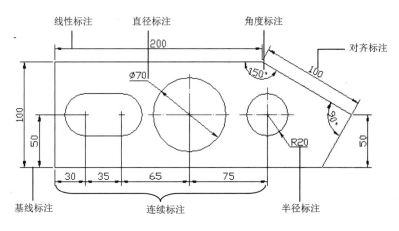

图 10-2　标注方法

10.1.4　创建尺寸标注的步骤

在 AutoCAD 中对图形进行尺寸标注的基本步骤如下：

(1) 选择"格式"|"图层"命令，在打开的"图层特性管理器"对话框中创建一个独立的图层，用于尺寸标注。

(2) 选择"格式"|"文字样式"命令，在打开的"文字样式"对话框中创建一种文字样式，用于尺寸标注。

(3) 选择"格式"|"标注样式"命令，在打开的"标注样式管理器"对话框设置标注样式。

(4) 使用对象捕捉和标注等功能，对图形中的元素进行标注。

10.2　创建与设置标注样式

在 AutoCAD 中，使用标注样式可以控制标注的格式和外观，建立强制执行的绘图标准，并有利于对标注格式及用途进行修改。本节将着重介绍使用"标注样式管理器"对话框创建标注样式的方法。

10.2.1　新建标注样式

选择"格式"|"标注样式"命令，打开"标注样式管理器"对话框，如图 10-3 所示。单击"新建"按钮，在打开的"创建新标注样式"对话框中创建新标注样式，如图 10-4 所示。

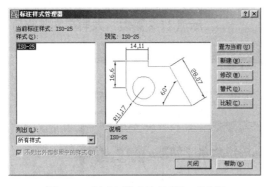

图 10-3 "标注样式管理器"对话框　　　图 10-4 "创建新标注样式"对话框

该对话框中各选项的意义如下。

- ◆ "新样式名"文本框：用于输入新标注样式的名字。
- ◆ "基础样式"下拉列表框：用于选择一种基础样式，新样式将在该基础样式上进行修改。
- ◆ "用于"下拉列表框：用于指定新建标注样式的适用范围。可适用的范围有"所有标注"、"线性标注"、"角度标注"、"半径标注"、"直径标注"、"坐标标注"和"引线和公差"等。

设置了新样式的名称、基础样式和适用范围后，单击该对话框中的"继续"按钮，将打开"新建标注样式"对话框，可以创建标注中的直线、符号和箭头、文字、单位等内容，如图 10-5 所示。

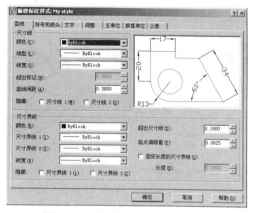

图 10-5 "新建标注样式"对话框

10.2.2 设置直线

在"新建标注样式"对话框中，使用"直线"选项卡可以设置尺寸线和尺寸界线的格式和位置。

1. 尺寸线

在"尺寸线"选项区域中，可以设置尺寸线的颜色、线宽、超出标记以及基线间距等属性。

- ♦ "颜色"下拉列表框：用于设置尺寸线的颜色，默认情况下，尺寸线的颜色随块。也可以使用变量 DIMCLRD 设置。
- ♦ "线型"下拉列表框：用于设置尺寸界线的线型，该选项没有对应的变量。
- ♦ "线宽"下拉列表框：用于设置尺寸线的宽度，默认情况下，尺寸线的线宽也是随块，也可以使用变量 DIMLWD 设置。
- ♦ "超出标记"文本框：当尺寸线的箭头采用倾斜、建筑标记、小点、积分或无标记等样式时，使用该文本框可以设置尺寸线超出尺寸界线的长度，如图 10-6 所示。

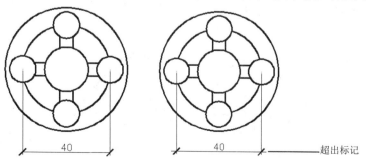

图 10-6 超出标记为 0 与不为 0 时的效果对比

- ♦ "基线间距"文本框：进行基线尺寸标注时可以设置各尺寸线之间的距离，如图

10-7 所示。

- ◆ "隐藏"选项：通过选择"尺寸线 1"或"尺寸线 2"复选框，可以隐藏第 1 段或第 2 段尺寸线及其相应的箭头，如图 10-8 所示。

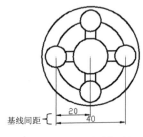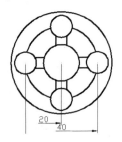

图 10-7　设置基线间距　　　　　图 10-8　隐藏尺寸线效果

2. 尺寸界线

在"尺寸界线"选项区域中，可以设置尺寸界线的颜色、线宽、超出尺寸线的长度和起点偏移量，隐藏控制等属性。

- ◆ "颜色"下拉列表框：用于设置尺寸界线的颜色，也可以用变量 DIMCLRE 设置。
- ◆ "线宽"下拉列表框：用于设置尺寸界线的宽度，也可以用变量 DIMLWE 设置。
- ◆ "尺寸界线 1"和"尺寸界线 2"下拉列表框：用于设置尺寸界线的线型。
- ◆ "超出尺寸线"文本框：用于设置尺寸界线超出尺寸线的距离，也可以用变量 DIMEXE 设置，如图 10-9 所示。

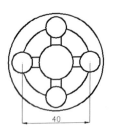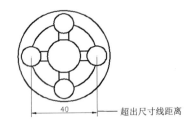

图 10-9　超出尺寸线距离为 0 与不为 0 时的效果对比

- ◆ "起点偏移量"文本框：设置尺寸界线的起点与标注定义点的距离，如图 10-10 所示。

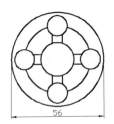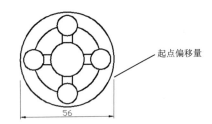

图 10-10　起点偏移量为 0 与不为 0 时的效果对比

- ◆ "隐藏"选项：通过选中"尺寸界线 1"或"尺寸界线 2"复选框，可以隐藏尺寸界线，如图 10-11 所示。

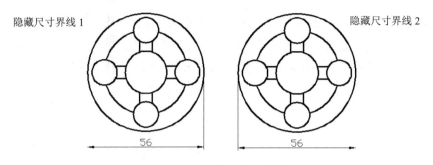

图 10-11　隐藏尺寸界线效果

♦　"固定长度的尺寸界线"复选框：选中该复选框，可以使用具有特定长度的尺寸界
　　线标注图形，其中在"长度"文本框中可以输入尺寸界线的数值。

10.2.3　设置符号和箭头

在"新建标注样式"对话框中，使用"符号和箭头"选项卡可以设置箭头、圆心标记、弧长符号和半径标注折弯的格式与位置，如图 10-12 所示。

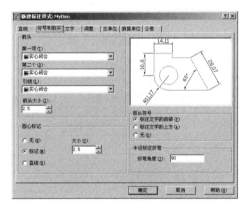

图 10-12　"符号和箭头"选项卡

1. 箭头

在"箭头"选项区域中，可以设置尺寸线和引线箭头的类型及尺寸大小等。通常情况下，尺寸线的两个箭头应一致。

为了适用于不同类型的图形标注需要，AutoCAD 设置了 20 多种箭头样式。可以从对应的下拉列表框中选择箭头，并在"箭头大小"文本框中设置其大小。也可以使用自定义箭头，此时可在下拉列表框中选择"用户箭头"选项，打开"选择自定义箭头块"对话框，如图 10-13 所示。在"从图形块中选择"文本框内输入当前图形中已有的块名，然后单击"确定"按钮，AutoCAD 将以该块作为尺寸线的箭头样式，此时块的插入基点与尺寸线的端点重合。

2. 圆心标记

在"圆心标记"选项区域中，可以设置圆或圆弧的圆心标记类型，如"标记"、"直线"和"无"。其中，选择"标记"单选按钮可对圆或圆弧绘制圆心标记；选择"直线"单选按钮，可对圆或圆弧绘制中心线；选择"无"单选按钮，则没有任何标记，如图 10-14 所示。当选择"标记"或"直线"单选按钮时，可以在"大小"文本框中设置圆心标记的大小。

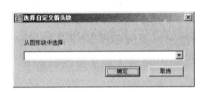

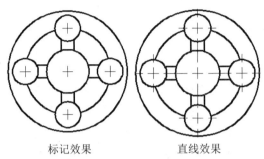

图 10-13 　"选择自定义箭头块"对话框 　　　　　图 10-14 　圆心标记类型

3. 弧长符号

在"弧长符号"选项区域中，可以设置弧长符号显示的位置，包括"标注文字的前缀"、"标注文字的上方"和"无"3 种方式，如图 10-15 所示。

图 10-15 　设置弧长符号的位置

4. 半径标注折弯

在"半径标注折弯"选项区域的"折弯角度"文本框中，可以设置标注圆弧半径时标注线的折弯角度大小。

10.2.4 　设置文字

在"新建标注样式"对话框中，可以使用"文字"选项卡设置标注文字的外观、位置和对齐方式，如图 10-16 所示。

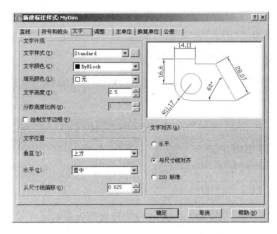

图 10-16　"文字"选项卡

1.文字外观

在"文字外观"选项区域中，可以设置文字的样式、颜色、高度和分数高度比例，以及控制是否绘制文字边框等。部分选项的功能说明如下。

♦ "文字样式"下拉列表框：用于选择标注的文字样式。也可以单击其后的▦按钮，打开"文字样式"对话框，选择文字样式或新建文字样式。

♦ "文字颜色"下拉列表框：用于设置标注文字的颜色，也可以用变量 DIMCLRT 设置。

♦ "填充颜色"下拉列表框：用于设置标注文字的背景色。

♦ "文字高度"文本框：用于设置标注文字的高度，也可以用变量 DIMTXT 设置。

♦ "分数高度比例"文本框：设置标注文字中的分数相对于其他标注文字的比例，AutoCAD 将该比例值与标注文字高度的乘积作为分数的高度。

♦ "绘制文字边框"复选框：设置是否给标注文字加边框，如图 10-17 所示。

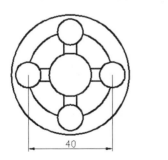
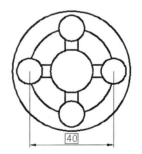

图 10-17　文字无边框与有边框效果对比

2. 文字位置

在"文字位置"选项区域中，可以设置文字的垂直、水平位置以及从尺寸线的偏移量，各选项的功能说明如下。

♦ "垂直"下拉列表框：用于设置标注文字相对于尺寸线在垂直方向的位置，如"置中"、"上方"、"外部"和 JIS。其中，选择"置中"选项可以把标注文字放在尺寸线中间；选择"上方"选项，将把标注文字放在尺寸线的上方；选择"外部"选项可以把标注文字放在远离第一定义点的尺寸线一侧；选择 JIS 选项则按 JIS 规则放置标注文字，如图 10-18 所示。

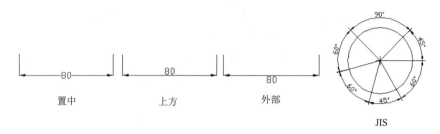

图 10-18　文字垂直位置的 4 种形式

- ◆ "水平"下拉列表框：用于设置标注文字相对于尺寸线和尺寸界线在水平方向的位置，如"置中"、"第一条尺寸界线"、"第二条尺寸界线"、"第一条尺寸界线上方"、"第二条尺寸界线上方"，如图 10-19 所示。

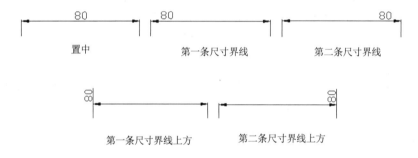

图 10-19　文字水平位置

- ◆ "从尺寸线偏移"文本框：设置标注文字与尺寸线之间的距离。如果标注文字位于尺寸线的中间，则表示断开处尺寸线端点与尺寸文字的间距。若标注文字带有边框，则可以控制文字边框与其中文字的距离。

3. 文字对齐

在"文字对齐"选项区域中，可以设置标注文字是保持水平还是与尺寸线平行。其中 3 个选项的意义如下。

- ◆ "水平"单选按钮：使标注文字水平放置。
- ◆ "与尺寸线对齐"单选按钮：使标注文字方向与尺寸线方向一致。
- ◆ "ISO 标准"单选按钮：使标注文字按 ISO 标准放置，当标注文字在尺寸界线之内时，它的方向与尺寸线方向一致，而在尺寸界线之外时将水平放置。

图 10-20 显示了上述 3 种文字对齐方式。

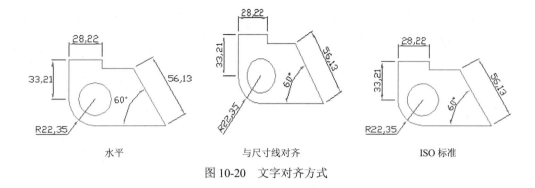

水平　　　　　　　　　　与尺寸线对齐　　　　　　　　　ISO 标准

图 10-20　文字对齐方式

10.2.5　设置调整

在"新建标注样式"对话框中，可以使用"调整"选项卡设置标注文字、尺寸线、尺寸箭头的位置，如图 10-21 所示。

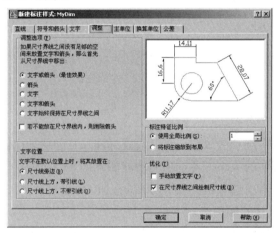

图 10-21　"调整"选项卡

1. 调整选项

在"调整选项"选项区域中，可以确定当尺寸界线之间没有足够的空间同时放置标注文字和箭头时，应从尺寸界线之间移出对象，如图 10-22 所示。

- ◆ "文字或箭头(最佳效果)"单选按钮：按最佳效果自动移出文本或箭头。
- ◆ "箭头"单选按钮：首先将箭头移出。
- ◆ "文字"单选按钮：首先将文字移出。
- ◆ "文字和箭头"单选按钮：将文字和箭头都移出。
- ◆ "文字始终保持在尺寸界线之间"单选按钮：将文本始终保持在尺寸界线之内。
- ◆ "若不能放在尺寸界线内，则消除箭头"复选框：如果选中该复选框可以抑制箭头显示。

文字　　　　　　箭头　　　　　　文字与箭头　　　　文字始终保持在尺寸线之间

图 10-22　标注文字和箭头在尺寸界线间的放置

2. 文字位置

在"文字位置"选项区域中，可以设置当文字不在默认位置时的位置。其中各选项意义如下。

- ♦ "尺寸线旁边"单选按钮：选中该单选按钮可以将文本放在尺寸线旁边。
- ♦ "尺寸线上方，带引线"单选按钮：选中该单选按钮可以将文本放在尺寸的上方，并带上引线。
- ♦ "尺寸线上方，不带引线"单选按钮：选中该单选按钮可以将文本放在尺寸的上方，但不带引线。

图 10-23 显示了当文字不在默认位置时的上述设置效果。

尺寸线旁边　　　　　　尺寸线上方，带引线　　　　　尺寸线上方，不带引线

图 10-23　标注文字的位置

3. 标注特征比例

在"标注特征比例"选项区域中，可以设置标注尺寸的特征比例，以便通过设置全局比例来增加或减少各标注的大小。各选项的功能如下。

- ♦ "使用全局比例"单选按钮：选择该单选按钮，可以对全部尺寸标注设置缩放比例，该比例不改变尺寸的测量值。
- ♦ "将标注缩放到布局"单选按钮：选择该单选按钮，可以根据当前模型空间视口与图纸空间之间的缩放关系设置比例。

4. 优化

在"优化"选项区域中，可以对标注文字和尺寸线进行细微调整，该选项区域包括以下两个复选框。

- ♦ "手动放置文字"复选框：选中该复选框，则忽略标注文字的水平设置，在标注时可将标注文字放置在指定的位置。
- ♦ "在尺寸界线之间绘制尺寸线"复选框：选中该复选框，当尺寸箭头放置在尺寸界线之外时，也可在尺寸界线之内绘制出尺寸线。

10.2.6　设置主单位

在"新建标注样式"对话框中，可以使用"主单位"选项卡设置主单位的格式与精度等属性，如图 10-24 所示。

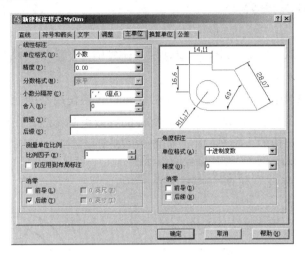

图 10-24 "主单位"选项卡

1. 线性标注

在"线性标注"选项区域中可以设置线性标注的单位格式与精度，主要选项功能如下。

♦ "单位格式"下拉列表框：设置除角度标注之外的其余各标注类型的尺寸单位，包括"科学"、"小数"、"工程"、"建筑"、"分数"等选项。

♦ "精度"下拉列表框：设置除角度标注之外的其他标注的尺寸精度。

♦ "分数格式"下拉列表框、当单位格式是分数时，可以设置分数的格式，包括"水平"、"对角"和"非堆叠" 3 种方式。

♦ "小数分隔符"下拉列表框：设置小数的分隔符，包括"逗点"、"句点"和"空格" 3 种方式。

♦ "舍入"文本框：用于设置除角度标注外的尺寸测量值的舍入值。

♦ "前缀"和"后缀"文本框：设置标注文字的前缀和后缀，在相应的文本框中输入字符即可。

♦ "测量单位比例"选项区域：使用"比例因子"文本框可以设置测量尺寸的缩放比例，AutoCAD 的实际标注值为测量值与该比例的积。选中"仅应用到布局标注"复选框，可以设置该比例关系仅适用于布局。

♦ "消零"选项区域：可以设置是否显示尺寸标注中的"前导"和"后续"零。

2. 角度标注

在"角度标注"选项区域中，可以使用"单位格式"下拉列表框设置标注角度时的单位，使用"精度"下拉列表框设置标注角度的尺寸精度，使用"消零"选项区域设置是否消除角度尺寸的前导和后续零。

10.2.7 设置单位换算

在"新建标注样式"对话框中，可以使用"换算单位"选项卡设置换算单位的格式，如图 10-25 所示。

在 AutoCAD 2007 中，通过换算标注单位，可以转换使用不同测量单位制的标注，通常是显示英制标注的等效公制标注，或公制标注的等效英制标注。在标注文字中，换算标注单位显示在主单位旁边的方括号[ ]中，如图 10-26 所示。

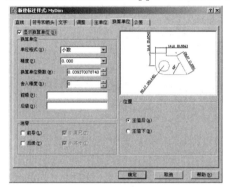

图 10-25 "换算单位"选项卡

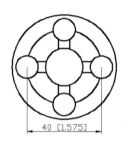

图 10-26 使用换算单位

选中"显示换算单位"复选框后，对话框的其他选项才可用，可以在"换算单位"选项区域中设置换算单位的"单位格式"、"精度"、"换算单位乘数"、"舍入精度"、"前缀"及"后缀"等，方法与设置主单位的方法相同。

在"位置"选项区域中，可以设置换算单位的位置，包括"主值后"和"主值下"两种方式。

10.2.8 设置公差

在"新建标注样式"对话框中，可以使用"公差"选项卡设置是否标注公差，以及以何种方式进行标注，如图 10-27 所示。

图 10-27 "公差"选项卡

在"公差格式"选项区域中，可以设置公差的标注格式，部分选项的功能说明如下。

◆ "方式"下拉列表框：确定以何种方式标注公差，如图 10-28 所示。

图 10-28　公差标注

◆ "上偏差"、"下偏差"文本框：设置尺寸的上偏差、下偏差。

◆ "高度比例"文本框：确定公差文字的高度比例因子。确定后，AutoCAD 将该比例因子与尺寸文字高度之积作为公差文字的高度。

◆ "垂直位置"下拉列表框：控制公差文字相对于尺寸文字的位置，包括"上"、"中"和"下"3 种方式。

◆ "换算单位公差"选项：当标注换算单位时，可以设置换算单位精度和是否消零。

10.3　长度型尺寸标注

长度型尺寸标注用于标注图形中两点间的长度，可以是端点、交点、圆弧弦线端点或能够识别的任意两个点。在 AutoCAD 2007 中，长度型尺寸标注包括多种类型，如线性标注、对齐标注、弧长标注、基线标注和连续标注等。

10.3.1　线性标注

选择"标注"|"线性"命令(DIMLINEAR)，或在"标注"工具栏中单击"线性"按钮，可创建用于标注用户坐标系 XY 平面中的两个点之间的距离测量值，并通过指定点或选择一个对象来实现，此时命令行提示如下信息。

指定第一条尺寸界线原点或 <选择对象>:

1. 指定起点

默认情况下，在命令行提示下直接指定第一条尺寸界线的原点，并在"指定第二条尺寸界线原点:"提示下指定了第二条尺寸界线原点后，命令行提示如下。

指定尺寸线位置或[多行文字(M)/文字(T)/角度(A)/水平(H)/垂直(V)/旋转(R)]:

默认情况下，指定了尺寸线的位置后，系统将按自动测量出的两个尺寸界线起始点间的相应距离标注出尺寸。此外，其他各选项的功能说明如下。

◆ "多行文字(M)"选项：选择该选项将进入多行文字编辑模式，可以使用"多行文字编辑器"对话框输入并设置标注文字。其中，文字输入窗口中的尖括号(<>)表示系统测量值。

♦ "文字(T)"选项：可以以单行文字的形式输入标注文字，此时将显示"输入标注文字 <1>:"提示信息，要求输入标注文字。

♦ "角度(A)"选项：设置标注文字的旋转角度。

♦ "水平(H)"选项和"垂直(V)"选项：标注水平尺寸和垂直尺寸。可以直接确定尺寸线的位置，也可以选择其他选项来指定标注的标注文字内容或者标注文字的旋转角度。

♦ "旋转(R)"选项：旋转标注对象的尺寸线。

2. 选择对象

如果在线性标注的命令行提示下直接按 Enter 键，则要求选择要标注尺寸的对象。当选择了对象以后，AutoCAD 将该对象的两个端点作为两条尺寸界线的起点，并显示如下提示(可以使用前面介绍的方法标注对象)。

指定尺寸线位置或[多行文字(M)/文字(T)/角度(A)/水平(H)/垂直(V)/旋转(R)]:

注意：

当两个尺寸界线的起点不位于同一水平线或同一垂直线上时，可以通过拖动来确定是创建水平标注还是垂直标注。使光标位于两尺寸界线的起始点之间，上下拖动可引出水平尺寸线；使光标位于两尺寸界线的起始点之间，左右拖动则可引出垂直尺寸线。

10.3.2　对齐标注

选择"标注"|"对齐"命令(DIMALIGNED)，或在"标注"工具栏中单击"对齐"按钮，可以对对象进行对齐标注，命令行提示如下信息。

指定第一条尺寸界线原点或 <选择对象>:

由此可见，对齐标注是线性标注尺寸的一种特殊形式。在对直线段进行标注时，如果该直线的倾斜角度未知，那么使用线性标注方法将无法得到准确的测量结果，这时可以使用对齐标注。

【例 10-2】标注图 10-29 中的线性标注和对齐标注尺寸。

(1) 选择"标注"|"线性"命令，或在"标注"工具栏中单击"线性"按钮。

(2) 在状态栏上单击"对象捕捉"按钮将打开对象捕捉模式。

(3) 在图样上捕捉点 A，指定第一条尺寸界线的起点。

(4) 在图样上捕捉点 B，指定第一条尺寸界线的终点。

(5) 在命令提示行输入 H，创建水平标注，然后拖动光标，确定尺寸线的位置，结果如图 10-30 所示。

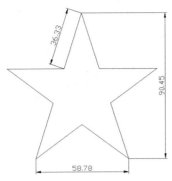

图 10-29　线性标注和对齐标注　　　　图 10-30　使用线性尺寸标注进行水平标注

　　(6) 重复上述步骤，捕捉点 B 和点 C，并在命令提示行输入 V，创建垂直标注，然后拖动鼠标，确定尺寸线的位置，结果如图 10-31 所示。

　　(7) 选择"标注"|"对齐"命令，或在"标注"工具栏中单击"对齐"按钮。

　　(8) 捕捉点 C 和点 D，然后拖动鼠标，确定尺寸线的位置，结果如图 10-32 所示。

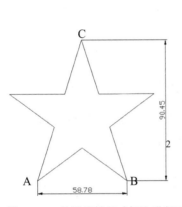
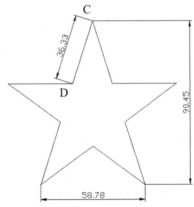

图 10-31　使用线性尺寸标注进行垂直标注　　　图 10-32　对齐标注图形

10.3.3　弧长标注

　　选择"标注"|"弧长"命令(DIMARC)，或在"标注"工具栏中单击"弧长"按钮，可以标注圆弧线段或多段线圆弧线段部分的弧长。当选择需要的标注对象后，命令行提示如下信息。

　　　　指定弧长标注位置或 [多行文字(M)/文字(T)/角度(A)/部分(P)/引线(I)]:

　　当指定了尺寸线的位置后，系统将按实际测量值标注出圆弧的长度。也可以利用"多行文字(M)"、"文字(T)"或"角度(A)"选项，确定尺寸文字或尺寸文字的旋转角度。另外，如果选择"部分(P)"选项，可以标注选定圆弧某一部分的弧长，如图 10-33 所示。

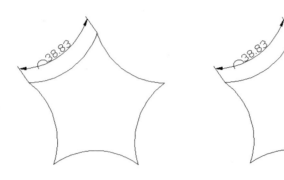

图 10-33　弧长标注

10.3.4　基线标注

选择"标注"|"基线"命令(DIMBASELINE)，或在"标注"工具栏中单击"基线"按钮，可以创建一系列由相同的标注原点测量出来的标注。

与连续标注一样，在进行基线标注之前也必须先创建(或选择)一个线性、坐标或角度标注作为基准标注，然后执行 DIMBASELINE 命令，此时命令行提示如下信息。

指定第二条尺寸界线原点或 [放弃(U)/选择(S)] <选择>:

在该提示下，可以直接确定下一个尺寸的第二条尺寸界线的起始点。AutoCAD 将按基线标注方式标注出尺寸，直到按下 Enter 键结束命令为止。

10.3.5　连续标注

选择"标注"|"连续"命令(DIMCONTINUE)，或在"标注"工具栏中单击"连续"按钮，可以创建一系列端对端放置的标注，每个连续标注都从前一个标注的第二个尺寸界线处开始。

在进行连续标注之前，必须先创建(或选择)一个线性、坐标或角度标注作为基准标注，以确定连续标注所需要的前一尺寸标注的尺寸界线，然后执行 DIMCONTINUE 命令，此时命令行提示如下。

指定第二条尺寸界线原点或 [放弃(U)/选择(S)] <选择>:

在该提示下，当确定了下一个尺寸的第二条尺寸界线原点后，AutoCAD 按连续标注方式标注出尺寸，即把上一个或所选标注的第二条尺寸界线作为新尺寸标注的第一条尺寸界线标注尺寸。当标注完成后，按 Enter 键即可结束该命令。

【例 10-3】使用"连续标注"和"基线标注"功能，标注图 10-34 所示图形中的尺寸。

(1) 选择"标注"|"线性"命令，或在"标注"工具栏中单击"线性"按钮，创建点 A 与圆心 B 之间的水平线性标注，如图 10-35 所示。

(2) 选择"标注"|"连续"命令，或在"标注"工具栏中单击"连续"按钮，系统将以最后一次创建的尺寸标注 AB 的点 B 作为基点。

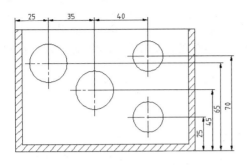

图 10-34　连续标注和基线标注

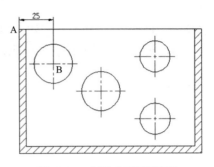

图 10-35　创建水平线形标注

(3) 依次在图样中单击点 C 和 D，指定连续标注尺寸界限的原点，最后按 Enter 键，此时标注效果如图 10-36 所示。

(4) 选择"标注"|"线性"命令，或在"标注"工具栏中单击"线性"按钮，创建点 E 与圆心 F 之间的垂直线性标注，如图 10-37 所示。

(5) 选择"标注"|"基线"命令，或在"标注"工具栏中单击"基线"按钮，系统将以最后一次创建的尺寸标注 EF 的原点 E 作为基点。

(6) 在图样中依次单击点 C、B 和 D，指定基线标注尺寸界限的原点，然后按 Enter 键结束标注，结果如图 10-34 所示。

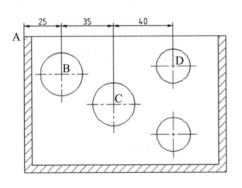

图 10-36　创建连续标注

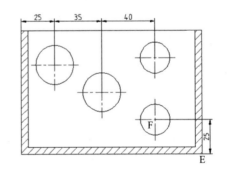

图 10-37　创建垂直线形标注

10.4　半径、直径和圆心标注

在 AutoCAD 中，可以使用"标准"菜单中的"半径"、"直径"与"圆心"命令，标注圆或圆弧的半径尺寸、直径尺寸及圆心位置。

10.4.1　半径标注

选择"标注" | "半径"命令(DIMRADIUS)，或在"标注"工具栏中单击"半径"按钮 ，可以标注圆和圆弧的半径。执行该命令，并选择要标注半径的圆弧或圆，此时命令行提示如下信息。

　　　　指定尺寸线位置或 [多行文字(M)/文字(T)/角度(A)]:

当指定了尺寸线的位置后，系统将按实际测量值标注出圆或圆弧的半径。也可以利用"多行文字(M)"、"文字(T)"或"角度(A)"选项，确定尺寸文字或尺寸文字的旋转角度。其中，当通过"多行文字(M)"和"文字(T)"选项重新确定尺寸文字时，只有给输入的尺寸文字加前缀 R，才能使标出的半径尺寸有半径符号 R，否则没有该符号。

10.4.2　折弯标注

选择"标注" | "折弯"命令(DIMJOGGED)，或在"标注"工具栏中单击"折弯"按钮 ，可以折弯标注圆和圆弧的半径。该标注方式与半径标注方法基本相同，但需要指定一个位置代替圆或圆弧的圆心。

【例 10-4】使用"半径标注"和"折弯标注"功能，标注半径为 100 的圆的半径。

(1) 选择"标注" | "半径"命令，或在"标注"工具栏中单击"半径标注"按钮 。

(2) 在命令行的"选择圆弧或圆"提示下，单击圆，将显示标注文字为 100。

(3) 在命令行的"指定尺寸线位置或 [多行文字(M)/文字(T)/角度(A)]:"提示信息下，单击圆内任意位置，确定尺寸线位置，则标注结果如图 10-38 所示。

(4) 选择"标注" | "折弯"命令，或在"标注"工具栏中单击"折弯"按钮 。

(5) 在命令行的"选择圆弧或圆"提示下，单击圆。

(6) 在命令行的"指定中心位置替代:"提示下，单击圆内任意位置，确定用于替代中心位置的点，此时将显示标注文字为 100。

(7) 在命令行的"指定尺寸线位置或 [多行文字(M)/文字(T)/角度(A)]: "提示下，单击圆内任意位置，确定尺寸线位置。

(8) 在命令行的"指定折弯位置: "提示下，指定折弯位置，则折弯标注结果如图 10-39 所示。

图 10-38　创建半径标注　　　　　图 10-39　创建折弯标注

10.4.3　直径标注

选择"标注"|"直径"命令(DIMDIAMETER)，或在"标注"工具栏中单击"直径标注"按钮，可以标注圆和圆弧的直径。

直径标注的方法与半径标注的方法相同。当选择了需要标注直径的圆或圆弧后，直接确定尺寸线的位置，系统将按实际测量值标注出圆或圆弧的直径。并且，当通过"多行文字(M)"和"文字(T)"选项重新确定尺寸文字时，需要在尺寸文字前加前缀%%C，才能使标出的直径尺寸有直径符号 Φ。

10.4.4　圆心标记

选择"标注"|"圆心标记"命令(DIMCENTER)，或在"标注"工具栏中单击"圆心标记"按钮，即可标注圆和圆弧的圆心。此时只需要选择待标注其圆心的圆弧或圆即可。

圆心标记的形式可以由系统变量 DIMCEN 设置。当该变量的值大于 0 时，作圆心标记，且该值是圆心标记线长度的一半；当变量的值小于 0 时，画出中心线，且该值是圆心处小十字线长度的一半。

【例 10-5】使用"半径标注"、"直径标注"和"圆心标注"功能，标注如图 10-40 所示图形中的半径、直径和圆心。

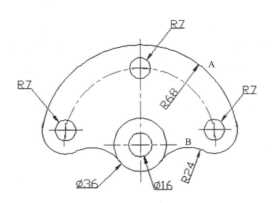

图 10-40　标注圆和圆弧的直径、半径和圆心

(1) 选择"标注"|"直径"命令，或单击"标注"工具栏中的"直径"按钮。

(2) 在命令行的"选择圆弧或圆:"提示下，选择图形下方的大圆。

(3) 在命令行的"指定尺寸线位置或 [多行文字(M)/文字(T)/角度(A)]:"提示下，单击大圆外部适当位置，标注出大圆的直径。

(4) 使用同样方法标注出大圆中的小圆的直径。

(5) 选择"标注"|"半径"命令，或单击"标注"工具栏中的"半径"按钮。在"选择圆弧或圆:"提示信息下，选择图形上方的小圆。在命令行的"指定尺寸线位置或 [多行文字(M)/文字(T)/角度(A)]:"提示信息下，单击小圆外部适当位置，标注出小圆的半径。

(6) 使用同样方法标注出图形两边的小圆的半径。

(7) 选择"标注"|"半径"命令,或单击"标注"工具栏中的"半径"按钮 。

(8) 在命令行的"选择圆弧或圆:"提示下,选择图形中的圆弧 A。

(9) 在命令行的"指定尺寸线位置或 [多行文字(M)/文字(T)/角度(A)]:"提示下,单击圆弧内部适当位置,标注出圆弧 A 的半径。

(10) 使用同样方法标注出 B 弧的半径。

(11) 选择"标注"|"圆心标记"命令,或单击"标注"工具栏中的"圆心标记"按钮 。

(12) 在命令行的"选择圆弧或圆:"提示下,选择图形大圆,标记该圆的圆心。使用同样方法标注出其他圆形的圆心。

10.5　角度标注与其他类型的标注

在 AutoCAD 2007 中,除了前面介绍的几种常用尺寸标注外,还可以使用角度标注及其他类型的标注功能,对图形中的角度、坐标等元素进行标注。

10.5.1　角度标注

选择"标注"|"角度"命令(DIMANGULAR),或在"标注"工具栏中单击"角度"按钮 ,都可以测量圆和圆弧的角度、两条直线间的角度,或者三点间的角度,如图 10-41 所示。执行 DIMANGULAR 命令,此时命令行提示如下。

选择圆弧、圆、直线或 <指定顶点>:

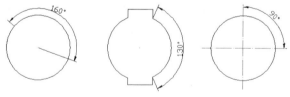

图 10-41　角度标注方式

在该提示下,可以选择需要标注的对象,其功能说明如下。

◆ 标注圆弧角度:当选择圆弧时,命令行显示"指定标注弧线位置或 [多行文字(M)/文字(T)/角度(A)]:"提示信息。此时,如果直接确定标注弧线的位置,AutoCAD 会按实际测量值标注出角度。也可以使用"多行文字(M)"、"文字(T)"及"角度(A)"选项,设置尺寸文字和它的旋转角度。

注意:

当通过"多行文字(M)"和"文字(T)"选项重新确定尺寸文字时,只有给新输入的尺寸文字加后缀%%D，才能使标注出的角度值有度(°)符号，否则没有该符号。

- ♦ 标注圆角度：当选择圆时，命令行显示"指定角的第二个端点:"提示信息，要求确定另一点作为角的第二个端点。该点可以在圆上，也可以不在圆上，然后再确定标注弧线的位置。这时，标注的角度将以圆心为角度的顶点，以通过所选择的两个点为尺寸界线(或延伸线)。
- ♦ 标注两条不平行直线之间的夹角：需要选择这两条直线，然后确定标注弧线的位置，AutoCAD 将自动标注出这两条直线的夹角。
- ♦ 根据 3 个点标注角度：这时首先需要确定角的顶点，然后分别指定角的两个端点，最后指定标注弧线的位置。

【例 10-6】使用"角度标注"功能，标注图 10-42 所示图形中直线 OA、OB 之间的夹角及圆弧 a、b、c 的包含角。

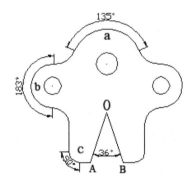

图 10-42　标注直线夹角和圆弧的包含角

(1) 选择"标注"|"角度"命令，或单击"标注"工具栏中的"角度"按钮△。

(2) 在命令行的"选择圆弧、圆、直线或<指定顶点>:"提示信息下，选择直线 OA。

(3) 在命令行的"选择第二条直线:"提示下，选择直线 OB。

(4) 在命令行的"指定标注弧线位置或[多行文字(M)/文字(T)/角度(A)]:"提示信息下，在直线 OA，OB 之间单击鼠标，确定标注弧线的位置，标注出这两直线之间的夹角。

(5) 再次选择"标注"|"角度"命令，或单击"标注"工具栏中的"角度"按钮△。

(6) 在命令行的"选择圆弧、圆、直线或<指定顶点>:"提示信息下，选择圆弧 a。

(7) 在命令行的"指定标注弧线位置或 [多行文字(M)/文字(T)/角度(A)]:"提示信息下，单击圆弧 a 外侧的适当位置，标注出圆弧 a 的包含角。

(8) 使用同样的方法，标注出圆弧 b 和 c 的包含角。

10.5.2　引线标注

选择"标注"|"引线"命令(QLEADER)，或在"标注"工具栏中单击"快速引线"按钮，都可以创建引线和注释，而且引线和注释可以有多种格式。

1. 设置引线格式

在使用"引线"命令时，默认情况下命令提示行显示"指定第一个引线点或 [设置(S)] <设置>:"提示信息。这时如果直接按 Enter 键，将打开"引线设置"对话框，在该对话框中可以设置引线的格式。

♦ "注释"选项卡：设置引线标注的注释类型、多行文字选项及是否重复使用注释，如图 10-43 所示。

♦ "引线和箭头"选项卡：设置引线和箭头的格式，如图 10-44 所示。

图 10-43 "注释"选项卡　　　　图 10-44 "引线和箭头"选项卡

♦ "附着"选项卡：设置多行文字注释相对于引线终点的位置，如图 10-45 所示。

图 10-45 "附着"选项卡

2. 创建引线标注

在进行引线标注时，默认情况下当指定了引线的起始点后，再在"指定下一点:"提示下确定引线的下一点位置。如果在"引线设置"对话框的"引线和箭头"选项卡中设置了点数的最大值，那么系统将提示"指定下一点:"的次数比最大值少 1 (即 n - 1)。如果将点数设置成无限制，则可确定任意多个点。当在"指定下一点:"提示下要结束确定点的操作时，按 Enter 键即可。

确定引线的各端点后，在"引线设置"对话框的"注释"选项卡中确定的注释类型不同，系统给出的提示也不同。

10.5.3 坐标标注

选择"标注"|"坐标"命令,或在"标注"工具栏中单击"坐标标注"按钮![icon],都可以标注相对于用户坐标原点的坐标,此时命令行提示如下信息。

> 指定点坐标:

在该提示下确定要标注坐标尺寸的点,而后系统将显示"指定引线端点或 [X 基准(X)/Y 基准(Y)/多行文字(M)/文字(T)/角度(A)]:"提示。默认情况下,指定引线的端点位置后,系统将在该点标注出指定点坐标。

注意:

在"指定点坐标:"提示下确定引线的端点位置之前,应首先确定标注点坐标是 X 坐标还是 Y 坐标。如果在此提示下相对于标注点上下移动光标,将标注点的 X 坐标;若相对于标注点左右移动光标,则标注点的 Y 坐标。

此外,在命令提示中,"X 基准(X)"、"Y 基准(Y)"选项分别用来标注指定点的 X、Y 坐标,"多行文字(M)"选项用于通过当前文本输入窗口输入标注的内容,"文字(T)"选项直接要求输入标注的内容,"角度(A)"选项则用于确定标注内容的旋转角度。

10.5.4 快速标注

选择"标注"|"快速标注"命令,或在"标注"工具栏中单击"快速标注"按钮![icon],都可以快速创建成组的基线、连续、阶梯和坐标标注,快速标注多个圆、圆弧,以及编辑现有标注的布局。

执行"快速标注"命令,并选择需要标注尺寸的各图形对象后,命令行提示如下。

> 指定尺寸线位置或[连续(C)/并列(S)/基线(B)/坐标(O)/半径(R)/直径(D)/基准点(P)/编辑(E)/设置(T)]<连续>:

由此可见,使用该命令可以进行"连续(C)"、"并列(S)"、"基线(B)、"坐标(O)"、"半径(R)"及"直径(D)"等一系列标注。

【例 10-7】使用"快速标注"命令,标注图 10-46 所示图形中各圆及圆弧的半径,使用"引线标注"命令标注圆弧的直径。

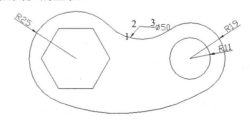

图 10-46 快速标注和引线标注

(1) 选择"标注"|"快速标注"命令，或单击"标注"工具栏中的"快速标注"按钮 。

(2) 在命令行的"选择要标注的几何图形:"提示下，选择要标注的圆和圆弧，然后按 Enter 键。

(3) 在命令行的"指定尺寸线位置或[连续(C)/并列(S)/基线(B)/坐标(O)/半径(R)/直径 (D)/基准点(P)/编辑(E)/设置(T)]<连续>:"提示下输入 R，然后按 Enter 键。

(4) 移动光标到适当位置，然后单击，即可快速标注出所选择的圆和圆弧的半径。

(5) 选择"标注"|"引线"命令，或在"标注"工具栏中单击"快速引线"按钮 。

(6) 在命令行"指定第一个引线点或 [设置(S)]<设置>:"提示下，指定第一个引线点，如图中的点 1。

(7) 在"指定下一点:"提示下，指定下一点，如图中的点 2。

(8) 在"指定下一点:"提示下，指定下一点，如图中的点 3。

(9) 在"指定文字宽度<0>:"提示下，指定文字宽度为 15。

(10) 在"输入注释文字的第一行<多行文字(M)>:"提示下，输入标注文字，如%%C50。

(11) 按 Enter 键，结束引线标注，得到最后结果。

10.6　形位公差标注

形位公差在机械图形中极为重要。一方面，如果形位公差不能完全控制，装配件就不能正确装配；另一方面，过度吻合的形位公差又会由于额外的制造费用而造成浪费。在大多数的建筑图形中，形位公差几乎不存在。

10.6.1　形位公差的组成

在 AutoCAD 中，可以通过特征控制框来显示形位公差信息，如图形的形状、轮廓、方向、位置和跳动的偏差等，如图 10-47 所示。

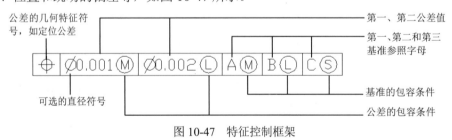

图 10-47　特征控制框架

10.6.2　标注形位公差

选择"标注"|"公差"命令，或在"标注"工具栏中单击"公差"按钮 ，打开"形位公差"对话框，可以设置公差的符号、值及基准等参数，如图 10-48 所示。

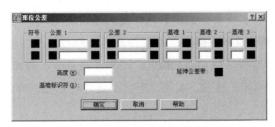

图 10-48　"形位公差"对话框

- ♦ "符号"选项：单击该列的■框，将打开"符号"对话框，可以为第 1 个或第 2 个公差选择几何特征符号，如图 10-49 所示。
- ♦ "公差 1"和"公差 2"选项区域：单击该列前面的■框，将插入一个直径符号。在中间的文本框中，可以输入公差值。单击该列后面的■框，将打开"附加符号"对话框，可以为公差选择包容条件符号，如图 10-50 所示。

图 10-49　公差特征符号

图 10-50　选择包容条件

- ♦ "基准 1"、"基准 2"和"基准 3"选项区域：设置公差基准和相应的包容条件。
- ♦ "高度"文本框：设置投影公差带的值。投影公差带控制固定垂直部分延伸区的高度变化，并以位置公差控制公差精度。
- ♦ "延伸公差带"选项：单击该■框，可在延伸公差带值的后面插入延伸公差带符号。
- ♦ "基准标识符"文本框：创建由参照字母组成的基准标识符。

【例 10-8】标注如图 10-51 所示图形中的形位公差。

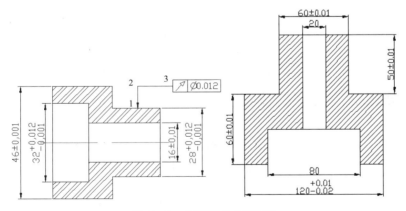

图 10-51　创建形位公差标注

(1) 选择"标注"|"引线"命令，或在"标注"工具栏中单击"快速引线"按钮。

(2) 在命令行提示下，直接按 Enter 键打开"引线设置"对话框。在"注释"选项卡的"注释类型"选项区域中选择"公差"单选按钮，然后单击"确定"按钮关闭对话框。

(3) 依次在点 1、2 和 3 处单击创建引线，这时系统将自动打开"形位公差"对话框。

(4) 在"符号"选项区域单击■框，并在打开的"特征符号"对话框中选择▨符号。

(5) 单击"公差 1"选项区域前面的■框，添加直径符号，并在中间的文本框中输入公差值 0.012，然后单击"确定"按钮，关闭"形位公差"对话框。标注结果如图 10-51 所示。

10.7　编辑标注对象

在 AutoCAD 2007 中，可以对已标注对象的文字、位置及样式等内容进行修改，而不必删除所标注的尺寸对象再重新进行标注。

10.7.1　编辑标注

在"标注"工具栏中，单击"编辑标注"按钮▨，即可编辑已有标注的标注文字内容和放置位置，此时命令行提示如下。

输入标注编辑类型 [默认(H)/新建(N)/旋转(R)/倾斜(O)] <默认>:

各选项的含义如下。

♦ "默认(H)"选项：选择该选项并选择尺寸对象，可以按默认位置和方向放置尺寸文字。

♦ "新建(N)"选项：选择该选项可以修改尺寸文字，此时系统将显示"文字格式"工具栏和文字输入窗口。修改或输入尺寸文字后，选择需要修改的尺寸对象即可。

♦ "旋转(R)"选项：选择该选项可以将尺寸文字旋转一定的角度，同样是先设置角度值，然后选择尺寸对象。

♦ "倾斜(O)"选项：选择该选项可以使非角度标注的尺寸界线倾斜一角度。这时需要先选择尺寸对象，然后设置倾斜角度值。

10.7.2　编辑标注文字的位置

选择"标注"|"对齐文字"子菜单中的命令，或在"标注"工具栏中单击"编辑标注文字"按钮▨，都可以修改尺寸的文字位置。选择需要修改的尺寸对象后，命令行提示如下。

指定标注文字的新位置或 [左(L)/右(R)/中心(C)/默认(H)/角度(A)]:

默认情况下，可以通过拖动光标来确定尺寸文字的新位置。也可以输入相应的选项指定标注文字的新位置。

10.7.3　替代标注

选择"标注"|"替代"命令(DIMOVERRIDE)，可以临时修改尺寸标注的系统变量设置，并按该设置修改尺寸标注。该操作只对指定的尺寸对象作修改，并且修改后不影响原系统的变量设置。执行该命令时，命令行提示如下。

输入要替代的标注变量名或 [清除替代(C)]:

默认情况下，输入要修改的系统变量名，并为该变量指定一个新值。然后选择需要修改的对象，这时指定的尺寸对象将按新的变量设置作相应的更改。如果在命令提示下输入 C，并选择需要修改的对象，这时可以取消用户已作出的修改，并将尺寸对象恢复成在当前系统变量设置下的标注形式。

10.7.4　更新标注

选择"标注"|"更新"命令，或在"标注"工具栏中单击"标注更新"按钮，都可以更新标注，使其采用当前的标注样式，此时命令行提示如下。

输入标注样式选项[保存(S)/恢复(R)/状态(ST)/变量(V)/应用(A)/?] <恢复>:

在该命令提示中，各选项的功能如下。
- ◆ "保存(S)"选项：将当前尺寸系统变量的设置作为一种尺寸标注样式来命名保存。
- ◆ "恢复(R)"选项：将用户保存的某一尺寸标注样式恢复为当前样式。
- ◆ "状态(ST)"选项：查看当前各尺寸系统变量的状态。选择该选项，可切换到文本窗口，并显示各尺寸系统变量及其当前设置。
- ◆ "变量(V)"选项：显示指定标注样式或对象的全部或部分尺寸系统变量及其设置。
- ◆ "应用(A)"选项：可以根据当前尺寸系统变量的设置更新指定的尺寸对象。
- ◆ "?"选项：显示当前图形中命名的尺寸标注样式。

10.7.5　尺寸关联

尺寸关联是指所标注尺寸与被标注对象有关联关系。如果标注的尺寸值是按自动测量值标注，且尺寸标注是按尺寸关联模式标注的，那么改变被标注对象的大小后相应的标注尺寸也将发生改变，即尺寸界线、尺寸线的位置都将改变到相应的新位置，尺寸值也改变成新测量值。反之，改变尺寸界线起始点的位置，尺寸值也会发生相应的变化。

例如，在图 10-52 的左图中，矩形中标注出了矩形边的高度和宽度尺寸，且该标注是按尺寸关联模式标注的，那么改变矩形左上角点的位置后，相应的标注也会自动改变，且尺寸值为新长度值，如图 10-52 的右图所示。

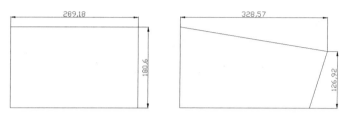

图 10-52　尺寸关联标注

10.8　思　考　练　习

1. 定义一个新的标注样式。具体要求如下：样式名称为"机械标注样式"，文字高度为 5，尺寸文字从尺寸线偏移的距离为 1.25，箭头大小为 5，尺寸界线超出尺寸线的距离为 2，基线标注时基线之间的距离为 7，其余设置采用系统默认设置。

2. 在中文版 AutoCAD 2007 中，尺寸标注类型有哪些，各有什么特点？

3. 在中文版 AutoCAD 2007 中，如何创建引线标注？

4. 绘制如图 10-53 所示的图形并标注尺寸。

5. 绘制如图 10-54 所示的图形并标注尺寸。

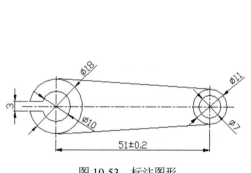

图 10-53　标注图形

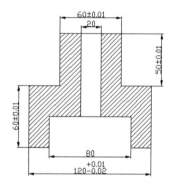

图 10-54　绘制图形并标注

6. 绘制如图 10-55 所示的图形并标注尺寸。

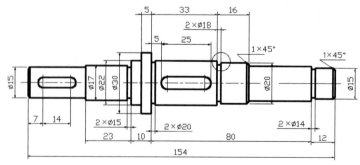

图 10-55　标注轴类零件图

第11章 绘制基本三维对象

在工程设计和绘图过程中，三维图形应用越来越广泛。AutoCAD 可以利用 3 种方式来创建三维图形，即线架模型方式、曲面模型方式和实体模型方式。线架模型方式为一种轮廓模型，它由三维的直线和曲线组成，没有面和体的特征。

11.1 三维绘图基础

在 AutoCAD 中，要创建和观察三维图形，就一定要使用三维坐标系和三维坐标。因此，了解并掌握三维坐标系，树立正确的空间观念，是学习三维图形绘制的基础。

11.1.1 建立用户坐标系

前面已经详细介绍了平面坐标系的使用方法，其所有变换和使用方法同样适用于三维坐标系。例如，在三维坐标系下，同样可以使用直角坐标或极坐标方法来定义点。此外，在绘制三维图形时，还可使用柱坐标和球坐标来定义点。

1. 柱坐标

柱坐标使用 XY 平面的角和沿 Z 轴的距离来表示，如图 11-1 所示，其格式如下：

♦ XY 平面距离<XY 平面角度，Z 坐标(绝对坐标)。

♦ @XY 平面距离<XY 平面角度，Z 坐标(相对坐标)。

2. 球坐标

球坐标系具有 3 个参数：点到原点的距离、在 XY 平面上的角度、和 XY 平面的夹角(如图 11-2 所示)，其格式如下：

♦ XYZ 距离<XY 平面角度<和 XY 平面的夹角(绝对坐标)。

♦ @XYZ 距离<XY 平面角度<和 XY 平面的夹角(相对坐标)。

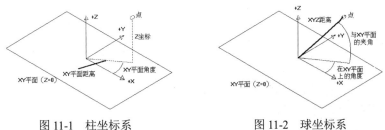

图 11-1 柱坐标系　　　　　　　图 11-2 球坐标系

11.1.2　设立视图观测点

视点是指观察图形的方向。例如，绘制正方体时，如果使用平面坐标系即 Z 轴垂直于屏幕，此时仅能看到物体在 XY 平面上的投影。如果调整视点至当前坐标系的左上方，将看到一个三维物体，如图 11-3 所示。

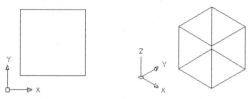

图 11-3　正方体在平面坐标系和三维视图中显示的效果

在 AutoCAD 中，可以使用视点预置、视点命令等多种方法来设置视点。

1. 使用"视点预置"对话框设置视点

选择"视图"|"三维视图"|"视点预置"命令(DDVPOINT)，打开"视点预置"对话框，为当前视口设置视点，如图 11-4 所示。

对话框中的左图用于设置原点和视点之间的连线在 XY 平面的投影与 X 轴正向的夹角；右面的半圆形图用于设置该连线与投影线之间的夹角，在图上直接拾取即可。也可以在"X 轴"、"XY 平面"两个文本框内输入相应的角度。

单击"设置为平面视图"按钮，可以将坐标系设置为平面视图。默认情况下，观察角度是相对于 WCS 坐标系的。选择"相对于 UCS"单选按钮，可相对于 UCS 坐标系定义角度。

2. 使用罗盘确定视点

选择"视图"|"三维视图"|"视点"命令(VPOINT)，可以为当前视口设置视点。该视点均是相对于 WCS 坐标系的。这时可通过屏幕上显示的罗盘定义视点，如图 11-5 所示。

在图 11-5 所示的坐标球和三轴架中，三轴架的 3 个轴分别代表 X、Y 和 Z 轴的正方向。当光标在坐标球范围内移动时，三维坐标系通过绕 Z 轴旋转可调整 X、Y 轴的方向。坐标球中心及两个同心圆可定义视点和目标点连线与 X、Y、Z 平面的角度。

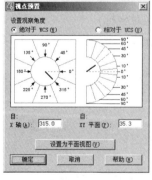

图 11-4　"视点预置"对话框

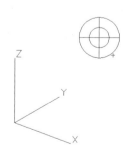

图 11-5　使用罗盘定义视点

3. 使用"三维视图"菜单设置视点

选择"视图"|"三维视图"子菜单中的"俯视"、"仰视"、"左视"、"右视"、"主视"、"后视"、"西南等轴测"、"东南等轴测"、"东北等轴测"和"西北等轴测"命令，从多个方向来观察图形，如图 11-6 所示。

图 11-6 "三维视图"菜单

11.1.3 动态观察

在 AutoCAD 2007 中，选择"视图"|"动态观察"命令中的子命令，可以动态观察视图，各子命令的功能如下。

- ◆ "受约束的动态观察"命令(3DORBIT)：用于在当前视口中通过拖动光标指针来动态观察模型，观察视图时，视图的目标位置保持不动，相机位置(或观察点)围绕该目标移动(尽管在用户看来目标是移动的)。默认情况下，观察点会约束为沿着世界坐标系的 XY 平面或 Z 轴移动，如图 11-7 所示。
- ◆ "自由动态观察"命令(3DFORBIT)：与"受约束的动态观察"命令类似，但是观察点不会约束为沿着 XY 平面或 Z 轴移动。当移动光标时，其形状也将随之改变，以指示视图的旋转方向，如图 11-8 所示。

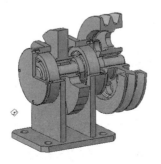
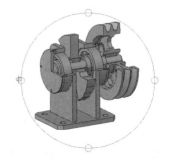

图 11-7 受约束的动态观察　　　　图 11-8 自由动态观察

- ◆ "连续观察"命令(3DCORBIT)：用于连续动态地观察图形。此时光标指针将变为

一个由两条线包围的球体，在绘图区域单击并沿任何方向拖动光标指针，可以使对象沿着拖动的方向开始移动，释放鼠标按钮，对象将在指定的方向沿着轨道连续旋转。光标移动的速度决定了对象旋转的速度，如图 11-9 所示。单击或再次拖动鼠标可以改变旋转轨迹的方向。也可以在绘图窗口右击，并从弹出的快捷菜单中选择一个命令来修改连续轨迹的显示。例如，选择"视觉辅助工具"|"栅格"命令可以向视图中添加栅格，而不用退出"连续观察"状态，如图 11-10 所示。

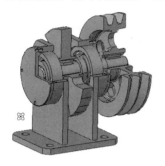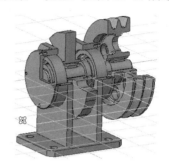

图 11-9　连续观察　　　　　　　　图 11-10　显示栅格

11.1.4　使用相机

在 AutoCAD 2007 中，相机是新引入的一个对象，用户可以在模型空间放置一台或多台相机来定义 3D 透视图。可以指定的相机属性如下。

- ◆ 位置：用于指定查看 3D 模型的起始点。可以把该位置作为用户观看 3D 模型所在的位置，以及查看目标位置的点。
- ◆ 目标：用于通过在视图中心指定坐标来确定查看的点。
- ◆ 镜头长度：是传统相机术语，用于指定用度数表示的视野。镜头长度越大，视野越窄。
- ◆ 前向与后向剪裁平面：如果启用剪裁平面，可以指定它们的位置。在相机视图中，相机和前向剪裁平面之间的任何对象都是隐藏的。同样，后向剪裁平面与目标之间的任何对象也都是隐藏的。

1. 创建相机

选择"视图"|"创建相机"命令，可以在视图中创建相机，当指定了相机位置和目标位置后，命令行显示如下提示信息。

输入选项 [?/名称(N)/位置(LO)/高度(H)/目标(T)/镜头(LE)/剪裁(C)/视图(V)/退出(X)] <退出>:

在该命令提示下，可以指定创建的相机名称、相机位置、高度、目标位置、镜头长度、剪裁方式以及是否切换到相机视图。

【例 11-1】使用相机观察如图 11-11 所示的图形。其中，设置相机的名称为 mycamera，相机位置为(100,100,100)，相机高度为 100，目标位置为(0,0)，镜头长度为 100mm。

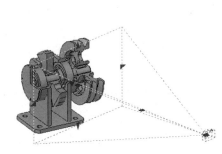

图 11-11　使用相机观察图形

(1) 打开如图 11-11 所示的三维图形。

(2) 选择"视图"|"创建相机"命令，在视图中通过添加相机来观察图形。

(3) 在命令行的"指定相机位置:"提示信息下输入(100,100,100)，指定相机的位置。

(4) 在命令行的"指定目标位置:"提示信息下输入(0,0)，指定相机的目标位置。

(5) 在命令行的"输入选项 [?/名称(N)/位置(LO)/高度(H)/目标(T)/镜头(LE)/剪裁(C)/视图(V)/退出(X)] <退出>:"提示信息下输入 N，选择名称选项。

(6) 在命令行的"输入新相机的名称 <相机 1>: "输入相机名称为 mycamera。

(7) 在命令行的"输入选项 [?/名称(N)/位置(LO)/高度(H)/目标(T)/镜头(LE)/剪裁(C)/视图(V)/退出(X)] <退出>:"提示信息下输入 H，选择高度选项。

(8) 在命令行的"指定相机高度 <0>:"提示信息下输入 100，指定相机的高度。

(9) 在命令行的"输入选项 [?/名称(N)/位置(LO)/高度(H)/目标(T)/镜头(LE)/剪裁(C)/视图(V)/退出(X)] <退出>:"提示信息下输入 LE，选择镜头选项。

(10) 在命令行的"以毫米为单位指定镜头长度 <50>: "提示信息下输入 100，指定镜头的长度，单位为毫米。

(11) 在命令行的"输入选项 [?/名称(N)/位置(LO)/高度(H)/目标(T)/镜头(LE)/剪裁(C)/视图(V)/退出(X)] <退出>:"提示信息下按 Enter 键，这时创建的相机效果如图 11-11 所示。

2. 相机预览

在视图中创建了相机后，当选中相机时，将打开"相机预览"窗口。其中，在预览框中显示了使用相机观察到的视图效果。在"视觉样式"下拉列表框中，可以设置预览窗口中图形的三维隐藏、三维线框、概念、真实等视觉样式，如图 11-12 所示。

图 11-12　相机预览窗口和三维隐藏视觉样式

另外，选择"视图"|"相机"|"调整距离"命令或"视图"|"相机"|"回旋"命令，也可以在视图中直接观察图形。

3. 运动路径动画

在 AutoCAD 2007 中，可以选择"视图"|"运动路径动画"命令，创建相机沿路径运动观察图形的动画，此时将打开"运动路径动画"对话框，如图 11-13 所示。

在"运动路径动画"对话框中，"相机"选项区域用于设置相机链接到的点或路径，使相机位于指定点观测图形或沿路径观察图形；"目标"选项区域用于设置相机目标链接到的点或路径；"动画设置"选项区域用于设置动画的帧率、帧数、持续时间、分辨率、动画输出格式等选项。

当设置完动画选项后，单击"预览"按钮，将打开"动画预览"窗口，可以预览动画播放效果，如图 11-14 所示。

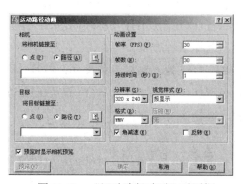

图 11-13 "运动路径动画"对话框

图 11-14 预览动画

【例 11-2】在如图 11-15 所示的机件图形的 Z 轴正方向上绘制一个圆，然后创建沿圆运动的动画效果，其中目标位置为原点，视觉样式为概念，动画输出格式为 AVI。

(1) 打开如图 11-15 所示的图形。在 Z 轴正方向的某一位置(用户可以自己指定)创建一个圆，然后选择"视图"|"缩放"|"全部"命令，调整视图显示，效果如图 11-16 所示。

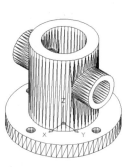

图 11-15 机件图形

图 11-16 绘制圆并调整视图显示

(2) 选择"视图"|"运动路径动画"命令，打开"运动路径动画"对话框。

(3) 在"相机"选项区域中选择"路径"单选按钮，并单击"选择路径"按钮切换到绘图窗口，单击绘制的圆作为相机的运动路径，此时将打开"路径名称"对话框(如图 11-17 所示)，保持默认名称，单击"确定"按钮返回"运动路径动画"对话框。

图 11-17　"路径名称"对话框

(4) 在"目标"选项区域中选择"点"单选按钮，并单击"拾取点"按钮切换到绘图窗口，拾取原点(0,0,0)作为相机的目标位置，此时将打开"点名称"对话框，保持默认名称单击"确定"按钮返回"运动路径动画"对话框。

(5) 在"动画设置"选项区域的"视觉样式"下拉列表框中选择"概念"，在"格式"下拉列表框中选择 AVI，最终设置参数如图 11-18 所示。

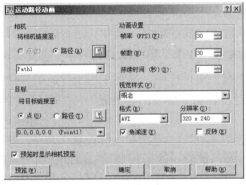

图 11-18　"运动路径动画"对话框

(6) 单击"预览"按钮，预览动画效果，满意后关闭"动画预览"窗口，返回到"运动路径动画"对话框。

(7) 单击"确定"按钮，打开"另存为"对话框，保存动画文件为 pathmove.avi，这时用户就可以选择一个播放器来观看动画播放效果。

11.1.5　漫游和飞行

在 AutoCAD 2007 中，用户可以在漫游或飞行模式下，通过键盘和鼠标可以控制视图显示，或创建导航动画。

1. "定位器"选项板

选择"视图"|"漫游和飞行"|"漫游"或"飞行"命令，打开"定位器"选项板和"三维漫游导航映射"对话框，如图 11-19 所示。

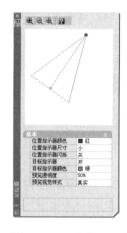
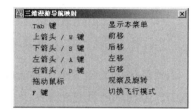

图 11-19 "定位器"选项板和"三维漫游导航映射"对话框

"定位器"选项板的功能类似于地图。其中，在预览窗口中显示模型的 2D 顶视图，指示器显示了当前用户在模型中所处的位置，通过拖动可以改变指示器的位置。在"基本"选项区域中，可以设置位置指示器的颜色、尺寸、是否闪烁，目标指示器的开启状态、颜色，预览透明度和预览视觉样式。

在"三维漫游导航映射"对话框中，显示了用于导航的快捷键及其对应的功能。

2. 漫游和飞行设置

选择"视图"|"漫游和飞行"|"漫游和飞行设置"命令，打开"漫游和飞行设置"对话框。可以设置显示指令窗口的时机，窗口显示的时间，以及当前图形设置的步长和每秒步数，如图 11-20 所示。

图 11-20 "漫游和飞行设置"对话框

11.1.6 观察三维图形

在 AutoCAD 中，使用"视图"|"缩放"、"视图"|"平移"子菜单中的命令可以缩放或平移三维图形，以观察图形的整体或局部。其方法与观察平面图形的方法相同。此外，在观测三维图形时，还可以通过旋转、消隐及设置视觉样式等方法来观察三维图形。

1. 消隐图形

在绘制三维曲面及实体时，为了更好地观察效果，可选择"视图"|"消隐"命令(HIDE)，暂时隐藏位于实体背后而被遮挡的部分，如图 11-21 所示。

执行消隐操作之后，绘图窗口将暂时无法使用"缩放"和"平移"命令，直到选择"视图"|"重生成"命令重生成图形为止。

图 11-21　消隐图形

2. 使用"视觉样式"菜单观察三维图形

用户还可以通过选择"视图"|"视觉样式"菜单中的子命令更加真实地观察三维图形，例如选择"概念"命令观察三维图形，效果如图 11-22 所示。

图 11-22　使用"概念"命令观察三维图形

3. 改变三维图形的曲面轮廓素线

当三维图形中包含弯曲面时(如球体和圆柱体等)，曲面在线框模式下用线条的形式来显示，这些线条称为网线或轮廓素线。使用系统变量 ISOLINES 可以设置显示曲面所用的网线条数，默认值为 4，即使用 4 条网线来表达每一个曲面。该值为 0 时，表示曲面没有网线，如果增加网线的条数，则会使图形看起来更接近三维实物，如图 11-23 所示。

ISOLINES=4　　　　　　　　　　　　ISOLINES=32

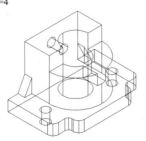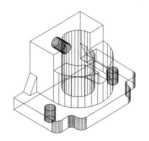

图 11-23　ISOLINES 设置对实体显示的影响

4. 以线框形式显示实体轮廓

使用系统变量 DISPSILH 可以以线框形式显示实体轮廓。此时需要将其值设置为 1，并用"消隐"命令隐藏曲面的小平面，如图 11-24 所示。

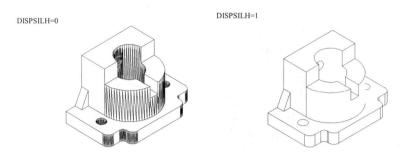

图 11-24　以线框形式显示实体轮廓

5. 改变实体表面的平滑度

要改变实体表面的平滑度，可通过修改系统变量 FACETRES 来实现。该变量用于设置曲面的面数，取值范围为 0.01~10。其值越大，曲面越平滑，如图 11-25 所示。

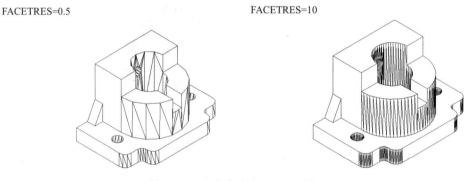

图 11-25　改变实体表面的平滑度

如果 DISPSILH 变量值为 1，那么在执行"消隐"、"渲染"命令时并不能看到 FACETRES 设置效果，此时必须将 DISPSILH 值设置为 0。

11.2　绘制三维点和线

在 AutoCAD 中，可以使用直线、样条、3D 多段线及三维网格等命令绘制简单的三维图形。

11.2.1　绘制三维点

选择"绘图" | "点"命令，或在"绘图"工具栏中单击"点"按钮，然后在命令行中直接输入三维坐标即可绘制三维点。

由于三维图形对象上的一些特殊点，如交点、中点等不能通过输入坐标的方法来实现，可以采用三维坐标下的目标捕捉法来拾取点。

二维图形方式下的所有目标捕捉方式在三维图形环境中可以继续使用。不同之处在于，在三维环境下只能捕捉三维对象的顶面和底面的一些特殊点，而不能捕捉柱体等实体侧面的特殊点(即在柱状体侧面竖线上无法捕捉目标点)，因为主体的侧面上的竖线只是帮助显示的模拟曲线。在三维对象的平面视图中也不能捕捉目标点，因为在顶面上的任意一点都对应着底面上的一点，此时的系统无法辨别所选的点究竟在哪个面上。

11.2.2　绘制三维直线和样条曲线

两点决定一条直线。当在三维空间中指定两个点后，如点(0,0,0)和点(1,1,1)，这两个点之间的连线即是一条 3D 直线。

同样，在三维坐标系下，使用"绘图"|"样条曲线"命令，可以绘制复杂 3D 样条曲线，这时定义样条曲线的点不是共面点。

11.2.3　绘制三维多段线

在二维坐标系下，使用"绘图"|"多段线"命令绘制多段线，尽管各线条可以设置宽度和厚度，但它们必须共面。三维多线段的绘制过程和二维多线段基本相同，但其使用的命令不同，另外在三维多线段中只有直线段，没有圆弧段。选择"绘图"|"三维多段线"命令(3DPOLY)，此时命令行提示依次输入不同的三维空间点，以得到一个三维多段线。

11.2.4　绘制螺旋线

选择"绘图"|"螺旋"命令，可以绘制三维螺旋线。当分别指定了螺旋线底面的中心点、底面半径(或直径)和顶面半径(或直径)后，命令行显示如下提示。

指定螺旋高度或 [轴端点(A)/圈数(T)/圈高(H)/扭曲(W)] <1.0000>:

在该命令提示下，可以直接输入螺旋线的高度来绘制螺旋线。也可以选择"轴端点(A)"选项，通过指定轴的端点，从而绘制出以底面中心点到该轴端点的距离为高度的螺旋线；选择"圈数(T)"选项，可以指定螺旋线的螺旋圈数，默认情况下，螺旋线的圈数为 3，当指定了螺旋圈数后，仍将显示上述提示信息，可以进行其他参数设置；选择"圈高(H)"选项，可以指定螺旋线各圈之间的间距；选择"扭曲(W)"选项，可以指定螺旋线的扭曲方式是"顺时针(CW)"还是"逆时针(CCW)"。

【例 11-3】绘制一个底面中心为(0,0)，底面半径为 100，顶面半径为 80，高度为 200，顺时针旋转 8 圈的螺旋线，如图 11-26 所示。

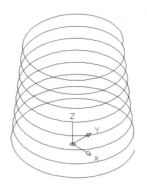

图 11-26　螺旋线

(1) 选择"视图"|"三维视图"|"东南等轴测"命令，切换到三维东南等轴测视图。

(2) 选择"绘图"|"螺旋"命令，绘制螺旋线。

(3) 在命令行的"指定底面的中心点:"提示信息下输入(0,0)，指定螺旋线底面的中心点坐标。

(4) 在命令行的"指定底面半径或 [直径(D)] <1.0000>:"提示信息下输入 100，指定螺旋线底面的半径。

(5) 在命令行的"指定顶面半径或 [直径(D)] <100.0000>:"提示信息下输入 80，指定螺旋线顶面的半径。

(6) 在命令行的"指定螺旋高度或 [轴端点(A)/圈数(T)/圈高(H)/扭曲(W)] <1.0000>:"提示信息下输入 T，以设置螺旋线的圈数。

(7) 在命令行的"输入圈数 <3.0000>:"提示信息下输入 8，指定螺旋线的圈数为 8。

(8) 在命令行的"指定螺旋高度或 [轴端点(A)/圈数(T)/圈高(H)/扭曲(W)] <1.0000>:"提示信息下输入 W，以设置螺旋线的扭曲方向。

(9) 在命令行的"输入螺旋的扭曲方向 [顺时针(CW)/逆时针(CCW)] <CCW>:"提示信息下输入 CW，指定螺旋线的扭曲方向为顺时针。

(10) 在命令行的"指定螺旋高度或 [轴端点(A)/圈数(T)/圈高(H)/扭曲(W)] <1.0000>:"提示信息下输入 200，指定螺旋线的高度。此时绘制的螺旋线效果如图 11-26 所示。

11.3　思　考　练　习

1. 在 AutoCAD 2007 中，设置视点的方法有哪些？

2. 在 AutoCAD 2007 中，用户可以通过哪些方式创建三维图形？

3. 在 AutoCAD 2007 中，有哪些方法来定义点？

4. 绘制三维多段线时有哪些注意事项？

5. 绘制绘制一个底面中心为(0,0)，底面半径为 10，顶面半径为 10，高度为 20，顺时针旋转 10 圈的螺旋线，如图 11-27 所示。

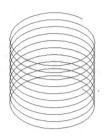

图 11-27 螺旋线

6. 使用相机观察如图 11-28 所示的图形。其中，设置相机的名称为 mycamera，相机位置为(100,100,100)，相机高度为 100，目标位置为(0,0)，镜头长度为 100mm。

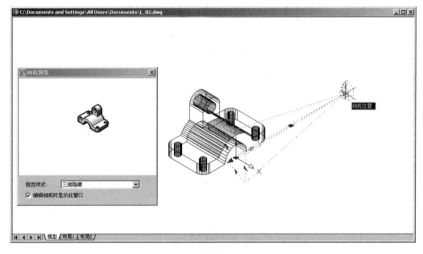

图 11-28 使用相机观察

7. 在如图 11-29 所示的图形 Z 轴正方向上绘制一个圆，然后创建沿圆运动的动画效果，其中目标位置为原点，视觉样式为概念，动画输出格式为 AVI。

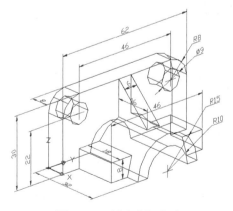

图 11-29 创建路径动画

第12章　绘制三维实体

曲面模型用面描述三维对象，它不仅定义了三维对象的边界，而且还定义了表面，即具有面的特征。实体模型不仅具有线和面的特征，而且还具有体的特征，各实体对象间可以进行各种布尔运算操作，从而创建复杂的三维实体图形。

12.1　绘制三维网格

在 AutoCAD 中，不仅可以绘制三维曲面，还可以绘制旋转网格、平移网格、直纹网格和边界网格。使用"绘图"|"建模"|"网格"子菜单中的命令绘制这些曲面，如图 12-1 所示。

图 12-1　"网格"菜单

12.1.1　绘制平面曲面

在 AutoCAD 2007 中，选择"绘图"|"建模"|"平面曲面"命令(PLANESURF)，可以创建平面曲面或将对象转换为平面对象。

绘制平面曲面时，命令行显示如下提示信息。

指定第一个角点或 [对象(O)]<对象>:

在该提示信息下，如果直接指定点，可绘制平面曲面，此时还需要在命令行的"指定其他角点:"提示信息下输入其他角点坐标。如果要将对象转换为平面曲面，可以选择"对象(O)"选项，然后在绘图窗口中选择对象即可。如图 12-2 所示为绘制的平面曲面。

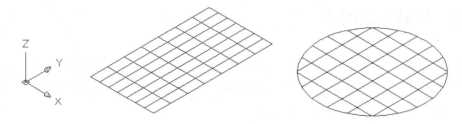

图 12-2　平面曲面

12.1.2　绘制三维面与多边三维面

选择"绘图"|"建模"|"网格"|"三维面"命令(3DFACE)，可以绘制三维面。三维面是三维空间的表面，它没有厚度，也没有质量属性。由"三维面"命令创建的每个面的各顶点可以有不同的 Z 坐标，但构成各个面的顶点最多不能超过 4 个。如果构成面的 4 个顶点共面，消隐命令认为该面是不透明的可以消隐。反之，消隐命令对其无效。

例如，要绘制如图 12-3 所示的图形，可选择"绘图"|"建模"|"网格"|"三维面"命令，然后在命令行中依次输入三维面上点坐标(60,40,0)、(80,60,40)、(80,100,40)、(60,120,0)、(140,120,0)、(120,100,40)、(120,60,40)、(140,40,0)、(60,40,0)、(80,60,40)，并适当设置视点后，最后按 Enter 键结束命令。

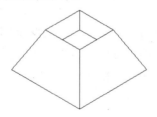

图 12-3　绘制的三维面

使用"三维面"命令只能生成 3 条或 4 条边的三维面，而要生成多边曲面，则必须使用 PFACE 命令。在该命令提示信息下，可以输入多个点。例如，要在图 12-4 所示图形上添加一个面，可在命令行中输入 PFACE，并依次单击点 1~4，然后在命令行中依次输入顶点编号 1~4，消隐后的效果如图 12-5 所示。

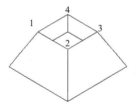
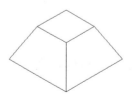

图 12-4　原始图形　　　　　　图 12-5　添加三维多重面并消隐后的效果

12.1.3　绘制三维网格

选择"绘图"|"建模"|"网格"|"三维网格"命令(3DMESH)，可以根据指定的 M 行 N 列个顶点和每一顶点的位置生成三维空间多边形网格。M 和 N 的最小值为 2，表明定义多边形网格至少要 4 个点，其最大值为 256。

例如，要绘制如图 12-6 所示的 4×4 网格，可选择"绘图"|"建模"|"网格"|"三维网格"命令，并设置 M 方向上的网格数量为 4，N 方向上的网格数量为 4，然后依次指定 16 个顶点的位置。选择"修改"|"对象"|"多段线"命令，则可以编辑绘制的网格。例如，使用该命令的"平滑曲面"选项可以平滑曲面，效果如图 12-7 所示。

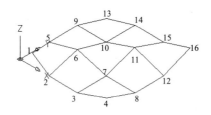

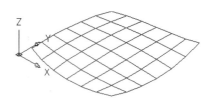

图 12-6　绘制网格　　　　　图 12-7　对三维网格进行平滑处理后的效果

12.1.4　绘制旋转网格

选择"绘图"|"建模"|"网格"|"旋转网格"命令(REVSURF)，可以将曲线绕旋转轴旋转一定的角度，形成旋转网格。例如，当系统变量 SURFTAB1=40、SURFTAB2=30 时，将图 12-8 中左图的样条曲线绕直线旋转 360°后，将得到图 12-8 右图所示的效果。其中，旋转方向的分段数由系统变量 SURFTAB1 确定，旋转轴方向的分段数由系统变量 SURFTAB2 确定。

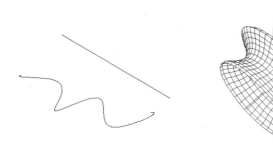

图 12-8　旋转网格

12.1.5　绘制平移网格

选择"绘图"|"建模"|"网格"|"平移网格"命令(RULESURF)，可以将路径曲线沿方向矢量进行平移后构成平移曲面，如图 12-9 所示。这时可在命令行的"选择用作轮廓曲

线的对象:"提示下选择曲线对象，在"选择用作方向矢量的对象:"提示信息下选择方向矢量。当确定了拾取点后，系统将向方向矢量对象上远离拾取点的端点方向创建平移曲面。平移曲面的分段数由系统变量 SURFTAB1 确定。

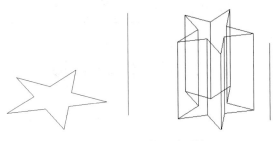

图 12-9　创建的平移网格

12.1.6　绘制直纹网格

选择"绘图"|"建模"|"网格"|"直纹网格"命令(RULESURF)，可以在两条曲线之间用直线连接从而形成直纹网格。这时可在命令行的"选择第一条定义曲线:"提示信息下选择第一条曲线，在命令行的"选择第二条定义曲线:"提示信息下选择第二条曲线。

例如，通过对图 12-10 左图中的两个圆使用"直纹网格"命令，将得到图 12-10 右图所示的效果。

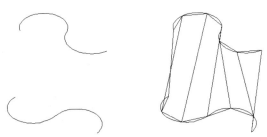

图 12-10　创建直纹曲面

12.1.7　绘制边界网格

选择"绘图"|"建模"|"网格"|"边界网格"命令(EDGESURF)，可以使用 4 条首尾连接的边创建三维多边形网格。这时可在命令行的"选择用作曲面边界的对象 1:"提示信息下选择第一条曲线，在命令行的"选择用作曲面边界的对象 2:"提示信息下选择第二条曲线，在命令行的"选择用作曲面边界的对象 3:"提示信息下选择第三条曲线，在命令行的"选择用作曲面边界的对象 4:"提示信息下选择第四条曲线。

例如，通过对图 12-11 左图中的边界曲线使用"边界网格"命令，将得到图 12-11 右图所示的效果。

图 12-11　创建边界网格

12.2　绘制基本实体

在 AutoCAD 中，使用"绘图"|"建模"子菜单中的命令，或使用"建模"工具栏，可以绘制多实体、长方体、楔体、圆锥体、球体、圆柱体、圆环体及棱锥面等基本实体模型，如图 12-12 所示。

图 12-12　"建模"菜单和工具栏

12.2.1　绘制多实体

在 AutoCAD 2007 中，选择"绘图"|"建模"|"多实体"命令(POLYSOLID)，可以创建实体或将对象转换为实体。

绘制多实体时，命令行显示如下提示信息。

　　指定起点或 [对象(O)/高度(H)/宽度(W)/对正(J)] <对象>:

选择"高度"选项，可以设置实体的高度；选择"宽度"选项，可以设置实体的宽度；选择"对正"选项，可以设置实体的对正方式，如左对正、居中和右对正，默认为居中对正。当设置了高度、宽度和对正方式后，可以通过指定点来绘制多实体，也可以选择"对象"选项将图形转换为实体。

【例 12-1】绘制如图 12-13 所示的管状实体。

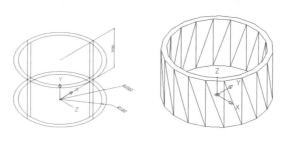

图 12-13　管状实体

(1) 选择"视图"|"三维视图"|"东南等轴测"命令，切换到三维东南等轴测视图。

(2) 在"绘图"工具栏中单击"圆"按钮，以点(0,0)为圆心，绘制一个半径为 200 的圆。

(3) 选择"绘图"|"建模"|"多实体"命令，绘制多实体。

(4) 在命令行的"指定起点或 [对象(O)/高度(H)/宽度(W)/对正(J)] <对象>:"提示信息下输入 H，设置多实体的高度。

(5) 在命令行的"指定高度 <100.0000>:"提示信息下输入 200，指定实体的高度。

(6) 在命令行的"指定起点或 [对象(O)/高度(H)/宽度(W)/对正(J)] <对象>:"提示信息下输入 W，设置实体的宽度。

(7) 在命令行的"指定宽度 <10.0000>:"提示信息下输入 20，指定实体的宽度。

(8) 在命令行的"指定起点或 [对象(O)/高度(H)/宽度(W)/对正(J)] <对象>:"提示信息下输入 J，设置实体的对正方式。

(9) 在命令行的"输入对正方式 [左对正(L)/居中(C)/右对正(R)] <中对正>:"提示信息下输入 R，设置对正方式为右对正。

(10) 在命令行的"指定起点或 [对象(O)/高度(H)/宽度(W)/对正(J)] <对象>:"提示信息下按 Enter 键，直接将对象转换为实体。

(11) 在命令行的"选择对象:"提示信息下单击视图中绘制的圆，则创建的实体将如图 12-13 所示。

12.2.2　绘制长方体

选择"绘图"|"建模"|"长方体"命令(BOX)，或在"建模"工具栏中单击"长方体"按钮，都可以绘制长方体，此时命令行显示如下提示。

　　　　指定第一个角点或 [中心(C)]:

在创建长方体时，其底面应与当前坐标系的 XY 平面平行，方法主要有指定长方体角点和中心两种。

默认情况下，可以根据长方体的某个角点位置创建长方体。当在绘图窗口中指定了一角点后，命令行将显示如下提示。

　　　　指定其他角点或 [立方体(C)/长度(L)]:

如果在该命令提示下直接指定另一角点，可以根据另一角点位置创建长方体。当在绘图窗口中指定角点后，如果该角点与第一个角点的 Z 坐标不一样，系统将以这两个角点作为长方体的对角点创建出长方体。如果第二个角点与第一个角点位于同一高度，系统则需要用户在"指定高度:"提示下指定长方体的高度。

在命令行提示下，选择"立方体(C)"选项，可以创建立方体。创建时需要在"指定长度:"提示下指定立方体的边长；选择"长度(L)"选项，可以根据长、宽、高创建长方体，此时，用户需要在命令提示行下依次指定长方体的长度、宽度和高度值。

在创建长方体时，如果在命令的"指定第一个角点或 [中心(C)]:"提示下选择"中心(C)"选项，则可以根据长方体的中心点位置创建长方体。在命令行的"指定中心:"提示信息下指定了中心点的位置后，将显示如下提示，用户可以参照"指定角点"的方法创建长方体。

指定角点或 [立方体(C)/长度(L)]:

注意:

在 AutoCAD 中，创建的长方体的各边应分别与当前 UCS 的 X 轴、Y 轴和 Z 轴平行。在根据长度、宽度和高度创建长方体时，长、宽、高的方向分别与当前 UCS 的 X 轴、Y 轴和 Z 轴方向平行。在系统提示中输入长度、宽度及高度时，输入的值可正、可负，正值表示沿相应坐标轴的正方向创建长方体，反之沿坐标轴的负方向创建长方体。

【例 12-2】绘制一个 200×100×150 的长方体，如图 12-14 所示。

(1) 选择"绘图"|"建模"|"长方体"命令，或在"建模"工具栏中单击"长方体"按钮 🗔，发出 BOX 命令。

(2) 在命令行的"指定第一个角点或 [中心(C)]:"提示信息下输入(0,0,0)，通过指定角点来绘制长方体。

(3) 在命令行的"指定其他角点或 [立方体(C)/长度(L)]:"提示信息下输入 L，根据长、宽、高来绘制长方体。

(4) 在命令行的"指定长度:"提示信息下输入 200，指定长方体的长度。

(5) 在命令行的"指定宽度:"提示信息下输入 100，指定长方体的宽度。

(6) 在命令行的"指定高度:"提示信息下输入 150，指定长方体的高度。

(7) 选择"视图"|"三维视图"|"东南等轴测"命令，在三维视图中观察绘制的长方体，效果如图 12-14 所示。

12.2.3 绘制楔体

在 AutoCAD 2007 中，虽然创建"长方体"和"楔体"的命令不同，但创建方法却相同，因为楔体是长方体沿对角线切成两半后的结果。

选择"绘图"|"建模"|"楔体"命令(WEDGE)，或在"建模"工具栏中单击"楔体"按钮 ◪，都可以绘制楔体。由于楔体是长方体沿对角线切成两半后的结果，因此可以使用与绘制长方体同样的方法来绘制楔体。

例如，可以使用与【例 12-2】中绘制长方体完全相同的方法，绘制一个 200×100×150 的楔体，其效果如图 12-15 所示。

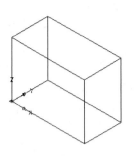
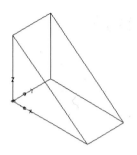

图 12-14　绘制的长方体　　　　　　　　图 12-15　绘制楔体

12.2.4　绘制圆柱体

选择"绘图"|"建模"|"圆柱体"命令(CYLINDER)，或在"建模"工具栏中单击"圆柱体"按钮，可以绘制圆柱体或椭圆柱体，如图 12-16 所示。

图 12-16　绘制圆柱体或椭圆柱体

绘制圆柱体或椭圆柱体时，命令行将显示如下提示。

指定底面的中心点或 [三点(3P)/两点(2P)/相切、相切、半径(T)/椭圆(E)]

默认情况下，可以通过指定圆柱体底面的中心点位置来绘制圆柱体。在命令行的"指定底面半径或 [直径(D)]:"提示下指定圆柱体基面的半径或直径后，命令行显示如下提示信息。

指定高度或 [两点(2P)/轴端点(A)]:

可以直接指定圆柱体的高度，根据高度创建圆柱体；也可以选择"轴端点(A)"选项，根据圆柱体另一底面的中心位置创建圆柱体，此时两中心点位置的连线方向为圆柱体的轴线方向。

当执行 CYLINDER 命令时，如果在命令行提示下选择"椭圆(E)"选项，可以绘制椭圆柱体。此时，用户首先需要在命令行的"指定第一个轴的端点或 [中心(C)]:"提示下指定基面上的椭圆形状(其操作方法与绘制椭圆相似)，然后在命令行的"指定高度或 [两点(2P)/轴端点(A)]:"提示下指定圆柱体的高度或另一个圆心位置即可。

12.2.5　绘制圆锥体

选择"绘图"|"建模"|"圆锥体"命令(CONE)，或在"建模"工具栏中单击"圆锥体"按钮 🌢，即可绘制圆锥体或椭圆形锥体，如图 12-17 所示。

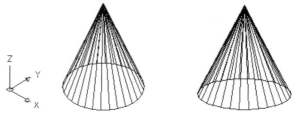

图 12-17　绘制圆锥体或椭圆形锥体

绘制圆锥体或椭圆形锥体时，命令行显示如下提示信息。

> 指定底面的中心点或 [三点(3P)/两点(2P)/相切、相切、半径(T)/椭圆(E)]：

在该提示信息下，如果直接指定点即可绘制圆锥体，此时需要在命令行的"指定底面半径或 [直径(D)]："提示信息下指定圆锥体底面的半径或直径，以及在命令行的"指定高度或 [两点(2P)/轴端点(A)/顶面半径(T)]："提示下指定圆锥体的高度或圆锥体的锥顶点位置。如果选择"椭圆(E)"选项，则可以绘制椭圆锥体，此时需要先确定椭圆的形状(方法与绘制椭圆的方法相同)，然后在命令行的"指定高度或 [两点(2P)/轴端点(A)/顶面半径(T)]："提示信息下，指定圆锥体的高度或顶点位置即可。

12.2.6　绘制球体

选择"绘图"|"建模"|"球体"命令(SPHERE)，或在"建模"工具栏中单击"球体"按钮，都可以绘制球体。这时只需要在命令行的"指定中心点或 [三点(3P)/两点(2P)/相切、相切、半径(T)]："提示信息下指定球体的球心位置，在命令行的"指定半径或 [直径(D)]："提示信息下指定球体的半径或直径即可。

绘制球体时可以通过改变 ISOLINES 变量，来确定每个面上的线框密度，如图 12-18 所示。

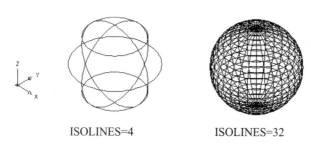

ISOLINES=4　　　　　　　　ISOLINES=32

图 12-18　球体实体示例图

12.2.7　绘制圆环体

选择"绘图"|"建模"|"圆环体"命令(TORUS)，或在"建模"工具栏中单击"圆环体"按钮 ，都可以绘制圆环实体，此时需要指定圆环的中心位置、圆环的半径或直径，以及圆管的半径或直径。

【例 12-3】绘制一个圆环半径为 200，圆管半径为 40 的圆环体，如图 12-19 所示。

(1) 选择"绘图"|"建模"|"圆环体"命令，或在"建模"工具栏中单击"圆环体"按钮 ，发出 TORUS 命令。

(2) 在命令行的"指定中心点或 [三点(3P)/两点(2P)/相切、相切、半径(T)]:"提示信息下，指定圆环的中心位置(0,0,0)。

(3) 在命令行的"指定半径或 [直径(D)]:"提示信息下输入 200，指定圆环的半径。

(4) 在命令行的"指定圆管半径或 [两点(2P)/直径(D)]:"提示信息下输入 40，指定圆管的半径。

(5) 选择"视图"|"三维视图"|"东南等轴测"命令，在三维视图中观察绘制的长方体，效果如图 12-19 所示。

图 12-19　绘制圆环体

12.2.8　绘制棱锥面

选择"绘图"|"建模"|"棱锥面"命令(PYRAMID)，或在"建模"工具栏中单击"棱锥面"按钮 ，即可绘制棱锥面，如图 12-20 所示。

图 12-20　棱锥面

绘制棱锥面时，命令行显示如下提示信息。

指定底面的中心点或 [边(E)/侧面(S)]:

在该提示信息下，如果直接指定点即可绘制棱锥面，此时需要在命令行的"指定底面

半径或 [内接(I)]:"提示信息下指定棱锥面底面的半径,以及在命令行的"指定高度或 [两点(2P)/轴端点(A)/顶面半径(T)]:"提示下指定棱锥面的高度或棱锥面的锥顶点位置。如果选择"顶面半径(T)"选项,可以绘制有顶面的棱锥面,在"指定顶面半径:"提示下输入顶面的半径,在"指定高度或 [两点(2P)/轴端点(A)]:"提示下指定棱锥面的高度或棱锥面的锥顶点位置即可。

12.3　通过二维图形创建实体

在 AutoCAD 中,通过拉伸二维轮廓曲线或者将二维曲线沿指定轴旋转,可以创建出三维实体。

12.3.1　拉伸

在 AutoCAD 中,选择"绘图"|"建模"|"拉伸"命令(EXTRUDE),可以将 2D 对象沿 Z 轴或某个方向拉伸成实体。拉伸对象被称为断面,可以是任何 2D 封闭多段线、圆、椭圆、封闭样条曲线和面域,多段线对象的顶点数不能超过 500 个且不小于 3 个。

默认情况下,可以沿 Z 轴方向拉伸对象,这时需要指定拉伸的高度和倾斜角度。其中,拉伸高度值可以为正或为负,它们表示了拉伸的方向。拉伸角度也可以为正或为负,其绝对值不大于 90°,默认值为 0°,表示生成的实体的侧面垂直于 XY 平面,没有锥度。如果为正,将产生内锥度,生成的侧面向里靠;如果为负,将产生外锥度,生成的侧面向外,如图 12-21 所示。

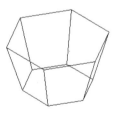

拉伸倾斜角为 0°　　　　拉伸倾斜角为 15°　　　　拉伸倾斜角为 - 10°

图 12-21　拉伸锥角效果

注意:

在拉伸对象时,如果倾斜角度或拉伸高度较大,将导致拉伸对象或拉伸对象的一部分在到达拉伸高度之前就已经汇聚到一点,此时将无法进行拉伸。

通过指定拉伸路径,也可以将对象拉伸成三维实体,拉伸路径可以是开放的,也可以是封闭的。

【例 12-4】绘制如图 12-22 所示的图形。

(1) 选择"文件"|"新建"命令,新建一个文档,并选择"视图"|"三维视图"|"东南等轴测"

命令，转换到三维视图模式下。

(2) 选择"工具"|"新建 UCS"|X 命令，将坐标系沿 X 轴旋转 90°，如图 12-23 所示。

图 12-22　弯管模型

图 12-23　旋转坐标系

(3) 选择 "绘图"|"多段线" 命令，依次指定起点和经过点为(0,0)、(18,0)、(18,5)、(23,5)、(23,9)、(20,9)、(20,13)、(14,13)、(14,9)、(6,9)、(6,13)和(0,13)绘制闭合多段线，结果如图 12-24 所示。

(4) 选择 "修改" | "圆角" 命令，并设置圆角半径为 2，然后对绘制的多段线修圆角，结果如图 12-25 所示。

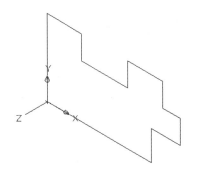
图 12-24　对多段线修圆角

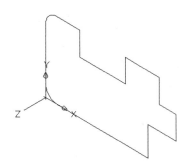
图 12-25　对多段线修圆角

(5) 选择 "修改" | "倒角" 命令，并设置倒角距离为 1，然后对绘制的多段线修倒角，结果如图 12-26 所示。

(6) 选择 "绘图" | "面域" 命令，选择绘制的多段线，将其转换为面域。

(7) 选择 "工具" | "新建 UCS" | X 命令，将坐标系沿 X 轴旋转-90°，如图 12-27 所示。

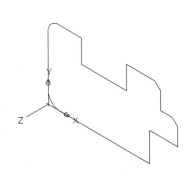
图 12-26　对多段线修倒角

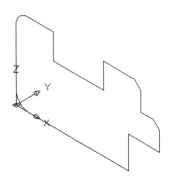
图 12-27　旋转坐标系

(8) 选择"绘图"|"圆弧"|"起点、圆心、角度"命令，以点(18,0)为起点，(68,0)为圆心，角度为-180°绘制圆弧，结果如图 12-28 所示。

(9) 选择"绘图"|"建模"|"拉伸"命令，将面域沿圆弧路径拉伸，结果如图 12-29 所示。

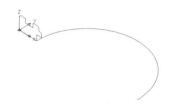
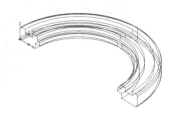

图 12-28　绘制圆弧　　　　　　　　　　图 12-29　拉伸图形

(10) 选择"绘图"|"建模"|"圆环体"命令，以点(68,0,4)为圆心，半径为 58，圆管半径为 3 绘制一圆环，结果如图 12-30 所示。

(11) 选择"修改"|"实体编辑"|"差集"命令，用拉伸实体减去圆环体。

(12) 选择"视图"|"消隐"命令，消隐图形，结果将如图 12-31 所示。

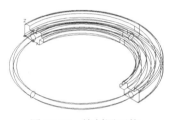
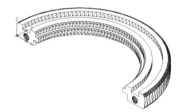

图 12-30　绘制圆环体　　　　　　　　　图 12-31　消隐图形

12.3.2　旋转

在 AutoCAD 中，可以使用"绘图"|"建模"|"旋转"命令(REVOLVE)，将二维对象绕某一轴旋转生成实体。用于旋转的二维对象可以是封闭多段线、多边形、圆、椭圆、封闭样条曲线、圆环及封闭区域。三维对象、包含在块中的对象、有交叉或自干涉的多段线不能被旋转，而且每次只能旋转一个对象。

选择"绘图"|"建模"|"旋转"命令，并选择需要旋转的二维对象后，通过指定两个端点来确定旋转轴。例如，图 12-32 所示图形为封闭多段线绕直线旋转一周后得到的实体。

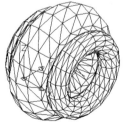

图 12-32　将二维图形旋转成实体

12.3.3　扫掠

在 AutoCAD 2007 中，选择"绘图"|"建模"|"扫掠"命令(SWEEP)，可以绘制网格面或三维实体。如果要扫掠的对象不是封闭的图形，那么使用"扫掠"命令后得到的是网格面，否则得到的是三维实体。

使用"扫掠"命令绘制三维实体时，当用户指定了封闭图形作为扫掠对象后，命令行显示如下提示信息。

　　　　选择扫掠路径或 [对齐(A)/基点(B)/比例(S)/扭曲(T)]:

在该命令提示下，可以直接指定扫掠路径来创建实体，也可以设置扫掠时的对齐方式、基点、比例和扭曲参数。其中，"对齐"选项用于设置扫掠前是否对齐垂直于路径的扫掠对象；"基点"选项用于设置扫掠的基点；"比例"选项用于设置扫掠的比例因子，当指定了该参数后，扫掠效果与单击扫掠路径的位置有关，如图 12-33 所示分别为单击扫掠路径下方和上方的效果；"扭曲"选项用于设置扭曲角度或允许非平面扫掠路径倾斜。

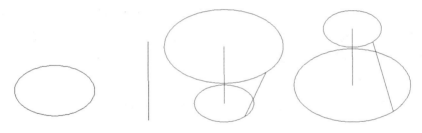

图 12-33　通过扫掠绘制实体

12.3.4　放样

在 AutoCAD 2007 中，选择"绘图"|"建模"|"放样"命令，可以将二维图形放样成实体，如图 12-34 所示。

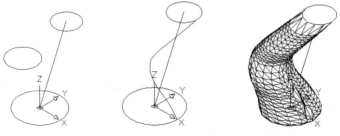

图 12-34　放样并消隐图形

在放样时，当依次指定了放样截面后(至少两个)，命令行显示如下提示信息。

　　　　输入选项 [导向(G)/路径(P)/仅横截面(C)] <仅横截面>:

在该命令提示下，需要选择放样方式。其中，"导向"选项用于使用导向曲线控制放样，每条导向曲线必须要与每一个截面相交，并且起始于第一个截面，结束于最后一个截面；"路径"选项用于使用一条简单的路径控制放样，该路径必须与全部或部分截面相交；"仅横截面"选项用于只使用截面进行放样，此时将打开"放样设置"对话框，可以设置放样横截面上的曲面控制选项，如图 12-35 所示。

图 12-35　"放样设置"对话框

【例 12-5】在(0,0,0)、(50,50,100)、(200,200,200) 3 点处绘制半径分别为 50、100 和 50 的圆，然后以过点(0,0,0)和(200,200,200)的直线为放样路径，创建放样实体。

(1) 在"绘图"工具栏中单击"圆"按钮，分别在(0,0,0)、(50,50,100)、(200,200,200) 3 点处绘制半径为 50、100 和 50 的圆作为放样截面，如图 12-36 所示。

(2) 在"绘图"工具栏中单击"直线"按钮，绘制过点(0,0,0)和(200,200,200)的直线作为放样路径，如图 12-37 所示。

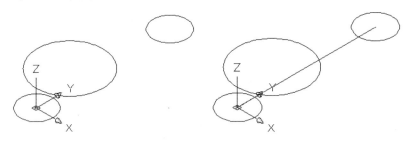

图 12-36　绘制放样截面　　　　图 12-37　绘制放样路径

(3) 选择"绘图"|"建模"|"放样"命令，并在命令行的"按放样次序选择横截面"提示信息下从下向上依次单击绘制的 3 个圆。

(4) 在命令行的"输入选项 [导向(G)/路径(P)/仅横截面(C)]<仅横截面>:"提示信息下输入 P，选择通过路径进行放样。

(5) 在命令行的"选择路径曲线:"提示信息下单击绘制直线，此时放样效果如图 12-38 所示。

(6) 选择"视图"|"消隐"命令，消隐图形，效果如图 12-39 所示。

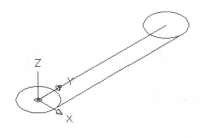
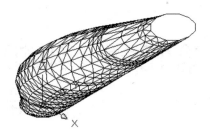

图 12-38　放样效果　　　　　　　图 12-39　消隐后的效果

12.4　思　考　练　习

1. 在中文版 AutoCAD 2007 中，绘制三维实体的方法有哪些？
2. 在使用"拉伸"命令拉伸对象时，随着拉伸角度的变化，将分别产生哪些内锥度效果？
3. 通过二维对象绘制实体的方法有哪些？
4. 绘制如图 12-40 所示的图形。
5. 绘制如图 12-41 所示的图形。

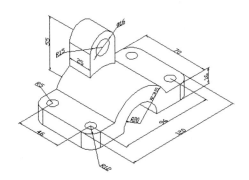
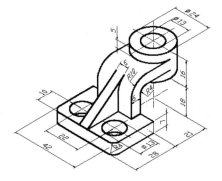

图 12-40　绘制的图形　　　　　　　图 12-41　绘制的图形

6. 绘制如图 12-42 所示的图形。

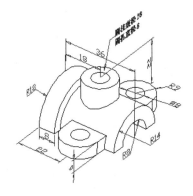

图 12-42　绘制图形

第13章 编辑、标注与渲染三维对象

在 AutoCAD 中，可以使用三维编辑命令，在三维空间中移动、复制、镜像、对齐以及阵列三维对象，剖切实体以获取实体的截面，编辑它们的面、边或体。在绘图过程中，为了使实体对象看起来更加清晰，可以消除图形中的隐藏线，但要创建更加逼真的模型图像，就需要对三维实体对象进行渲染处理，增加色泽感。

13.1 编辑三维对象

在 AutoCAD 2007 中，二维图形编辑中的许多命令(如移动、复制、删除等)同样适用于三维图形。另外，用户可以使用"修改"|"三维操作"菜单中的子命令，对三维空间中的对象进行"三维阵列"、"三维镜像"、"三维旋转"以及对齐位置等操作。

13.1.1 三维移动

选择"修改"|"三维操作"|"三维移动"命令(3DMOVE)，可以移动三维对象。执行"三维移动"命令时，首先需要指定一个基点，然后指定第二点即可移动三维对象，如图13-1 所示。

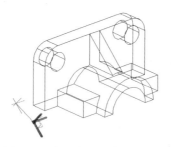

图 13-1 在三维空间中移动对象

13.1.2 三维旋转

选择"修改"|"三维操作"|"三维旋转"命令(ROTATE3D)，可以使对象绕三维空间中任意轴(X 轴、Y 轴或 Z 轴)、视图、对象或两点旋转，其方法与三维镜像图形的方法相似。

【例 13-1】将如图 13-2 所示的图形绕 X 轴旋转 45°。

(1) 选择"修改"|"三维操作"|"三维旋转"命令，在"选择对象:"提示下选择需要旋转的对象。

(2) 在命令行的"指定基点:"提示信息下确定旋转的基点(0,0)。

(3) 此时在绘图窗口中出现一个球形坐标(红色代表 X 轴，绿色代表 Y 轴，蓝色代表 Z 轴)，如图 13-3 所示。单击红色环型线确认绕 X 轴旋转，如图 13-3 所示。

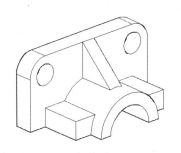 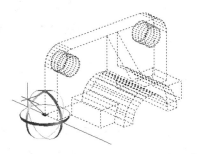

图 13-2　原始图形　　　　　　　　　　图 13-3　确认旋转轴

(4) 在命令行的"指定角的起点:"提示信息下输入点(0,0)。

(5) 在命令行的"指定角的端点:"提示信息下输入点(1,1)并按 Enter 键

(6) 选择"视图"|"消隐"命令消隐图形，结果如图 13-4 所示。

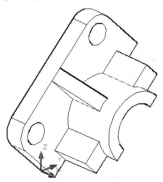

图 13-4　旋转后的图形

13.1.3　对齐位置

选择"修改"|"三维操作"|"对齐"命令(ALIGN)，可以对齐对象。首先选择源对象，在命令行"指定基点或 [复制(C)]:"提示下输入第 1 个点，在命令行"指定第二个点或 [继续(C)] <C>:"提示下输入第 2 个点，在命令行"指定第三个点或 [继续(C)] <C>:"提示下输入第 3 个点。在目标对象上同样需要确定 3 个点，与源对象的点一一对应，对齐效果如图 13-5 所示。

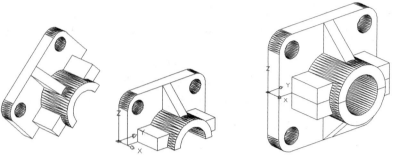

图 13-5　在三维空间中对齐对象

13.1.4　三维镜像

选择"修改"|"三维操作"|"三维镜像"命令(MIRROR3D)，可以在三维空间中将指定对象相对于某一平面镜像。执行该命令并选择需要进行镜像的对象，然后指定镜像面。镜像面可以通过 3 点确定，也可以是对象、最近定义的面、Z 轴、视图、XY 平面、YZ 平面和 ZX 平面。

【例 13-2】通过镜像复制如图 13-6 左图所示的图形。

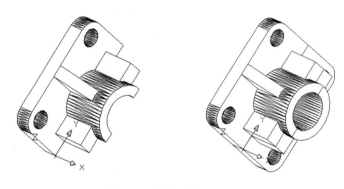

图 13-6　镜像复制图形

(1) 选择"修改"|"三维操作"|"三维镜像"命令，在"选择对象:"提示下选择需要镜像复制的对象。

(2) 在命令行的"指定镜像平面 (三点) 的第一个点或[对象(O)/最近的(L)/Z 轴(Z)/视图(V)/XY 平面(XY)/YZ 平面(YZ)/ZX 平面(ZX)/三点(3)]:"提示信息下输入 XY，通过平面 XY 确定镜像面。

(3) 在命令行的"XY 平面上的点 <0,0,0>:"提示信息下按 Enter 键，通过指定点确定镜像面。

(4) 在命令行的"删除源对象? [是(Y)/否(N)] <否>:"提示信息下输入 N，在镜像的同时不删除源对象。

(5) 选择"修改"|"实体编辑"|"并集"命令，对图形做并集运算，然后再选择"视图"|"消隐"命令消隐图形，结果将如图 13-6 右图所示。

13.1.5 三维阵列

选择"修改"|"三维操作"|"三维阵列"命令(3DARRAY)，可以在三维空间中使用环形阵列或矩形阵列方式复制对象。

1. 矩形阵列

在命令行的"输入阵列类型 [矩形(R)/环形(P)] <矩形>:"提示下，选择"矩形"选项或者直接按 Enter 键，可以以矩形阵列方式复制对象，此时需要依次指定阵列的行数、列数、阵列的层数、行间距、列间距及层间距。其中，矩形阵列的行、列、层分别沿着当前 UCS 的 X 轴、Y 轴和 Z 轴的方向；输入某方向的间距值为正值时，表示将沿相应坐标轴的正方向阵列，否则沿反方向阵列。

【例 13-3】绘制如图 13-7 所示的图形。

(1) 选择"绘图"|"建模"|"长方体"命令，以点(0,0,0) 为第一个角点，绘制一个长为 150，宽为 150，高为 150 的长方体，如图 13-8 所示。

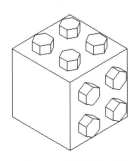
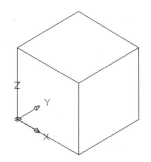

图 13-7 总体效果图   图 13-8 绘制长方体

(2) 选择"绘图"|"正多边形"命令，以点(40,40,150)为正多边形的中心点，绘制一个内接于圆半径为 20 的正六边形，结果如图 13-9 所示。

(3) 选择"绘图"|"面域"命令，将正六边形转化为面域。选择"绘图"|"建模"|"拉伸"命令，将面域沿 Z 轴正方向上拉伸 20，如图 13-10 所示。

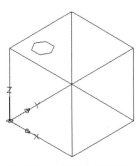
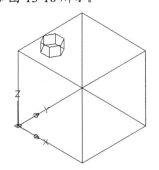

图 13-9 绘制正六边形   图 13-10 拉伸面域

(4) 选择"修改"|"三维操作"|"三维阵列"命令，在"输入阵列类型 [矩形(R)/环

形(P)] <矩形>:" 提示下输入 R，选择矩形阵列，输入行数 2，列数 2，层数 1，行间距 70，列间距 70，阵列复制结果如图 13-11 所示。

(5) 变换坐标轴，使用相同的方法绘制图形，消隐后效果如图 13-7 所示。

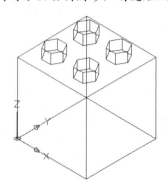

图 13-11　阵列复制结果

2. 环形阵列

在命令行的"输入阵列类型 [矩形(R)/环形(P)] <矩形>:"提示下，选择"环形(R)"选项，可以以环形阵列方式复制对象，此时需要输入阵列的项目个数，并指定环形阵列的填充角度，确认是否要进行自身旋转，然后指定阵列的中心点及旋转轴上的另一点，确定旋转轴。

【例 13-4】利用环形阵列复制的方法绘制如图 13-12 所示的图形。

(1) 选择"绘图"|"建模"|"圆柱体"命令，以点(0,0,,0)为底面的中心点，绘制一个底面半径为 50，宽为 10 的圆柱体，如图 13-13 所示。

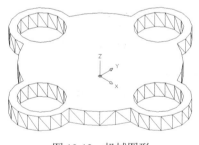

图 13-12　机械图形

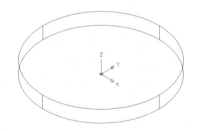

图 13-13　绘制圆柱体

(2) 选择"绘图"|"建模"|"圆柱体"命令，以点(50,0,0)为底面的中心点，分别绘制半径为 20 和 15，宽为 10 的圆柱体，消隐后如图 13-14 所示。

(3) 选择"修改"|"三维操作"|"三维阵列"命令，并选择图 13-15 中的两个固定架。在"输入阵列类型 [矩形(R)/环形(P)] <矩形>:"提示下输入 P，选择环形阵列复制方式。输入阵列中的项目数目 3，指定环形阵列的填充角度为 360°，选择旋转阵列对象。

(4) 选择"视图"|"消隐"命令消隐图形，结果将如图 13-15 所示。

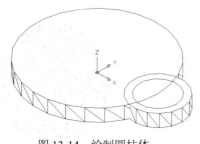

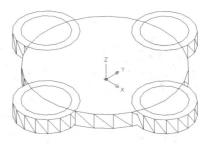

图 13-14 绘制圆柱体　　　　　　　　图 13-15 三维阵列图形

(5) 选择"修改"|"实体编辑"|"并集"命令，将半径为 50 的圆柱体与 4 个半径为 20 的圆柱体合并，消隐后效果如图 13-16 所示。

(6) 选择"修改"|"实体编辑"|"差集"命令，用合并后的实体减去 4 个半径为 15 的圆柱体，消隐后效果如图 13-12 所示。

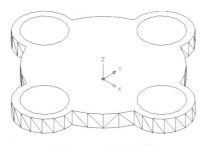

图 13-16 并集运算

13.2 编辑三维实体对象

在 AutoCAD 中，可以对三维基本实体进行布尔运算来创建复杂实体，也可以对实体进行"分解"、"圆角"、"倒角"、"剖切"及"切割"等编辑操作。

13.2.1 三维实体的布尔运算

在 AutoCAD 中，用于实体的布尔运算有并集、差集和交集 3 种。

1. 并集运算

选择"修改"|"实体编辑"|"并集"命令(UNION)，或在"实体编辑"工具栏中单击"并集"按钮⊚，就可以通过组合多个实体生成一个新实体。该命令主要用于将多个相交或相接触的对象组合在一起。当组合一些不相交的实体时，其显示效果看起来还是多个实体，但实际上却被当作一个对象。在使用该命令时，只需要依次选择待合并的对象即可。

例如，对图 13-17 所示的星体和球体做并集运算，可在"实体编辑"工具栏中单击"并集"按钮⊚，然后选择球体和星体，按 Enter 键即可得到并集效果，如图 13-18 所示。

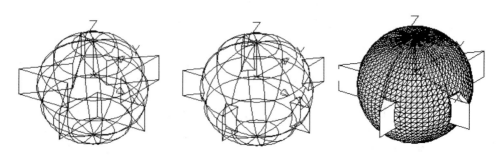

图 13-17   用作并集运算的实体   图 13-18   求并集并消隐后的实体

2. 差集运算

选择 "修改" | "实体编辑" | "差集" 命令(SUBTRACT)，或在 "实体编辑" 工具栏中单击 "差集" 按钮◎，即可从一些实体中去掉部分实体，从而得到一个新的实体。

例如，对图 13-17 所示的星体和球体做差集运算，可在 "实体编辑" 工具栏中单击 "差集" 按钮◎，然后单击星体作为被减实体。按 Enter 键，再单击球体后按 Enter 键确认，即可得到差集效果，如图 13-19 所示。

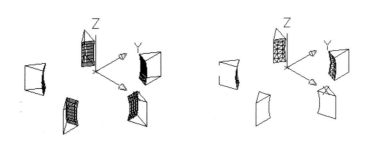

图 13-19   求差集并消隐后的效果

3. 交集运算

选择 "修改" | "实体编辑" | "交集" 命令(INTERSECT)，或在 "实体编辑" 工具栏中单击 "交集" 按钮◎，就可以利用各实体的公共部分创建新实体。

例如，对图 13-17 所示的星体和球体做交集运算，可在 "实体编辑" 工具栏中单击 "交集" 按钮◎，然后单击所有需要求交集的实体，按 Enter 键即可得到交集效果，如图 13-20 所示。

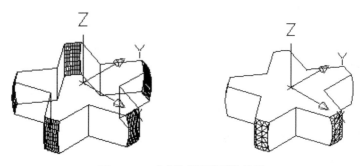

图 13-20   求交集并消隐后的效果

4. 干涉运算

选择"修改"|"三维操作"|"干涉"命令(INTERFERE)，就可以对对象进行干涉运算。把原实体保留下来，并用两个实体的交集生成一个新实体。

例如，要对图 13-21 所示的球体和圆柱体求干涉，选择"修改"|"三维操作"|"干涉"命令，再在绘图窗口中单击球体，并按 Enter 键作为实体的第一集合，单击圆柱体并按 Enter 键作为实体的第 2 集合，创建干涉实体，此时弹出"干涉检查"对话框，禁用"关闭时删除已创建的干涉对象"复选框，结果如图 13-22 所示。

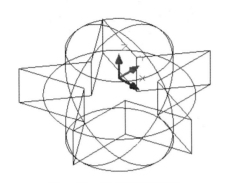
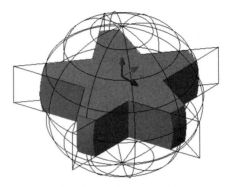

图 13-21　待求干涉的实体　　　　　　　　图 13-22　求干涉后的效果

当生成干涉的实体被创建它的对象挡住而看不清时，可使用"修改"|"移动"命令将其移到某一位置，或创建一个与原实体不同的层并将该层应用于干涉实体。

13.2.2　分解实体

选择"修改"|"分解"命令(EXPLODE)，可以将实体分解为一系列面域和主体。其中，实体中的平面被转换为面域，曲面被转化为主体。用户还可以继续使用该命令，将面域和主体分解为组成它们的基本元素，如直线、圆及圆弧等。

对如图 13-23 左图所示的图形进行分解，然后移动生成的面域或主体，效果如图 13-23 右图所示。

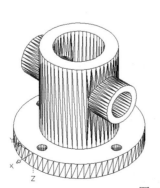

图 13-23　分解实体

13.2.3　对实体修倒角和圆角

选择"修改"|"倒角"命令(CHAMFER)，可以对实体的棱边修倒角，从而在两相邻曲面间生成一个平坦的过渡面。

选择"修改"|"圆角"命令(FILLET)，可以为实体的棱边修圆角，从而在两个相邻面间生成一个圆滑过渡的曲面。在为几条交于同一个点的棱边修圆角时，如果圆角半径相同，则会在该公共点上生成球面的一部分。

【例 13-5】对图 13-24 所示图形中的 A 处的棱边修倒角，倒角距离为 5。

(1) 选择"修改"|"倒角"命令，在"选择第一条直线或 [放弃(U)/多段线(P)/距离(D)/角度(A)/修剪(T)/方式(E)/多个(M)]:"提示信息下，单击 A 处作为待选择的边。

(2) 在命令行的"输入曲面选择选项 [下一个(N)/当前(OK)] <当前(OK)>:"提示信息下按 Enter 键，指定曲面为当前面。

(3) 在命令行的"指定基面的倒角距离:"提示信息下输入 5，指定基面的倒角距离为 5。

(4) 在命令行的"选择边或 [环(L)]:"提示信息下，单击 A 处的棱边，结果如图 13-25 所示。

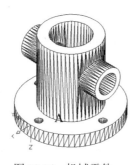 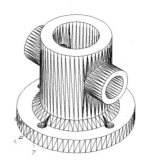

图 13-24　机械零件　　　　　图 13-25　对实体修倒角

【例 13-6】对图 13-24 所示图形中的 A 处的棱边修圆角，圆角距离为 5。

(1) 选择"修改"|"圆角"命令，在命令行的"选择第一个对象或 [放弃(U)/多段线(P)/半径(R)/修剪(T)/多个(M)]:"提示信息下单击 A 处的棱边。

(2) 在命令行的"输入圆角半径:"提示信息下输入 5，指定圆角半径，按 Enter 键，结果如图 13-26 所示。

(3) 选择"视图"|"消隐"命令消隐图形，结果如图 13-26 所示。

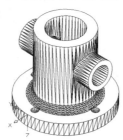

图 13-26　对实体修圆角

13.2.4 剖切实体

选择"修改"|"三维操作"|"剖切"命令(SLICE)，或在"实体"工具栏中单击"剖切"按钮，都可以使用平面剖切一组实体。剖切面可以是对象、Z 轴、视图、XY/YZ/ZX 平面或 3 点定义的面。

【例 13-7】沿 ZX 平面剖切图 13-27 所示图形，并保留靠近点(0,10,0) 处的部分。

(1) 选择"绘图"|"实体"|"剖切"命令，在"选择对象:"提示信息下选择图形。

(2) 在命令行的"指定 切面 的起点或 [平面对象(O)/曲面(S)/Z 轴(Z)/视图(V)/XY/YZ/ZX/三点(3)] <三点>:"提示信息下输入 ZX，使用平行于 ZX 平面的面作为剖切面。

(3) 在命令行的"ZX 平面上的点 <0,0,0>:"提示信息下按 Enter 键，使用默认点作为 ZX 平面上的点。

(4) 在命令行的"在所需的侧面上指定点或 [保留两个侧面(B)] <保留两个侧面>:"提示信息下输入(0,10,0)，保留靠近点(0,10,0) 一侧的图形部分，结果如图 13-28 所示。

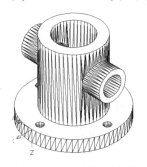 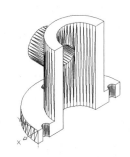

图 13-27 待剖切的实体   图 13-28 剖切后保留的部分

13.2.5 加厚

选择"修改"|"三维操作"|"加厚"命令(THICKEN)，可以为曲面添加厚度，使其成为一个实体。例如选择"修改"|"三维操作"|"加厚"命令，选择图 13-29 中右侧的长方形曲面，在命令行"指定厚度 <0.0000>:"提示下输入厚度 50，结果如图 13-29 右图所示。

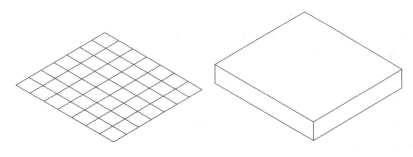

图 13-29 加厚操作

13.2.6　编辑实体面

在 AutoCAD 中，使用"修改"|"实体编辑"子菜单中的命令，可以对实体面进行拉伸、移动、偏移、删除、旋转、倾斜、着色和复制等操作。

- ◆ "拉伸面"命令：用于按指定的长度或沿指定的路径拉伸实体面。例如，将图 13-30 所示图形中 A 处的面拉伸 50 个单位，结果如图 13-31 所示。

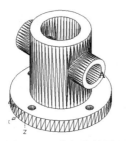 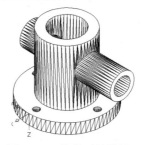

图 13-30　待拉伸的图形　　　　　　　图 13-31　拉伸后的效果

- ◆ "移动面"命令：用于按指定的距离移动实体的指定面。例如，对图 13-30 所示对象中点 A 处的面进行移动，并指定位移的基点为(0,0,0)，位移的第 2 点为(0,-50,0)，移动的结果也将如图 13-31 所示。

- ◆ "偏移面"命令：用于按等距离偏移实体的指定面。例如，对图 13-30 所示对象中点 A 处的面进行偏移，并指定偏移距离为 50，移动的结果将如图 13-31 所示。

- ◆ "删除面"命令：用于删除实体上指定的面。例如，删除图 13-32 所示图形中 A 处的面，结果如图 13-33 所示。

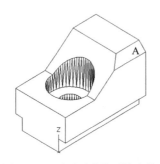 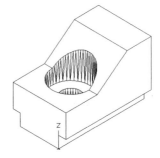

图 13-32　需要删除其面的实体　　　　　图 13-33　删除面后的效果

- ◆ "旋转面"命令：用于绕指定轴旋转实体的面。
- ◆ "倾斜面"命令：用于将实体面倾斜为指定角度。
- ◆ "着色面"命令：用于对实体上指定的面进行颜色修改。例如，着色图形中的各面，渲染后效果如图 13-34 所示。
- ◆ "复制面"命令：用于复制指定的实体面。例如，复制图形中的圆环面，移动后效果如图 13-35 所示。

图 13-34　着色实体面后的渲染效果

图 13-35　复制实体面

13.2.7　编辑实体边

在 AutoCAD 中，选择"修改"|"实体编辑"|"着色边"命令，或在"实体编辑"工具栏中单击"着色边"按钮，即可着色实体边，其方法与着色实体面的方法相同；选择"修改"|"实体编辑"|"复制边"命令，或在"实体编辑"工具栏中单击"复制边"按钮，可以复制三维实体的边，其方法与复制实体面的方法相同。

此外，在 AutoCAD 中，使用"修改"|"实体编辑"子菜单中的命令，还可以对实体进行压印、清除、分割、抽壳与检查等操作。

13.3　标注三维对象的尺寸

在 AutoCAD 中，使用"标注"菜单中的命令或"标注"工具栏中的标注工具，不仅可以标注二维对象的尺寸，还可以标注三维对象的尺寸。由于所有的尺寸标注都只能在当前坐标的 XY 平面中进行，因此为了准确标注三维对象中各部分的尺寸，需要不断地变换坐标系。

【例 13-7】标注如图 13-36 所示的图形。

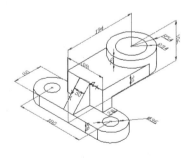

图 13-36　标注图形

(1) 在"图层"工具栏的"图层控制"下拉列表框中选择"标注层"选项，并将其设置为当前层。

(2) 执行 DISPSILH 命令，将该变量设置为 1，然后选择"视图"|"消隐"命令，消隐图形，结果如图 13-37 所示。

　　(3) 选择"工具"|"新建 UCS"|"原点"命令，将坐标系移到圆孔的中心，在"标注"工具栏中单击"圆心标记"按钮⊙，标注圆孔的圆心。然后使用"线性标注"工具，标注两圆孔中心之间的距离，圆角矩形宽等，如图 13-38 所示。

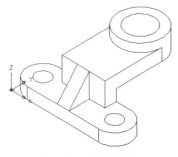

图 13-37　消隐图形

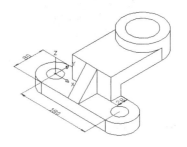

图 13-38　标注圆孔之间的长度

　　(4) 选择"工具"|"新建 UCS"|"原点"命令，将坐标系移到另一个圆孔的中心，在"标注"工具栏中单击"圆心标记"按钮⊙，标注圆孔的圆心，再单击"直径标注"按钮⊘，标注孔的直径，结果如图 13-39 所示。

　　(5) 选择"工具"|"新建 UCS"|"原点"命令，将坐标系移到实体一顶点，选择"工具"|"新建 UCS"| Y 命令，绕 Y 轴旋转 90°。使用"线性标注"命令对实体进行标注，如图 13-40 所示。

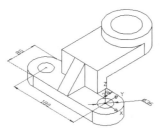

图 13-39　标注长度

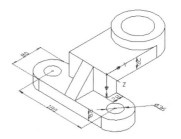

图 13-40　线性标注

　　(6) 选择"工具"|"新建 UCS"|"原点"命令，将坐标系移动到大圆孔的中心，选择使用"圆心标记"工具标注圆孔的圆心，并使用"线性标注"工具，标注圆孔中心距底边的高度和宽度等，结果如图 13-41 所示。

　　(7) 选择"工具"|"新建 UCS"| Y 命令，将坐标系绕 Y 轴旋转-90°，然后使用"半径标注"工具，标注圆孔的半径，如图 13-42 所示。

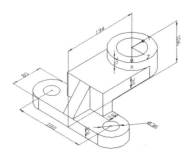

图 13-41　标注长度

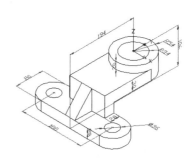

图 13-42　标注半径

(8) 选择"工具"|"新建 UCS"|"原点"命令，将坐标系移至楔体一顶点，选择"工具"|"新建UCS"| X 命令，将坐标系绕 X 轴旋转 90°，选择使用"线性标记"工具标注矩形边长度，结果如图 13-43 所示。

(9) 选择"工具"|"新建 UCS"|"三点"命令，将 XY 面设为楔体的斜面。再选择使用"线性标记"工具标注楔体斜边宽度，最终效果如图 13-44 所示。

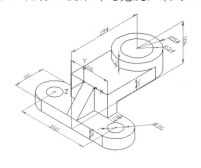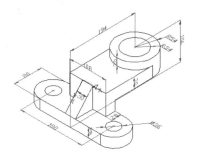

图 13-43　标注长度　　　　　　　　　　图 13-44　标注半径

(10) 选择"工具"|"新建 UCS"|"世界"命令，恢复世界坐标系。

13.4　视　觉　样　式

在 AutoCAD 2007 中，可以使用"视图"|"视觉样式"菜单中的子命令或"视觉样式"工具栏来观察对象，如图 13-45 所示。

图 13-45　"视觉样式"子菜单和工具栏

13.4.1　应用视觉样式

对对象应用视觉样式一般使用来自观察者左后方上面的固定环境光。而使用"视图"|"重生成"命令重新生成图像时，也不会影响对象的视觉样式效果，并且用户还可以在此模式下运行使用通常视图中进行的一切操作，如窗口的平移、缩放、绘图和编辑等。

"视图"|"视觉样式"子菜单中各命令的功能如下。

◆ "二维线框"命令：显示用直线和曲线表示边界的对象。光栅和 OLE 对象、线型和线宽都是可见的。即使系统变量 COMPASS 设为开，在二维线框视图中也不显示坐标球。

◆ "三维线框"命令：显示用直线和曲线表示边界的对象。这时 UCS 为一个着色的三维图标。光栅和 OLE 对象、线型和线宽都不可见。当将系统变量 COMPASS 设为开时可以显示坐标球，并能够显示已使用的材质颜色。

◆ "三维隐藏"命令：显示用三维线框表示的对象，同时消隐表示后向面的线。该命令与"视图" |"消隐"命令效果相似，但此时 UCS 为一个着色的三维图标，如图13-46 所示。

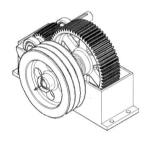

图 13-46　三维隐藏与消隐效果对比

◆ "真实"命令：效果如图 13-47 所示。
◆ "概念"命令：效果如图 13-48 所示。

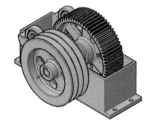

图 13-47　真实视觉样式　　　　　图 13-48　概念视觉样式

13.4.2　管理视觉样式

在 AutoCAD 2007 中，选择"视图"|"视觉样式"|"视觉样式管理器"命令，打开"视觉样式管理器"选项板，可以对视觉样式进行管理，如图 13-49 所示。

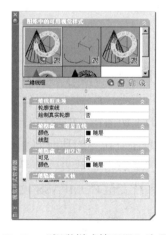

图 13-49　"视觉样式管理器"选项板

在"视觉样式管理器"选项板的"图形中的可用视觉样式"列表框中，显示了当前图形中的可用视觉样式。当选中某一视觉样式后，单击"将选定的视觉样式应用于当前视口"按钮，可以将该样式应用视口；单击"将选定的视觉样式输出到工具选项板"按钮，可以将该样式添加到工具选项板。

在"视觉样式管理器"选项板的参数选项区中，可以设置选定样式的面设置、环境设置、边设置等参数的相关信息，以进一步设置视觉样式。用户也可以单击"创建新的视觉样式"按钮，创建新的视觉样式并在参数选项区设置其相关参数。

13.5　渲　染　对　象

使用"视图"|"视觉样式"命令中的子命令为对象应用视觉样式时，并不能执行产生亮显、移动光源或添加光源的操作。要更全面地控制光源，必须使用渲染，可以使用"视图"|"渲染"菜单中的子命令或"渲染"工具栏实现，如图 13-50 所示。

图 13-50　"渲染"子菜单和工具栏

13.5.1　在渲染窗口中快速渲染对象

在 AutoCAD 2007 中，选择"视图"|"渲染"|"渲染"命令，可以在打开的渲染窗口中快速渲染当前视口中的图形，如图 13-51 所示。

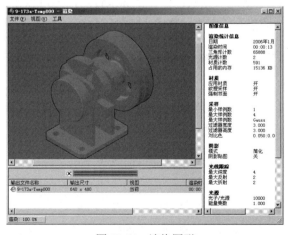

图 13-51　渲染图形

渲染窗口中显示了当前视图中图形的渲染效果。在其右边的列表中，显示了图像的质量、光源和材质等详细信息；在其下面的文件列表中，显示了当前渲染图像的文件名称、大小、渲染时间等信息。用户可以右击某一渲染图形，这时将弹出一个快捷菜单，可以选择其中的命令保存、清理渲染图像，如图 13-52 所示。

13.5.2　设置光源

在渲染过程中，光源的应用非常重要，它由强度和颜色两个因素决定。在 AutoCAD 中，不仅可以使用自然光(环境光)，也可以使用点光源、平行光源及聚光灯光源，以照亮物体的特殊区域。

在 AutoCAD 2007 中，选择"视图"|"渲染"|"光源"菜单中的子命令，可以创建和管理光源，如图 13-53 所示。

图 13-52　渲染图形的快捷菜单　　　　　图 13-53　"光源"子命令

1. 创建光源

选择"视图"|"渲染"|"光源"|"新建点光源"、"新建聚光灯"和"新建平行光"命令，可以分别创建点光源、聚光灯和平行光。

♦ 创建点光源时，当指定了光源位置后，还可以设置光源的名称、强度、状态、阴影、衰减、颜色等选项，此时命令行显示如下提示信息。

　　输入要更改的选项 [名称(N)/强度(I)/状态(S)/阴影(W)/衰减(A)/颜色(C)/退出(X)] <退出>: a

♦ 创建聚光灯时，当指定了光源位置和目标位置后，还可以设置光源的名称、强度、状态、聚光角、照射角、阴影、衰减、颜色等选项，此时命令行显示如下提示信息。

　　输入要更改的选项 [名称(N)/强度(I)/状态(S)/聚光角(H)/照射角(F)/阴影(W)/衰减(A)/颜色(C)/退出(X)] <退出>:

♦ 创建平行光时，当指定了光源的矢量方向后，还可以设置光源的名称、强度、状态、阴影、颜色等选项，此时命令行显示如下提示信息。

　　输入要更改的选项 [名称(N)/强度(I)/状态(S)/阴影(W)/颜色(C)/退出(X)] <退出>:

2. 查看光源列表

当创建了光源后，可以选择"视图"|"渲染"|"光源"|"光源列表"命令，打开"模型中的光源"选项板，查看创建的光源，如图 13-54 所示。

3. 设置地理位置

由于太阳光受地理位置的影响，因此在使用太阳光时，还需要选择"视图"|"渲染"|"光源"|"地理位置"命令，打开"地理位置"对话框，设置光源的地理位置，如纬度、经度、北向以及地区等，如图 13-55 所示。

图 13-54　"模型中的光源"选项板

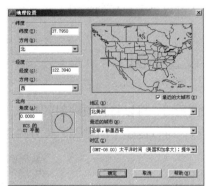

图 13-55　"地理位置"对话框

选择"视图"|"渲染"|"光源"|"阳光设置向导"命令，可以打开"阳光设置"向导，设置阳光的地理位置、输出类型、日历、当日时间、配置详细信息。另外，选择"视图"|"渲染"|"光源"|"编辑阳光特性"命令，打开"阳光特性"选项板，可以编辑阳光特性，如图 13-56 所示。

13.5.3　设置渲染材质

在渲染对象时，使用材质可以增强模型的真实感。在 AutoCAD 2007 中，选择"视图"|"渲染"|"材质"命令，打开"材质"选项板，可以为对象选择并附加材质，如图 13-57 所示。

图 13-56　"阳光特性"选项板

图 13-57　"材质"选项板

在"材质"选项板的"图形中可用的材质"列表框中，显示了当前可以使用的材质。用户可以单击工具栏中的"样例几何体"按钮设置样例的形式，如球体、圆柱体和立方体

3种；单击"交错参考底图开/关闭"按钮 ，显示或关闭交错参考底图；单击"创建新材质"按钮 ，创建新材质样例；单击"从图形中清除"按钮 ，清除"材质"列表框中选中的材质；单击"将材质应用到对象"按钮 ，将选中的材质应用到图形对象上。

在"材质"选项板的"材质编辑器"选项区域中，在"样板"下拉列表框中选择一种材质样板后，可以设置材质的漫射、反光度、自发光等参数。

13.5.4　设置贴图

在渲染图形时，可以将材质映射到对象上，称为贴图。选择"视图"|"渲染"|"贴图"菜单的子命令，可以创建平面贴图、长方体贴图、柱面贴图和球面贴图，如图13-58所示。

图 13-58　"贴图"菜单

13.5.5　渲染环境

在渲染图形时，可以选择"视图"|"渲染"|"渲染环境"命令，打开"渲染环境"对话框，设置渲染环境中的雾化效果，如图13-59所示。

图 13-59　"渲染环境"对话框

13.5.6　高级渲染设置

在 AutoCAD 2007 中，选择"视图"|"渲染"|"高级渲染设置"命令，打开"高级渲染设置"选项板，可以设置渲染高级选项，如图13-60所示。

在"选择渲染预设"下拉列表框中，可以选择预设的渲染类型，这时在参数区中，可以设置该渲染类型的基本、光线跟踪、间接发光、诊断、处理等参数。当在"选择渲染预设"下拉列表框中选择"管理渲染预设"选项时，将打开"渲染预设管理器"对话框，可以在其中自定义渲染预设，如图13-61所示。

图 13-60 "高级渲染设置"选项板

图 13-61 "渲染预设管理器"对话框

13.6 思 考 练 习

1. 如何渲染对象、设置光源，以及为对象添加材质？

2. 在 AutoCAD 2007 中，对三维实体可以进行哪些编辑操作？

3. 在中文版 AutoCAD 2007 中，使用"三维镜像"命令时，应注意哪些方面？

4. 绘制并标注如图 13-62 所示的图形。

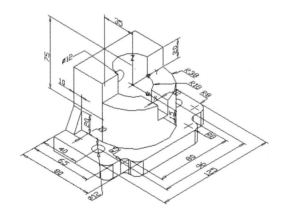

图 13-62 绘制图形并标注其尺寸

5. 绘制如图 13-63 所示的图形，然后为其添加材质并进行渲染。

6. 绘制如图 13-64 所示的图形，然后为其添加材质并进行渲染。

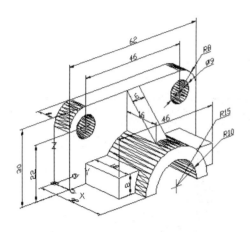

图 13-63　绘制并渲染图形

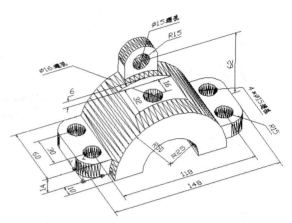

图 13-64　绘制并渲染图形

第14章 使用块、属性块、外部参照和AutoCAD设计中心

在绘制图形时，如果图形中有大量相同或相似的内容，或者所绘制的图形与已有的图形文件相同，则可以把要重复绘制的图形创建成块(也称为图块)，并根据需要为块创建属性，指定块的名称、用途及设计者等信息，在需要时直接插入它们，从而提高绘图效率。

当然，用户也可以把已有的图形文件以参照的形式插入到当前图形中(即外部参照)，或是通过 AutoCAD 设计中心浏览、查找、预览、使用和管理 AutoCAD 图形、块、外部参照等不同的资源文件。

14.1　创建与编辑块

块是一个或多个对象组成的对象集合，常用于绘制复杂、重复的图形。一旦一组对象组合成块，就可以根据作图需要将这组对象插入到图中任意指定位置，而且还可以按不同的比例和旋转角度插入。在 AutoCAD 中，使用块可以提高绘图速度、节省存储空间、便于修改图形。

14.1.1　块的特点

在 AutoCAD 中，使用块可以提高绘图速度、节省存储空间、便于修改图形并能够为其添加属性。总的来说，AutoCAD 中的块具有以下特点。

1. 提高绘图效率

在 AutoCAD 中绘图时，常常要绘制一些重复出现的图形。如果把这些图形做成块保存起来，绘制它们时就可以用插入块的方法实现，即把绘图变成了拼图，从而避免了大量的重复性工作，提高了绘图效率。

2. 节省存储空间

AutoCAD 要保存图中每一个对象的相关信息，如对象的类型、位置、图层、线型及颜色等，这些信息要占用存储空间。如果一幅图中包含有大量相同的图形，就会占据较大的磁盘空间。但如果把相同的图形事先定义成一个块，绘制它们时就可以直接把块插入到图

中的各个相应位置。这样既满足了绘图要求，又可以节省磁盘空间。因为虽然在块的定义中包含了图形的全部对象，但系统只需要一次这样的定义。对块的每次插入，AutoCAD 仅需要记住这个块对象的有关信息(如块名、插入点坐标及插入比例等)。对于复杂但需多次绘制的图形，这一优点更为明显。

3. 便于修改图形

一张工程图纸往往需要多次修改。如在机械设计中，旧的国家标准用虚线表示螺栓的内径，新的国家标注则用细实线表示。如果对旧图纸上的每一个螺栓按新国家标准修改，既费时又不方便。但如果原来各螺栓是通过插入块的方法绘制的，那么只要简单地对块进行再定义，就可对图中的所有螺栓进行修改。

4. 可以添加属性

很多块还要求有文字信息以进一步解释其用途。AutoCAD 允许用户为块创建这些文字属性，并可在插入的块中指定是否显示这些属性。此外，还可以从图中提取这些信息并将它们传送到数据库中。

14.1.2 创建块

选择"绘图"|"块"|"创建"命令(BLOCK)，打开"块定义"对话框，可以将已绘制的对象创建为块，如图 14-1 所示。

图 14-1 "块定义"对话框

"块定义"对话框中主要选项的功能说明如下。

♦ "名称"文本框：输入块的名称，最多可使用 255 个字符。当行中包含多个块时，还可以在下拉列表框中选择已有的块。

♦ "基点"选项区域：设置块的插入基点位置。用户可以直接在 X、Y、Z 文本框中输入，也可以单击"拾取点"按钮，切换到绘图窗口并选择基点。一般基点选在块的对称中心、左下角或其他有特征的位置。

♦ "对象"选项区域：设置组成块的对象。其中，单击"选择对象"按钮，可切换到绘图窗口选择组成块的各对象；单击"快速选择"按钮，可以使用弹出的"快速选择"对话框设置所选择对象的过滤条件；选择"保留"单选按钮，创建块后仍在绘图窗口上保留组成块的各对象；选择"转换为块"单选按钮，创建块后将组成块的各对象保留并把它们转换成块；选择"删除"单选按钮，创建块后删除绘图窗口上组成块的原对象。

- ◆ "块单位"下拉列表框：设置从 AutoCAD 设计中心中拖动块时的缩放单位。
- ◆ "说明"文本框：输入当前块的说明部分。
- ◆ "超链接"按钮：单击该按钮可打开"插入超链接"对话框，在该对话框中可以插入超链接文档。

【例 14-1】在 AutoCAD 中，没有直接定义粗糙度的标注功能，可以将图 14-2 所示的粗糙度符号定义成块。

图 14-2　粗糙度的图形

(1) 在"绘图"工具栏中单击"直线"按钮 ✎，在绘图文档中绘制如图 14-2 所示的表示粗糙度的图形。

(2) 选择"绘图"｜"块"｜"创建"命令，打开"块定义"对话框。

(3) 在"名称"文本框中输入块的名称，如 Myblock。

(4) 在"基点"选项区域中单击"拾取点"按钮 🔛，然后单击图形点 O，确定基点位置。

(5) 在"对象"选项区域中选择"保留"单选按钮，再单击"选择对象"按钮 🔛，切换到绘图窗口，使用窗口选择方法选择所有图形，然后按 Enter 键返回"块定义"对话框。

(6) 在"块单位"下拉列表中选择"毫米"选项，将单位设置为毫米。

(7) 在"说明"文本框中输入对图块的说明，如"粗糙度符号"。

(8) 设置完毕，单击"确定"按钮保存设置。

注释：

创建块时，必须先绘出要创建块的对象。如果新块名与已定义的块名重复，系统将显示警告对话框，要求用户重新定义块名称。此外，使用 BLOCK 命令(即"绘图"｜"块"｜"创建"命令)创建的块只能由块所在的图形使用，而不能由其他图形使用。如果希望在其他图形中也使用块，则需使用 WBLOCK 命令创建块。

14.1.3　插入块

选择"插入"｜"块"命令，将打开"插入"对话框，如图 14-3 所示。使用该对话框，可以在图形中插入块或其他图形，在插入的同时还可以改变所插入块或图形的比例与旋转角度。

图 14-3　"插入"对话框

"插入"对话框中各主要选项的意义如下。

◆ "名称"下拉列表框：用于选择块或图形的名称。也可以单击其后的"浏览"按钮，打开"选择图形文件"对话框，选择保存的块和外部图形。

◆ "插入点"选项区域：用于设置块的插入点位置。可直接在 X、Y、Z 文本框中输入点的坐标，也可以通过选中"在屏幕上指定"复选框，在屏幕上指定插入点位置。

◆ "缩放比例"选项区域：用于设置块的插入比例。可直接在 X、Y、Z 文本框中输入块在 3 个方向的比例；也可以通过选中"在屏幕上指定"复选框，在屏幕上指定。此外，该选项区域中的"统一比例"复选框用于确定所插入块在 X、Y、Z 3 个方向的插入比例是否相同，选中时表示比例将相同，用户只需在 X 文本框中输入比例值即可。

◆ "旋转"选项区域：用于设置块插入时的旋转角度。可直接在"角度"文本框中输入角度值，也可以选择"在屏幕上指定"复选框，在屏幕上指定旋转角度。

◆ "分解"复选框：选择该复选框，可以将插入的块分解成组成块的各基本对象。

【例 14-2】在图 14-4 所示的图形中插入【例 14-1】中定义的块，并设置缩放比例为 60%。

(1) 选择"插入"|"块"命令，打开"插入"对话框。

(2) 在"名称"下拉列表框中选择 Myblock。

(3) 在"插入点"选项区域中选中"在屏幕上指定"复选框。

(4) 在"缩放比例"选项区域中选中"统一比例"复选框，并在 X 文本框中输入 0.6。

(5) 在"旋转"选项区域的"角度"文本框中输入-90，然后单击"确定"按钮。

(6) 单击绘图窗口中需要插入块的位置，这时块插入的效果如图 14-5 所示。

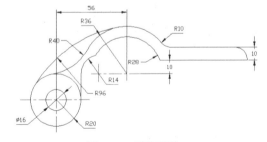

图 14-4　原始图形

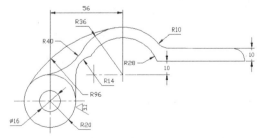

图 14-5　插入粗糙度块

14.1.4　存储块

在 AutoCAD 2007 中，使用 WBLOCK 命令可以将块以文件的形式写入磁盘。执行 WBLOCK 命令将打开"写块"对话框，如图 14-6 所示。

图 14-6　"写块"对话框

在该对话框的"源"选项区域中，可以设置组成块的对象来源，各选项的功能说明如下。

♦ "块"单选按钮：用于将使用 BLOCK 命令创建的块写入磁盘，可在其后的下拉列表框中选择块名称。

♦ "整个图形"单选按钮：用于将全部图形写入磁盘。

♦ "对象"单选按钮：用于指定需要写入磁盘的块对象。选择该单选按钮时，用户可根据需要使用"基点"选项区域设置块的插入基点位置，使用"对象"选项区域设置组成块的对象。

在该对话框的"目标"选项区域中可以设置块的保存名称和位置，各选项的功能说明如下。

♦ "文件名和路径"文本框：用于输入块文件的名称和保存位置，用户也可以单击其后的■按钮，使用打开的"浏览文件夹"对话框设置文件的保存位置。

♦ "插入单位"下拉列表框：用于选择从 AutoCAD 设计中心中拖动块时的缩放单位。

【例 14-3】创建一个块，并将其写入磁盘中，然后将其插入到图 14-8 中。

(1) 选择"绘图"|"块"|"创建"命令，创建图 14-7 所示的块，并定义块的名称为 Myblock1。

图 14-7　创建块

(2) 打开创建的块文档，并在命令行中输入命令 Wblock，系统将打开"写块"对话框。

(3) 在该对话框的"源"选项区域中选择"块"单选按钮，然后在其后的下拉列表框中选择创建的块 Myblock1。

(4) 在"目标"选项区域的"文件名和路径"文本框中输入文件名和路径，如 E:\Myblock1.dwg，并在"插入单位"下拉列表中选择"毫米"选项。

(5) 单击"确定"按钮，然后打开如图 14-8 所示的文档。

(6) 选择"插入块"命令，打开"插入"对话框。从中单击"浏览"按钮，在打开的"选择图形文件"对话框中选择创建的块 E:\Myblock.dwg，并单击"打开"按钮。

(7) 在"插入"对话框的"插入点"选项区域中选中"在屏幕上指定"复选框，然后单击"确定"按钮。

(8) 在图 14-8 所示的文档中单击即可插入块，最后的效果如图 14-9 所示。

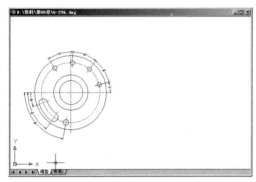

图 14-8　打开文档

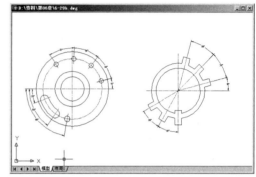

图 14-9　插入块后的效果

14.1.5　设置插入基点

选择"绘图"|"块"|"基点"命令，或在命令行输入 BASE 命令，可以设置当前图形的插入基点。当把某一图形文件作为块插入时，系统默认将该图的坐标原点作为插入点，这样往往会给绘图带来不便。这时就可以使用"基点"命令，对图形文件指定新的插入基点。

执行 BASE 命令后，可以直接在"输入基点："提示下指定作为块插入基点的坐标。

14.1.6　块与图层的关系

块可以由绘制在若干图层上的对象组成，系统可以将图层的信息保留在块中。当插入这样的块时，AutoCAD 有如下约定：

◆ 块插入后，原来位于图层上的对象被绘制在当前层，并按当前层的颜色与线型绘出。

◆ 对于块中其他图层上的对象，若块中包含有与图形中的图层同名的层，块中该层上的对象仍绘制在图中的同名层上，并按图中该层的颜色与线型绘制。块中其他图层上的对象仍在原来的层上绘出，并给当前图形增加相应的图层。

◆　如果插入的块由多个位于不同图层上的对象组成，那么冻结某一对象所在的图层后，此图层上属于块上的对象将不可见；当冻结插入块时的当前层时，不管块中各对象处于哪一图层，整个块将不可见。

14.2　编辑与管理块属性

块属性是附属于块的非图形信息，是块的组成部分，是特定的可包含在块定义中的文字对象。在定义一个块时，属性必须预先定义而后选定。通常属性用于在块的插入过程中进行自动注释。

14.2.1　块属性的特点

在 AutoCAD 中，用户可以在图形绘制完成后(甚至在绘制完成前)，使用 ATTEXT 命令将块属性数据从图形中提取出来，并将这些数据写入到一个文件中，这样就可以从图形数据库文件中获取块数据信息了。块属性具有以下特点。

◆　块属性由属性标记名和属性值两部分组成。例如，可以把 Name 定义为属性标记名，而具体的姓名 Mat 就是属性值，即属性。

◆　定义块前，应先定义该块的每个属性，即规定每个属性的标记名、属性提示、属性默认值、属性的显示格式(可见或不可见)及属性在图中的位置等。一旦定义了属性，该属性以其标记名将在图中显示出来，并保存有关的信息。

◆　定义块时，应将图形对象和表示属性定义的属性标记名一起用来定义块对象。

◆　插入有属性的块时，系统将提示用户输入需要的属性值。插入块后，属性用它的值表示。因此，同一个块在不同点插入时，可以有不同的属性值。如果属性值在属性定义时规定为常量，系统将不再询问它的属性值。

◆　插入块后，用户可以改变属性的显示可见性，对属性作修改，把属性单独提取出来写入文件，以供统计、制表使用，还可以与其他高级语言或数据库进行数据通信。

14.2.2　创建并使用带有属性的块

选择"绘图"|"块"|"定义属性"命令(ATTDEF)，可以使用打开的"属性定义"对话框创建块属性，如图 14-10 所示。其中各选项的功能如下。

图 14-10 "属性定义"对话框

- ◆ "模式"选项区域：用于设置属性的模式。其中，"不可见"复选框用于确定插入块后是否显示其属性值；"固定"复选框用于设置属性是否为固定值，为固定值时，插入块后该属性值不再发生变化；"验证"复选框用于验证所输入的属性值是否正确；"预置"复选框用于确定是否将属性值直接预置成它的默认值。

- ◆ "属性"选项区域：用于定义块的属性。其中，"标记"文本框用于输入属性的标记；"提示"文本框用于输入插入块时系统显示的提示信息；"值"文本框用于输入属性的默认值。

- ◆ "插入点"选项区域：用于设置属性值的插入点，即属性文字排列的参照点。用户可直接在 X、Y、Z 文本框中输入点的坐标，也可以单击"拾取点"按钮 ，在绘图窗口上拾取一点作为插入点。

注意：

确定该插入点后，系统将以该点为参照点，按照在"文字选项"选项区域的"对正"下拉列表框中确定的文字排列方式放置属性值。

- ◆ "文字选项"选项区域：用于设置属性文字的格式，包括对正、文字样式、高度以及旋转角度等选项。

此外，在"属性定义"对话框中选中"在上一个属性定义下对齐"复选框，可以为当前属性采用上一个属性的文字样式、字高及旋转角度，且另起一行，按上一个属性的对正方式排列；选择"锁定块中的位置"复选框，可以锁定属性定义在块中的位置。

设置完"属性定义"对话框中的各项内容后，单击对话框中的"确定"按钮，系统将完成一次属性定义，用户可以用上述方法为块定义多个属性。

【例 14-4】将图 14-11 所示的图形定义成表示位置公差基准的符号块，如图 14-12 所示。要求如下：符号块的名称为 BASE；属性标记为 A；属性提示为"请输入基准符号"；属性默认值为 A；以圆的圆心作为属性插入点；属性文字对齐方式采用"中间"；并且以两条直线的交点作为块的基点。

(1) 选择"绘图"|"块"|"定义属性"命令，打开"属性定义"对话框。

(2) 在"属性"选项区域的"标记"文本框中输入 A，在"提示"文本框中输入"请输入基准符号"，在"值"文本框中输入 A。

(3) 在"插入点"选项区域中选择"在屏幕上指定"选项。

(4) 在"文字选项"选项区域的"对正"下拉列表框中选择"中间"选项，在"高度"按钮后面的文本框中输入 5，其他选项采用默认设置。

(5) 单击"确定"按钮，在绘图窗口中单击圆的圆心，确定插入点的位置。完成属性块的定义，同时在图中的定义位置将显示出该属性的标记，如图 14-12 所示。

图 14-11　定义带有属性的块　　　　　　　图 14-12　显示 A 属性的标记

(6) 在命令行中输入命令 WBLOCK，打开"写块"对话框，在"基点"选项区域中单击"拾取点"按钮，然后在绘图窗口中单击两条直线的交点。

(7) 在"对象"选项区域中选择"保留"单选按钮，并单击"选择对象"按钮，然后在绘图窗口中使用窗口选择所有图形。

(8) 在"目标"选项区域的"文件名和路径"文本框中输入"E:\BASE.dwg"，并在"插入单位"下拉列表框中选择"毫米"选项，然后单击"确定"按钮。

14.2.3　在图形中插入带属性定义的块

在创建带有附加属性的块时，需要同时选择块属性作为块的成员对象。带有属性的块创建完成后，就可以使用"插入"对话框，在文档中插入该块。

【例 14-5】在图 14-13 中插入【例 14-4】中定义的属性块。

(1) 选择"文件"|"打开"命令，打开图 14-13 所示的图形文件。

(2) 选择"插入"|"块"命令，打开"插入"对话框。单击"浏览"按钮，选择创建的 BASE.dwg 块并打开。

(3) 在"插入点"选项区域中选择"在屏幕上指定"选项。

(4) 在"旋转"选项区域的"角度"文本框中输入 90，然后单击"确定"按钮。

(5) 在绘图窗口中单击，确定插入点的位置，并在命令行的"请输入基准符号<A>:"提示下输入基准符号 A，然后按 Enter 键，结果如图 14-14 所示。

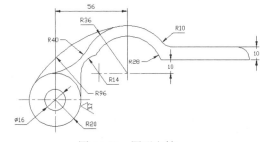
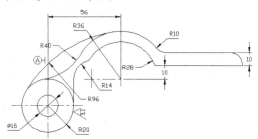

图 14-13　图形文档　　　　　　　　　　　图 14-14　插入带属性的块

14.2.4　修改属性定义

选择"修改"|"对象"|"文字"|"编辑"命令(DDEDIT)或双击块属性，打开"编辑属性定义"对话框。使用"标记"、"提示"和"默认"文本框可以编辑块中定义的标记、提示及默认值属性，如图 14-15 所示。

图 14-15　"编辑属性定义"对话框

选择"修改"|"对象"|"文字"|"比例"命令(SCALETEXT)，或在"文字"工具栏中单击"缩放文字"按钮，可以按同一缩放比例因子同时修改多个属性定义的比例。

输入缩放的基点选项[现有(E)/左(L)/中心(C)/中间(M)/右(R)/左上(TL)/中上(TC)/右上(TR)/左中(ML)/正中(MC)/右中(MR)/左下(BL)/中下(BC)/右下(BR)]:

选择"修改"|"对象"|"文本"|"对正"命令(JUSTIFYTEXT)，或在"文字"工具栏中单击"对正文字"按钮，可以在不改变属性定义位置的前提下重新定义文字的插入基点，命令行提示如下。

输入对正选项[左(L)/对齐(A)/调整(F)/中心(C)/中间(M)/右(R)/左上(TL)/中上(TC)/右上(TR)/左中(ML)/正中(MC)/右中(MR)/左下(BL)/中下(BC)/右下(BR)]:

14.2.5　编辑块属性

选择"修改"|"对象"|"属性"|"单个"命令(EATTEDIT)，或在"修改 II"工具栏中单击"编辑属性"按钮，都可以编辑块对象的属性。在绘图窗口中选择需要编辑的块对象后，系统将打开"增强属性编辑器"对话框，如图 14-16 所示。其中 3 个选项卡的功能如下。

◆　"属性"选项卡：显示了块中每个属性的标识、提示和值。在列表框中选择某一属性后，在"值"文本框中将显示出该属性对应的属性值，可以通过它来修改属性值。

◆　"文字选项"选项卡：用于修改属性文字的格式，该选项卡如图 14-17 所示。在其中可以设置文字样式、对齐方式、高度、旋转角度、宽度比例、倾斜角度等内容。

图 14-16　"增强属性编辑器"对话框

图 14-17　"文字选项"选项卡

◆ "特性"选项卡：用于修改属性文字的图层以及其线宽、线型、颜色及打印样式等，该选项卡如图 14-18 所示。

此外，执行 ATTEDIT(属性)命令，并选择需要编辑的块对象后，系统将打开"编辑属性"对话框，也可以在其中编辑或修改块的属性值，如图 14-19 所示。

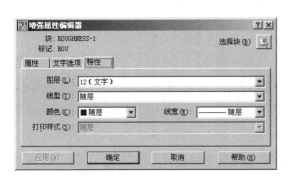

图 14-18　"特性"选项卡

图 14-19　"编辑属性"对话框

14.2.6　块属性管理器

选择"修改"|"对象"|"属性"|"块属性管理器"命令(BATTMAN)，或在"修改 II"工具栏中单击"块属性管理器"按钮，都可打开"块属性管理器"对话框，可在其中管理块中的属性，如图 14-20 所示。

在"块属性管理器"对话框中，单击"编辑"按钮，将打开"编辑属性"对话框，可以重新设置属性定义的构成、文字特性和图形特性等，如图 14-21 所示。

图 14-20　"块属性管理器"对话框

图 14-21　"编辑属性"对话框

在"块属性管理器"对话框中，单击"设置"按钮，将打开"设置"对话框，可以设置在"块属性管理器"对话框的属性列表框中能够显示的内容，如图 14-22 所示。

图 14-22　"设置"对话框

14.3　使用外部参照

外部参照与块有相似的地方，但它们的主要区别是：一旦插入了块，该块就永久性地插入到当前图形中，成为当前图形的一部分。而以外部参照方式将图形插入到某一图形(称之为主图形)后，被插入图形文件的信息并不直接加入到主图形中，主图形只是记录参照的关系，例如，参照图形文件的路径等信息。另外，对主图形的操作不会改变外部参照图形文件的内容。当打开具有外部参照的图形时，系统会自动把各外部参照图形文件重新调入内存并在当前图形中显示出来。

在 AutoCAD 2007 中，可以使用"参照"工具栏和"参照编辑"工具栏编辑和管理外部参照，如图 14-23 所示。

图 14-23　"参照"和"参照编辑"工具栏

14.3.1　附着外部参照

选择"插入"|"外部参照"命令(EXTERNALREFERENCES)，将打开如图 14-24 所示的"外部参照"选项板。在选项板上方单击"附着 DWG"按钮 或在"参照"工具栏中单击"附着外部参照"按钮 ，都可以打开"选择参照文件"对话框。选择参照文件后，将打开"外部参照"对话框，利用该对话框可以将图形文件以外部参照的形式插入到当前图形中，如图 14-25 所示。

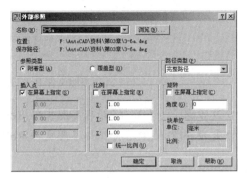

图 14-24　"外部参照"选项板　　　　图 14-25　"外部参照"对话框

从图 14-25 可以看出，在图形中插入外部参照的方法与插入块的方法相同，只是在"外部参照"对话框中多了几个特殊选项。

在"参照类型"选项区域中，可以确定外部参照的类型，包括"附着型"和"覆盖型"两种类型。如果选择"附着型"单选按钮，将显示出嵌套参照中的嵌套内容。选择"覆盖型"单选按钮，则不显示嵌套参照中的嵌套内容。

在 AutoCAD 2007 中，可以使用相对路径附着外部参照，它包括"完整路径"、"相对路径"和"无路径"3 种类型。各选项的功能如下。

♦　"完整路径"选项：当使用完整路径附着外部参照时，外部参照的精确位置将保存到主图形中。此选项的精确度最高，但灵活性最小。如果移动工程文件夹，AutoCAD 将无法融入任何使用完整路径附着的外部参照。

♦　"相对路径"选项：使用相对路径附着外部参照时，将保存外部参照相对于主图形的位置。此选项的灵活性最大。如果移动工程文件夹，AutoCAD 仍可以融入使用相对路径附着的外部参照，只要此外部参照相对主图形的位置未发生变化。

♦　"无路径"选项：在不使用路径附着外部参照时，AutoCAD 首先在主图形的文件夹中查找外部参照。当外部参照文件与主图形位于同一个文件夹时，此选项非常有用。

【例 14-6】使用如图 14-26 所示的图形创建一个图形。图 14-26 中的图形名称分别为文件 Ref1.dwg、Ref2.dwg 和 Ref3.dwg，其中心点都是坐标原点(0,0)。

(1) 选择"文件"|"新建"命令，新建一个文件。

(2) 选择"插入"|"外部参照"命令，打开"外部参照"选项板，单击选项板上方的"附着 DWG"按钮，打开"选择参照文件"对话框。选择 Ref1.dwg 文件，然后单击"打开"按钮。

(3) 打开"外部参照"对话框，在"参照类型"选项区域中选择"附加型"单选按钮，在"插入点"选项区域中确认当前坐标 X、Y、Z 均为 0，然后单击"确定"按钮，将外部参照文件 Ref1.dwg 插入到文档中。

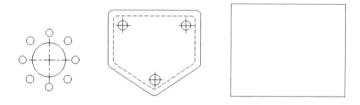

图 14-26 外部参照文件 Ref1.dwg、Ref2.dwg 和 Ref3.dwg

(4) 重复步骤(2) ~ (3)，将外部参照文件 Ref2.dwg 插入到文档中，结果 14-27 所示。

(5) 重复步骤(2) ~ (3)，将外部参照文件 Ref3.dwg 插入到文档中，结果 14-28 所示。

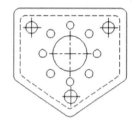
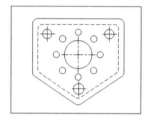

图 14-27 插入参照文件 Ref2.dwg 后的效果　　图 14-28 插入参照文件 Ref3.dwg 后的效果

14.3.2 插入 DWG、DWF 参考底图

在 AutoCAD 2007 中新增了插入 DWG、DWF 参考底图的功能，该类功能和附着外部参照功能相同，用户可以在"插入"菜单中选择相关命令。图 14-29 为选择"插入" | "DWF 参考底图"命令，在文档中插入 DWF 格式的外部参照文件。

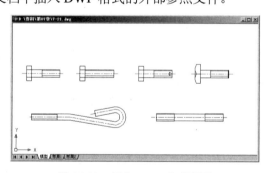

图 14-29 插入 DWF 参考底图

DWF 格式文件是一种从 DWG 文件创建的高度压缩的文件格式，DWF 文件易于在 Web 上发布和查看。DWF 文件是基于矢量的格式创建的压缩文件。用户打开和传输压缩的 DWF 文件的速度要比 AutoCAD 的 DWG 格式图形文件快。此外，DWF 文件支持实时平移和缩放以及对图层显示和命名视图显示的控制。

DGN 格式文件是 MicroStation 绘图软件生成的文件，DGN 文件格式对精度、层数以及文件和单元的大小是不限制的，其中的数据是经过快速优化、校验并压缩到 DGN 文件中，这样更加有利于节省网络带宽和存储空间。

14.3.3　管理外部参照

在 AutoCAD 2007 中，用户可以在"外部参照"选项板中对外部参照进行编辑和管理。用户单击选项板上方的"附着"按钮![]可以添加不同格式的外部参照文件；在选项板下方的外部参照列表框中显示当前图形中各个外部参照文件名称；选择任意一个外部参照文件后，在下方"详细信息"选项区域中显示该外部参照的名称、加载状态、文件大小、参照类型、参照日期及参照文件的存储路径等内容。

单击选项板右上方的"列表图"或"树状图"按钮，可以设置外部参照列表框以何种形式显示。单击"列表图"按钮![]可以以列表形式显示，如图 14-30 所示；单击"树状图"按钮![]可以以树形显示，如图 14-31 所示。

图 14-30　以列表形式显示外部参照列表框

图 14-31　以树状图形显示外部参照列表框

当用户附着多个外部参照后，在外部参照列表框中的文件上右击将弹出如图 14-32 所示的快捷菜单。在菜单上选择不同的命令可以对外部参照进行相关操作，下面详细介绍每个命令选项的意义。

图 14-32　管理外部参照文件

◆ "打开"命令：单击该按钮可在新建窗口中打开选定的外部参照进行编辑。在"外部参照管理器"对话框关闭后，显示新建窗口。

◆ "附着"命令：单击该按钮可打开"选择参照文件"对话框，在该对话框中可以选択需要插入到当前图形中的外部参照文件。

- ◆ "卸载"命令：单击该按钮可从当前图形中移走不需要的外部参照文件，但移走后仍保留该参照文件的路径，当希望再次参照该图形时，单击对话框中的"重载"按钮即可。
- ◆ "重载"命令：单击该按钮可在不退出当前图形的情况下，更新外部参照文件。
- ◆ "拆离"命令：单击该按钮可从当前图形中移去不再需要的外部参照文件。
- ◆ "绑定"命令：单击该按钮可将外部参照的文件转换成为一个正常的块，即将所参照的图形文件永久地插入到当前图形中，插入后系统将外部参照文件的依赖符转换为永久符号。

14.3.4　参照管理器

AutoCAD 图形可以参照多种外部文件，包括图形、文字字体、图像和打印配置。这些参照文件的路径保存在每个 AutoCAD 图形中。有时可能需要将图形文件或它们参照的文件移动到其他文件夹或其他磁盘驱动器中，这时就需要更新保存的参照路径。

Autodesk 参照管理器提供了多种工具，列出了选定图形中的参照文件，可以修改保存的参照路径而不必打开 AutoCAD 中的图形文件。选择"开始"|"程序"| Autodesk | AutoCAD 2007 |"参照管理器"命令，打开"参照管理器"窗口，可以在其中对参照文件进行处理，也可以设置参照管理器的显示形式，如图 14-33 所示。

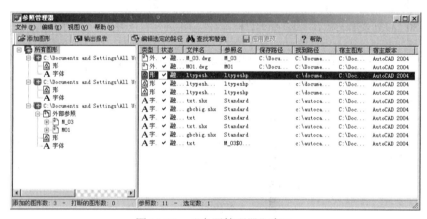

图 14-33　"参照管理器"窗口

14.4　使用 AutoCAD 设计中心

AutoCAD 设计中心(AutoCAD DesignCenter，简称 ADC)为用户提供了一个直观且高效的工具，它与 Windows 资源管理器类似。选择"工具"|"选项板"|"设计中心"命令，或在"标准"工具栏中单击"设计中心"按钮，可以打开"设计中心"选项板，如图 14-34 所示。

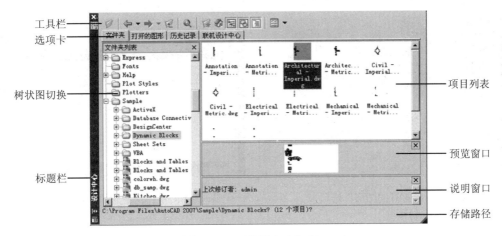

图 14-34　"设计中心"窗口

14.4.1　AutoCAD 设计中心的功能

在 AutoCAD 2007 中，使用 AutoCAD 设计中心可以完成如下工作。

♦ 创建对频繁访问的图形、文件夹和 Web 站点的快捷方式。

♦ 根据不同的查询条件在本地计算机和网络上查找图形文件，找到后可以将它们直接加载到绘图区或设计中心。

♦ 浏览不同的图形文件，包括当前打开的图形和 Web 站点上的图形库。

♦ 查看块、图层和其他图形文件的定义并将这些图形定义插入到当前图形文件中。

♦ 通过控制显示方式来控制设计中心控制板的显示效果，还可以在控制板中显示与图形文件相关的描述信息和预览图像。

14.4.2　观察图形信息

AutoCAD 设计中心窗口包含一组工具按钮和选项卡，使用它们可以选择和观察设计中心中的图形。

♦ "文件夹"选项卡：显示设计中心的资源，可以将设计中心的内容设置为本计算机的桌面，或是本地计算机的资源信息，也可以是网上邻居的信息(参见图 14-34 所示)。

♦ "打开的图形"选项卡：显示在当前 AutoCAD 环境中打开的所有图形，其中包括最小化的图形。此时单击某个文件图标，就可以看到该图形的有关设置，如图层、线型、文字样式、块及尺寸样式等，如图 14-35 所示。

♦ "历史记录"选项卡：显示最近访问过的文件，包括这些文件的完整路径，如图 14-36 所示。

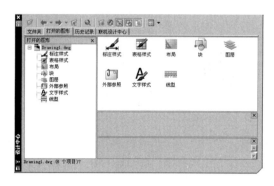
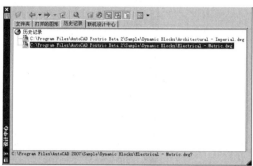

图 14-35　"打开的图形"选项卡　　　　　　　　图 14-36　"历史记录"选项卡

- ◆ "联机设计中心"选项卡：通过联机设计中心，可以访问数以千计的预先绘制的符号、制造商信息以及内容集成商站点，如图 14-37 所示。
- ◆ "树状图切换"按钮█：单击该按钮，可以显示或隐藏树状视图。
- ◆ "收藏夹"按钮█：单击该按钮，可以在"文件夹列表"中显示 Favorites/Autodesk 文件夹(在此称为收藏夹)中的内容，同时在树状视图中反向显示该文件夹。可以通过收藏夹来标记存放在本地硬盘、网络驱动器或 Internet 网页上常用的文件，如图 14-38 所示。

图 14-37　"联机设计中心"选项卡　　　　　　图 14-38　AutoCAD 设计中心的收藏夹

- ◆ "加载"按钮█：单击该按钮，将打开"加载"对话框，使用该对话框可以从 Windows 的桌面、收藏夹或通过 Internet 加载图形文件。
- ◆ "预览"按钮█：单击该按钮，可以打开或关闭预览窗格，以确定是否显示预览图像。打开预览窗格后，单击控制板中的图形文件，如果该图形文件包含预览图像，则在预览窗格中显示该图像。如果选择的图形中不包含预览图像，则预览窗格为空。也可以通过拖动鼠标的方式改变预览格的大小。
- ◆ "说明"按钮█：打开或关闭说明窗格，以确定是否显示说明内容。打开说明窗格后，单击控制板中的图形文件，如果该图形文件包含有文字描述信息，则在说明窗格中显示出图形文件的文字描述信息。如果图形文件没有文字描述信息，则说明窗格为空。可以通过拖动鼠标的方式来改变说明窗格的大小。
- ◆ "视图"按钮█ ▾：用于确定控制板所显示内容的显示格式。单击该按钮将弹出一快捷菜单，可从中选择显示内容的显示格式。

♦　"搜索"按钮：用于快速查找对象。单击该按钮，将打开"搜索"对话框，如图
14-39 所示。可使用该对话框，快速查找诸如图形、块、图层及尺寸样式等图形内
容或设置。

图 14-39　"搜索"对话框

14.4.3　在文档中插入设计中心内容

使用 AutoCAD 设计中心，可以方便地在当前图形中插入块，引用光栅图像及外部参
照，在图形之间复制块、复制图层、线型、文字样式、标注样式以及用户定义的内容等。

1. 插入块

插入块时，用户可以选择在插入时是自动换算插入比例，还是在插入时确定插入点、
插入比例和旋转角度。

如果采用"插入时自动换算插入比例"方法，可以从设计中心窗口中选择要插入的块，
并拖到绘图窗口，移到插入位置时释放鼠标，即可实现块的插入。系统将按在"选项"对
话框的"用户系统配置"选项卡中确定的单位，自动转换插入比例。

如果采用"在插入时确定插入点、插入比例和旋转角度"方法，可以在设计中心窗口
中选择要插入的块，然后用鼠标右键将该块拖到绘图窗口后释放鼠标，此时将弹出一个快
捷菜单，选择"插入块"命令。打开"插入"对话框，可以利用插入块的方法，确定插入
点、插入比例及旋转角度。

2. 引用外部参照

从 AutoCAD 设计中心选项板中选择外部参照，用鼠标右键将其拖到绘图窗口后释放，
将弹出一个快捷菜单，选择"附着为外部参照"子命令，打开"外部参照"对话框，可以
在其中确定插入点、插入比例及旋转角度。

3. 在图形中复制图层、线型、文字样式、尺寸样式、布局及块等

在绘图过程中，一般将具有相同特征的对象放在同一个图层上。利用 AutoCAD 设计
中心，可以将图形文件中的图层复制到新的图形文件中。这样一方面节省了时间，另一方

面也保持了不同图形文件结构的一致性。

在 AutoCAD 设计中心选项板中，选择一个或多个图层，然后将它们拖到打开的图形文件后松开鼠标按键，即可将图层从一个图形文件复制到另一个图形文件。

14.5 思 考 练 习

1. 简述块、块属性的概念及其特点。

2. 简述外部参照和块的区别。

3. 在中文版 AutoCAD 2007 中，使用"设计中心"窗口主要可以完成哪些操作？

4. 绘制如图 14-40 所示图形，并将其定义成块(块名为 MyDrawing)，然后在图形中以不同的比例、旋转角度插入该块。

5. 试在自己当前绘制的图形中以插入块的形式插入 AutoCAD 提供的某一范例图形(位于 AutoCAD 安装目录下的 Sample 子目录中)。然后用 BASE 命令修改该范例图形的基点，再插入该图形，观察两次插入有何区别。

6. 绘制如图 14-41 所示的名信片，再将其定义成块，同时要求分别在姓名、地址、邮编的对应位置定义相应的属性。最后再插入该块若干次(属性的标记名、提示、默认值由读者自己确定，插入块时所需要的属性值也由读者自己确定)。

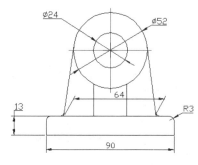

图 14-40 定义为块的图形　　　　　　　　图 14-41 绘制的明信片

7. 将图 14-42 所示的图形转换为块并保存起来。

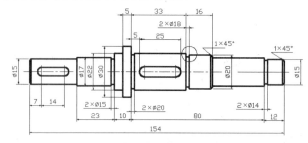

图 14-42 将图形转换为块

8. 为图 14-42 中的图形添加标题属性"轴类零件图"，并重新定义块，结果如图 14-43 所示。

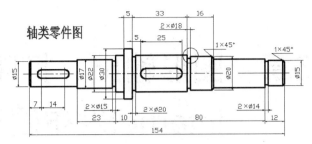

图 14-43 为块添加属性

9. 使用附着外部参照功能，使用如图 14-44 所示的图形创建一个图形。

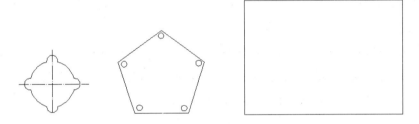

图 14-44 外部参照文件 Ref1.dwg、Ref2.dwg 和 Ref3.dwg

第15章 图形输出、打印与 Internet发布图形

AutoCAD 2007 提供了图形输入与输出接口。不仅可以将其他应用程序中处理好的数据传送给 AutoCAD，以显示其图形，还可以将在 AutoCAD 中绘制好的图形打印出来，或者把它们的信息传送给其他应用程序。

此外，为适应互联网的快速发展，使用户能够快速有效地共享设计信息，AutoCAD 2007 强化了其 Internet 功能，使其与互联网相关的操作更加方便、高效，可以创建 Web 格式的文件(DWF)，以及发布 AutoCAD 图形文件到 Web 页。

15.1 图形的输入输出

AutoCAD 2007 除了可以打开和保存 DWG 格式的图形文件外，还可以导入或导出其他格式的图形。

15.1.1 导入图形

在 AutoCAD 2007 的"插入点"工具栏中，单击"输入"按钮将打开"输入文件"对话框。在其中的"文件类型"下拉列表框中可以看到，系统允许输入"图元文件"、ACIS 及 3D Studio 图形格式的文件。

在 AutoCAD 2007 的菜单命令中没有"输入"命令，但是可以使用"插入"|3D Studio 命令、"插入"|"ACIS 文件"命令及"插入"|"Windows 图元文件"命令，分别输入上述 3 种格式的图形文件。

15.1.2 插入 OLE 对象

选择"插入"|"OLE 对象"命令，打开"插入对象"对话框，可以插入对象链接或者嵌入对象，如图 15-1 所示。

【例 15-1】在 AutoCAD 中插入位图图像，如图 15-2 所示。

(1) 选择"插入"|"OLE 对象"命令，打开"插入对象"对话框。

(2) 选择"由文件创建"单选按钮，对话框中将显示"浏览"按钮。

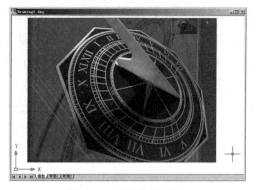

图 15-1　"插入对象"对话框　　　　　　　　图 15-2　插入位图图像

(3) 单击"浏览"按钮，在打开的对话框中选择需要插入的图像，然后单击"打开"按钮返回"插入对象"对话框，在"文件"文本框中将显示插入图像的路径和名称。

(4) 单击"确定"按钮关闭"插入对象"对话框，即可将图像插入文档中，结果如图 15-2 所示。

15.1.3　输出图形

选择"文件"|"输出"命令，打开"输出数据"对话框。可以在"保存于"下拉列表框中设置文件输出的路径，在"文件"文本框中输入文件名称，在"文件类型"下拉列表框中选择文件的输出类型，如"图元文件"、ACIS、"平板印刷"、"封装 PS"、DXX 提取、位图、3D Studio 及块等。

设置了文件的输出路径、名称及文件类型后，单击对话框中的"保存"按钮，将切换到绘图窗口中，可以选择需要以指定格式保存的对象。

15.2　创建和管理布局

在 AutoCAD 2007 中，可以创建多种布局，每个布局都代表一张单独的打印输出图纸。创建新布局后就可以在布局中创建浮动视口。视口中的各个视图可以使用不同的打印比例，并能够控制视口中图层的可见性。

15.2.1　在模型空间与图形空间之间切换

模型空间是完成绘图和设计工作的工作空间。使用在模型空间中建立的模型可以完成二维或三维物体的造型，并且可以根据需求用多个二维或三维视图来表示物体，同时配有必要的尺寸标注和注释等来完成所需要的全部绘图工作。在模型空间中，用户可以创建多个不重叠的(平铺)视口以展示图形的不同视图，如图 15-3 所示。

　　图纸空间用于图形排列、绘制局部放大图及绘制视图。通过移动或改变视口的尺寸，可在图纸空间中排列视图。在图纸空间中，视口被作为对象来看待，并且可用 AutoCAD 的标准编辑命令对其进行编辑。这样就可以在同一绘图页进行不同视图的放置和绘制(在模型空间中，只能在当前活动的视口中绘制)。每个视口能展现模型不同部分的视图或不同视点的视图，如图15-4 所示。每个视口中的视图可以独立编辑、画成不同的比例、冻结和解冻特定的图层、给出不同的标注或注释。在图纸空间中，还可以用 MSPACE 命令和 PSPACE 命令在模型空间与图形空间之间切换。这样，在图纸空间中就可以更灵活更方便地编辑、安排及标注视图，以得到一幅内容详尽的图。

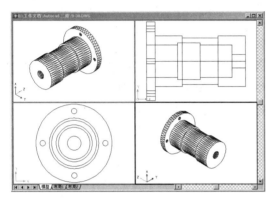 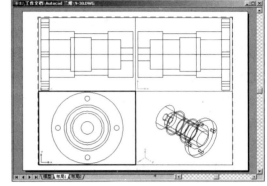

图 15-3　在模型空间中同时显示 4 个视图　　　　图 15-4　在图纸空间中同时显示 4 个视图

　　使用系统变量 TILEMODE 可以控制模型空间和图纸空间之间的切换。当系统变量 TILEMODE 设置为 1 时，将切换到"模型"标签，用户工作在模型空间中(平铺视口)。当系统变量 TILEMODE 设置为 0 时，将打开"布局"标签，用户工作在图纸空间中。

　　在打开"布局"标签后，可以按以下方式在图纸空间和模型空间之间切换。

◆ 通过使一个视口成为当前视口而工作在模型空间中。要使一个视口成为当前视口，双击该视口即可。要使图纸空间成为当前状态，可双击浮动视口外布局内的任何地方。

◆ 通过状态栏上的"模型"按钮或"图纸"按钮来切换在"布局"标签中的模型空间和图纸空间。当通过此方法由图纸空间切换到模型空间时，最后活动的视口成为当前视口。

◆ 使用 MSPACE 命令从图纸空间切换到模型空间，使用 PSAPCE 命令从模型空间切换到图纸空间。

15.2.2　使用布局向导创建布局

　　选择"工具"|"向导"|"创建布局"命令，打开"创建布局"向导，可以指定打印设备、确定相应的图纸尺寸和图形的打印方向、选择布局中使用的标题栏或确定视口设置。

【例 15-2】使用布局向导，为图 15-5 所示图形创建布局。

图 15-5　示例图形

(1) 选择"工具" | "向导" | "创建布局"命令，打开"创建布局-开始"对话框，并在"输入新布局的名称"文本框中输入新创建的布局的名称，如 Mylayout，如图 15-6 所示。

(2) 单击"下一步"按钮，在打开的"创建布局-打印机"对话框中，选择当前配置的打印机，如图 15-7 所示。

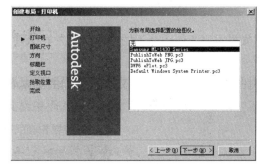

图 15-6　布局的命名　　　　　　　　　　　图 15-7　设置打印机

(3) 单击"下一步"按钮，在打开的"创建布局-图纸尺寸"对话框中选择打印图纸的大小并选择所用的单位。图形单位可以是毫米、英寸或像素。这里选择绘图单位为毫米，纸张大小为 A4，如图 15-8 所示。

(4) 单击"下一步"按钮，在打开的"创建布局-方向"对话框中设置打印的方向，可以是横向打印，也可以是纵向打印，这里选择"横向"单选按钮，如图 15-9 所示。

(5) 单击"下一步"按钮，在打开的"创建布局-标题栏"对话框中，选择图纸的边框和标题栏的样式。对话框右边的预览框中给出了所选样式的预览图像。在"类型"选项区域中，可以指定所选择的标题栏图形文件是作为块还是作为外部参照插入到当前图形中，如图 15-10 所示。

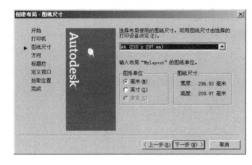 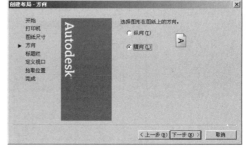

图 15-8 图形图纸的设定　　　　　图 15-9 设置布局方向

(6) 单击"下一步"按钮，在打开的"创建布局-定义视口"对话框中指定新创建布局的默认视口的设置和比例等。在"视口设置"选项区域中选择"单个"单选按钮，在"视口比例"下拉列表框中选择"按图纸空间缩放"选项，如图 15-11 所示。

 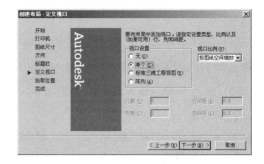

图 15-10 创建布局-标题栏　　　　图 15-11 创建布局-定义视口

(7) 单击"下一步"按钮，在打开的"创建布局-拾取位置"对话框中，单击"选择位置"按钮，切换到绘图窗口，并指定视口的大小和位置。

(8) 单击"下一步"按钮，在打开的"创建布局-完成"对话框中，单击"完成"按钮，完成新布局及默认的视口创建。创建的打印布局如图 15-12 所示。

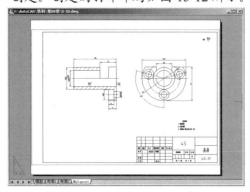

图 15-12 创建的 Mylayout 布局

15.2.3 管理布局

右击"布局"标签，使用弹出的快捷菜单中的命令，可以删除、新建、重命名、移动或复制布局。

　　默认情况下，单击某个布局选项卡时，系统将自动显示"页面设置"对话框，供设置页面布局。如果以后要修改页面布局，可从快捷菜单中选择"页面设置管理器"命令，通过修改布局的页面设置，将图形按不同比例打印到不同尺寸的图纸中。

15.2.4　布局的页面设置

　　选择"文件"|"页面设置管理器"命令，打开"页面设置管理器"对话框，如图 15-13 所示。单击"新建"按钮，打开"新建页面设置"对话框，可以在其中创建新的布局，如图 15-14 所示。

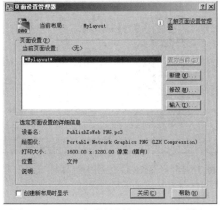

图 15-13　"页面设置管理器"对话框　　　　　图 15-14　"新建页面设置"对话框

　　单击"修改"按钮，打开"页面设置"对话框，如图 15-15 所示。其中主要选项的功能如下。

- ◆ "打印机/绘图仪"选项区域：指定打印机的名称、位置和说明。在"名称"下拉列表框中，可以选择当前配置的打印机。如果要查看或修改打印机的配置信息，可单击"特性"按钮，在打开的"绘图仪配置编辑器"对话框中进行设置，如图 15-16 所示。

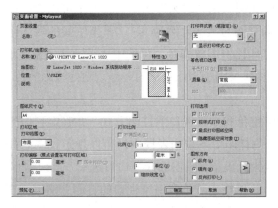

图 15-15　"页面设置"对话框　　　　　图 15-16　"绘图仪配置编辑器"对话框

◆ "打印样式表"选项区域：为当前布局指定打印样式和打印样式表。当在下拉列表框中选择一个打印样式后，单击"编辑"按钮 ，可以使用打开的"打印样式表编辑器"对话框(如图 15-17 所示)查看或修改打印样式(与附着的打印样式表相关联的打印样式)。当在下拉列表框中选择"新建"选项时，将打开"添加颜色相关打印样式表"向导，用于创建新的打印样式表，如图 15-18 所示。另外，在"打印样式表"选项区域中，"显示打印样式"复选框用于确定是否在布局中显示打印样式。

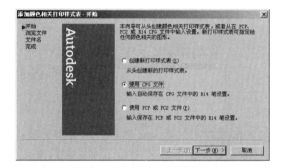

图 15-17　"打印样式表编辑器"对话框　　　　图 15-18　"添加颜色相关打印样式表"向导

◆ "图纸尺寸"选项区域：指定图纸的尺寸大小。

◆ "打印区域"选项区域：设置布局的打印区域。在"打印范围"下拉列表框中，可以选择要打印的区域，包括布局、视图、显示和窗口。默认设置为布局，表示针对"布局"选项卡，打印图纸尺寸边界内的所有图形，或表示针对"模型"选项卡，打印绘图区中所有显示的几何图形。

◆ "打印偏移"选项区域：显示相对于介质源左下角的打印偏移值的设置。在布局中，可打印区域的左下角点，由图纸的左下边距决定，用户可以在 X 和 Y 文本框中输入偏移量。如果选中"居中打印"复选框，则可以自动计算输入的偏移值，以便居中打印。

◆ "打印比例"选项区域：设置打印比例。在"比例"下拉列表框中可以选择标准缩放比例，或者输入自定义值。布局空间的默认比例为 1:1，模型空间的默认比例为"按图纸空间缩放"。如果要按打印比例缩放线宽，可选中"缩放线宽"复选框。布局空间的打印比例一般为 1:1。如果要缩小为原尺寸的一半，则打印比例为 1:2，线宽也随比例缩放。

◆ "着色视口选项"选项区域：指定着色和渲染视口的打印方式，并确定它们的分辨率大小和 DPI 值。其中，在"着色打印"下拉列表框中，可以指定视图的打印方式。要将布局选项卡上的视口指定为此设置，应在选择视口后选择"工具"|"特性"命令；在"质量"下拉列表框中，可以指定着色和渲染视口的打印分辨率；在 DPI 文本框中，可以指定渲染和着色视图每英寸的点数，最大可为当前打印设备分辨率

的最大值，该选项只有在"质量"下拉列表框中选择"自定义"选项后才可用。

◆ "打印选项"选项区域：设置打印选项。例如打印线宽、显示打印样式和打印几何
图形的次序等。如果选中"打印对象线宽"复选框，可以打印对象和图层的线宽；
选中"按样式打印"复选框，可以打印应用于对象和图层的打印样式；选中"最后
打印图纸空间"复选框，可以先打印模型空间几何图形，通常先打印图纸空间几何
图形，然后再打印模型空间几何图形；选中"隐藏图纸空间对象"复选框，可以指
定"消隐"操作应用于图纸空间视口中的对象，该选项仅在"布局"选项卡中可用。
并且，该设置的效果反映在打印预览中，而不反映在布局中。

◆ "方向"选项区域：指定图形方向是横向还是纵向。选中"反向打印"复选框，还
可以指定图形在图纸页上倒置打印，相当于旋转 180°打印。

15.3　使用浮动视口

在构造布局图时，可以将浮动视口视为图纸空间的图形对象，并对其进行移动和调整。
浮动视口可以相互重叠或分离。在图纸空间中无法编辑模型空间中的对象，如果要编辑模型，
必须激活浮动视口，进入浮动模型空间。激活浮动视口的方法有多种，如可执行 MSPACE 命
令、单击状态栏上的"图纸"按钮或双击浮动视口区域中的任意位置。

15.3.1　删除、新建和调整浮动视口

在布局图中，选择浮动视口边界，然后按 Delete 键即可删除浮动视口。删除浮动视口
后，使用"视图"|"视口"|"新建视口"命令，可以创建新的浮动视口，此时需要指定创
建浮动视口的数量和区域。图 15-19 所示是在图纸空间中新建的 3 个浮动视口。

相对于图纸空间，浮动视口和一般的图形对象没什么区别。每个浮动视口均被绘制在
当前层上，且采用当前层的颜色和线型。因此，可使用通常的图形编辑方法来编辑浮动视
口。例如，可以通过拉伸和移动夹点来调整浮动视口的边界。

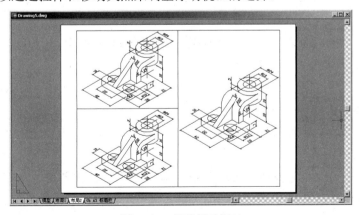

图 15-19　新建浮动视口

15.3.2 相对图纸空间比例缩放视图

如果布局图中使用了多个浮动视口时，就可以为这些视口中的视图建立相同的缩放比例。这时可选择要修改其缩放比例的浮动视口，在"特性"窗口的"标准比例"下拉列表框中选择某一比例，然后对其他的所有浮动视口执行同样的操作，就可以设置一个相同的比例值，如图 15-20 所示。

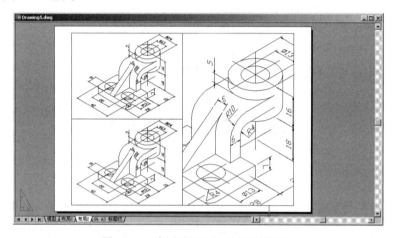

图 15-20　为浮动视口设置相同的比例

在 AutoCAD 中，通过对齐两个浮动视口中的视图，可以排列图形中的元素。要采用角度、水平和垂直对齐方式，可以相对一个视口中指定的基点平移另一个视口中的视图。

15.3.3 在浮动视口中旋转视图

在浮动视口中，执行 MVSETUP 命令可以旋转整个视图。该功能与 ROTATE 命令不同，ROTATE 命令只能旋转单个对象。

【例 15-3】在浮动视口中将图 15-21 所示图形旋转 30°。

(1) 在命令行输入 MVSETUP 命令。

(2) 在命令行的"输入选项 [对齐(A)/创建(C)/缩放视口(S)/选项(O)/标题栏(T)/放弃(U)]:"提示信息下输入 A，选择对齐方式。

(3) 在命令行的"输入选项 [角度(A)/水平(H)/垂直对齐(V)/旋转视图(R)/放弃(U)]:"提示信息下输入 R，以旋转视图。

(4) 在命令行的"指定视口中要旋转视图的基点:"提示信息下，指定视口中要旋转视图的基点坐标为(0,0)。

(5) 在命令行的"指定相对基点的角度:"提示信息下，指定旋转角度为 30°，然后按 Enter 键，则旋转结果如图 15-22 所示。

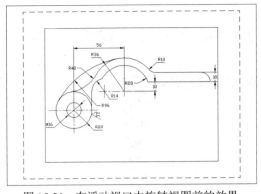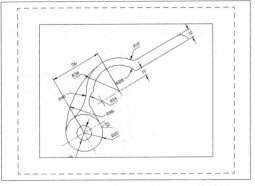

图 15-21　在浮动视口中旋转视图前的效果　　　　图 15-22　在浮动视口中旋转视图后的效果

15.3.4　创立特殊形状的浮动视口

在删除浮动视口后，可以选择"视图"|"视口"|"多边形视口"命令，创建多边形形状的浮动视口，如图 15-23 所示。

也可以将图纸空间中绘制的封闭多段线、圆、面域、样条或椭圆等对象设置为视口边界，这时可选择"视图"|"视口对象"命令来创建，如图 15-24 所示。

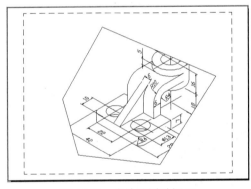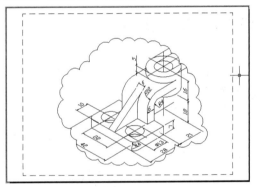

图 15-23　多边形浮动视口　　　　　　　　图 15-24　根据对象创建浮动视口

15.4　打 印 图 形

创建完图形之后，通常要打印到图纸上，也可以生成一份电子图纸，以便从互联网上进行访问。打印的图形可以包含图形的单一视图，或者更为复杂的视图排列。根据不同的需要，可以打印一个或多个视口，或设置选项以决定打印的内容和图像在图纸上的布置。

15.4.1　打印预览

在打印输出图形之前可以预览输出结果，以检查设置是否正确。例如，图形是否都在有效输出区域内等。选择"文件"|"打印预览"命令(PREVIEW)，或在"标准"工具栏中

单击"打印预览"按钮 ，可以预览输出结果。

AutoCAD 将按照当前的页面设置、绘图设备设置及绘图样式表等在屏幕上绘制最终要输出的图纸，如图 15-25 所示。

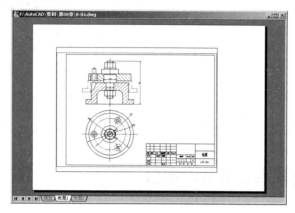

图 15-25　绘图输出结果预览

在预览窗口中，光标变成了带有加号和减号的放大镜状，向上拖动光标可以放大图像，向下拖动光标可以缩小图像。要结束全部的预览操作，可直接按 Esc 键。

15.4.2　输出图形

在 AutoCAD 2007 中，可以使用"打印"对话框打印图形。当在绘图窗口中选择一个"布局"选项卡后，选择"文件"|"打印"命令打开"打印"对话框，如图 15-26 所示。

图 15-26　"打印"对话框

"打印"对话框中的内容与"页面设置"对话框中的内容基本相同，此外还可以设置以下选项。

- ◆ "页面设置"选项区域的"名称"下拉列表框：可以选择打印设置，并能够随时保存、命名和恢复"打印"和"页面设置"对话框中的所有设置。单击"添加"按钮，打开"添加页面设置"对话框，可以从中添加新的页面设置，如图 15-27 所示。

♦ "打印机/绘图仪"选项区域中的"打印到文件"复选框：可以指示将选定的布局发送到打印文件，而不是发送到打印机。

♦ "打印份数"文本框：可以设置每次打印图纸的份数。

♦ "打印选项"选项区域中，选中"后台打印"复选框，可以在后台打印图形；选中"将修改保存到布局"复选框，可以将打印对话框中改变的设置保存到布局中；选中"打开打印戳记"复选框，可以在每个输出图形的某个角落上显示绘图标记，以及生成日志文件。此时单击其后的"打印戳记设置"按钮，将打开"打印戳记"对话框，可以设置打印戳记字段，包括图形名称、布局名称、日期和时间、打印比例、绘图设备及纸张尺寸等，还可以定义自己的字段，如图 15-28 所示。

图 15-27　"添加页面设置"对话框　　　　图 15-28　"打印戳记"对话框

各部分都设置完成之后，在"打印"对话框中单击"确定"按钮，AutoCAD 将开始输出图形并动态显示绘图进度。如果图形输出时出现错误或要中断绘图，可按 Esc 键，AutoCAD 将结束图形输出。

15.5　发布 DWF 文件

现在，国际上通常采用 DWF(Drawing Web Format，图形网络格式)图形文件格式。DWF 文件可在任何装有网络浏览器和 Autodesk WHIP! 插件的计算机中打开、查看和输出。

DWF 文件支持图形文件的实时移动和缩放，并支持控制图层、命名视图和嵌入链接显示效果。DWF 文件是矢量压缩格式的文件，可提高图形文件打开和传输的速度，缩短下载时间。以矢量格式保存的 DWF 文件，完整地保留了打印输出属性和超链接信息，并且在进行局部放大时，基本能够保持图形的准确性。

15.5.1　输出 DWF 文件

要输出 DWF 文件，必须先创建 DWF 文件，在这之前还应创建 ePlot 配置文件。使用配置文件 ePlot.pc3 可创建带有白色背景和纸张边界的 DWF 文件。

通过 AutoCAD 的 ePlot 功能，可将电子图形文件发布到 Internet 上，所创建的文件以 Web 图形格式(DWF)保存。用户可在安装了 Internet 浏览器和 Autodesk WHIP! 4.0 插件的任何计算机中打开、查看和打印 DWF 文件。DWF 文件支持实时平移和缩放，可控制图层、命名视图和嵌入超链接的显示。

在使用 ePlot 功能时，系统先按建议的名称创建一个虚拟电子出图。通过 ePlot 可指定多种设置，如指定画笔、旋转和图纸尺寸等，所有这些设置都会影响 DWF 文件的打印外观。

【例 15-4】创建 DWF 文件。

(1) 选择"文件" | "打印"命令，打开"打印"对话框。

(2) 在"打印机/绘图仪"选项区域的"名称"下拉列表框中，选择 DWF6 ePlot.pc3 选项。

(3) 单击"确定"按钮，在打开的"浏览打印文件"对话框中设置 ePlot 文件的名称和路径，如 E:\ myEplot.dwf。

(4) 单击"确定"按钮，完成 DWF 文件的创建操作，创建的 DWF 文件如图 15-29 所示。

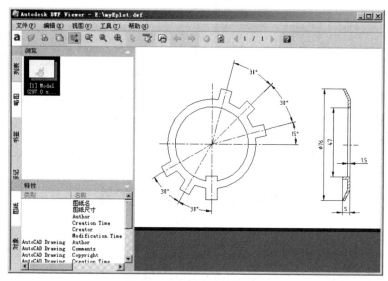

图 15-29　创建的 DWF 文件

15.5.2　在外部浏览器中浏览 DWF 文件

如果在计算机系统中安装了 4.0 或以上版本的 WHIP!插件和浏览器，则可在 Internet Explorer 或 Netscape Communicator 浏览器中查看 DWF 文件。如果 DWF 文件包含图层和命名视图，还可在浏览器中控制其显示特征，如图 15-30 所示。

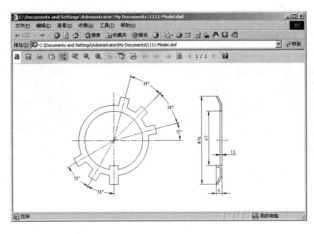

图 15-30 浏览 DWF 图形

15.6 将图形发布到 Web 页

在 AutoCAD 2007 中，选择"文件"|"网上发布"命令，即使不熟悉 HTML 代码，也可以方便、迅速地创建格式化 Web 页，该 Web 页包含有 AutoCAD 图形的 DWF、PNG 或 JPEG 等格式图像。一旦创建了 Web 页，就可以将其发布到 Internet。

【例 15-5】将如图 15-31 所示图形发布到 Web 页。

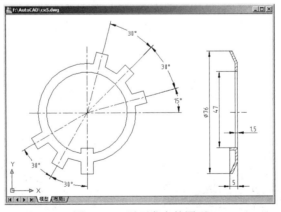

图 15-31 需要发布的图形

(1) 选择"文件"|"网上发布"命令，打开"网上发布-开始"对话框，如图 15-32 所示。使用"创建新 Web 页"和"编辑现有的 Web"单选按钮，可以选择是创建新 Web 页还是编辑已有的 Web 页。此处选中"创建新 Web 页"单选按钮，创建新 Web 页。

(2) 单击"下一步"按钮，打开"网上发布-创建 Web 页"对话框，如图 15-33 所示。在"指定 Web 页的名称"文本框中输入 Web 页的名称 MyWeb。也可以指定文件的存放位置。

(3) 单击"下一步"按钮，打开"网上发布-选择图像类型"对话框，如图 15-34 所示。可以选择将在 Web 页上显示的图形图像的类型，即通过左面的下拉列表框在 DWF、JPG

和 PNG 之间选择。确定文件类型后，使用右面的下拉列表框可以确定 Web 页中显示图像的大小，包括"小"、"中"、"大"和"极大"4 个选项。

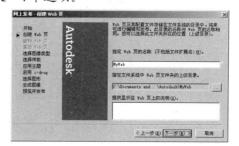

图 15-32　"网上发布-开始"对话框　　　　　图 15-33　"网上发布-创建 Web 页"对话框

(4) 单击"下一步"按钮，打开"网上发布-选择样板"对话框，设置 Web 页样板，如图 15-35 所示。当选择对应选项后，在预览框中将显示出相应的样板示例。

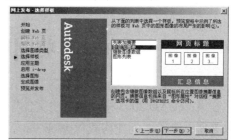

图 15-34　"网上发布-选择图像类型"对话框　　　图 15-35　"网上发布-选择样板"对话框

(5) 单击"下一步"按钮，打开"网上发布-应用主题"对话框，如图 15-36 所示。可以在该对话框选择 Web 页面上各元素的外观样式，如字体及颜色等。在该对话框的下拉列表框中选择好样式后，在预览框中将显示出相应的样式。

(6) 单击"下一步"按钮，打开"网上发布-启用 i-drop"对话框，如图 15-37 所示。系统将询问是否要创建 i-drop 有效的 Web 页。选中"启用 i-drop"复选框，即可创建 i-drop 有效的 Web 页。

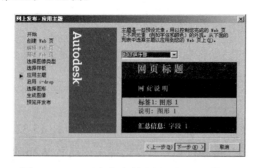
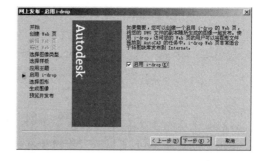

图 15-36　"网上发布-应用主题"对话框　　　　图 15-37　"网上发布-启用 i-drop"对话框

注意：

i-drop 有效的 Web 页会在该页上随生成的图像一起发送 DWG 文件的备份。利用此功能，访问 Web 页的用户可以将图形文件拖放到 AutoCAD 绘图环境中。

（7）单击"下一步"按钮，弹出"网上发布-选择图形"对话框，可以确定在 Web 页上要显示成图像的图形文件，如图 15-38 所示。设置好图像后单击"添加"按钮，即可将文件添加到"图像列表"列表框中。

（8）单击"下一步"按钮，打开"网上发布-生成图像"对话框，可以从中确定重新生成已修改图形的图像还是重新生成所有图像，如图 15-39 所示。

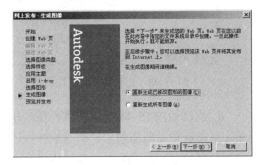

图 15-38　"网上发布-选择图形"对话框　　　　图 15-39　"网上发布-生成图像"对话框

（9）单击"下一步"按钮，打开"网上发布-预览并发布"对话框，如图 15-40 所示。单击"预览"按钮即可预览所创建的 Web 页，如图 15-41 所示。单击"立即发布"按钮，则可立即发布新创建的 Web 页。发布 Web 页后，通过"发送电子邮件"按钮可以创建、发送包括 URL 及其位置等信息的邮件。

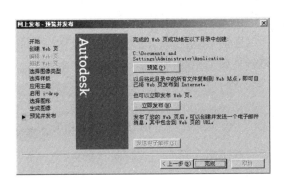

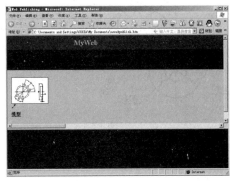

图 15-40　"网上发布-预览并发布"对话框　　　　图 15-41　预览网上发布效果

15.7　思 考 练 习

1. 在 AutoCAD 2007 中，如何使用"打印"对话框设置打印环境？

2. 在打印输出图形之前，可以预览输出结果，检查设置是否正确，预览输出结果的方法有哪些？

3. 在 AutoCAD 2007 中，如何将图形发布为 DWF 文件？

4. 试用打印机或绘图仪打印本书各章习题中的图形。

5. 绘制一图形，并为其设置超链接。例如将如图 15-42 所示绘图窗口中的图形与如图

15-43 所示的图片进行链接，并使光标移至图形上时，显示"单击预览大图"的提示。

图 15-42　要对其设置链接的图形

图 15-43　被链接的图片

6. 绘制如图 15-44 所示的零件图，并将其发布为 DWF 文件，然后使用 Autodesk DWF Viewer 预览发布的图形。

7. 绘制如图 15-45 所示的离合器爪，并将其发布到 Web 页上。

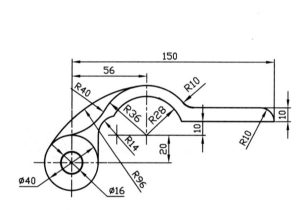

图 15-44　零件图

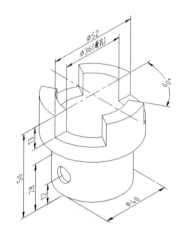

图 15-45　离合器爪

第16章 AutoCAD绘图综合实例

通过前面章节的学习，相信读者已对 AutoCAD 绘图有了全面的了解。但由于各章节知识相对独立，各有侧重，因此看起来比较零散。本章将通过几个综合绘图实例，详细介绍使用 AutoCAD 制作样板图、绘制平面图形以及三维图形的方法和技巧，以帮助读者建立 AutoCAD 绘图的整体概念，并巩固前面所学的知识，提高实际绘图的能力。

16.1 制作样板图

样板图作为一张标准图纸，除了需要绘制图形外，还要求设置图纸大小，绘制图框线和标题栏；而对于图形本身，需要设置图层以绘制图形的不同部分，设置不同的线型和线宽以表达不同的含义，设置不同的图线颜色以区分图形的不同部分等。所有这些都是绘制一幅完整图形不可或缺的工作。为方便绘图，提高绘图效率，往往将这些绘制图形的基本作图和通用设置绘制成一张基础图形，进行初步或标准的设置，这种基础图形称为样板图。下面，我们将以绘制图 16-1 所示的样板图为例，介绍样板图形的绘制方法。

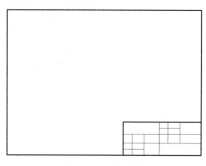

图 16-1　样板图

16.1.1 制作样板图的准则

使用 AutoCAD 绘制零件图的样板图时，必须遵守如下准则。

- ◆ 严格遵守国家标准的有关规定。
- ◆ 使用标准线型。
- ◆ 设置适当图形界限，以便能包含最大操作区。
- ◆ 将捕捉和栅格设置为在操作区操作的尺寸。
- ◆ 按标准的图纸尺寸打印图形。

16.1.2　设置绘图单位和精度

在绘图时，单位制都采用十进制，长度精度为小数点后 0 位，角度精度也为小数点后 0 位。要设置图形单位和精确度，可选择"格式"|"单位"命令，打开"图形单位"对话框，如图 16-2 所示。在该对话框"长度"选项区域的"类型"下拉列表框中选择"小数"选项，设置"精度"为 0；在"角度"选项区域的"类型"下拉列表框中选择"十进制度数"选项，设置"精度"为 0；系统默认逆时针方向为正。设置完毕后单击"确定"按钮。

图 16-2　"图形单位"对话框

16.1.3　设置图形界限

国家标准对图纸的幅面大小作了严格规定，每一种图纸幅面都有惟一的尺寸。在绘制图形时，设计者应根据图形的大小和复杂程度，选择图纸幅面。

【例 16-1】选择国标 A3 图纸幅面设置图形边界，A3 图纸的幅面为 420×297 毫米。

(1) 选择"格式"|"图形界限"命令，或在命令行输入 LIMITS 命令。

(2) 在"指定左下角点或 [开(ON)/关(OFF)] <0,0>:"提示信息下输入图纸左下角坐标 (0,0)，并按 Enter 键。

(3) 在"指定右上角点 <400,200>:"提示信息下输入图纸右上角点坐标(420,297)，并按 Enter 键确定。

(4) 单击状态栏上的"栅格"按钮，可以在绘图窗口中显示图纸的图限范围。

16.1.4　设置图层

在绘制图形时，图层是一个重要的辅助工具，可以用来管理图形中的不同对象。创建图层一般包括设置层名、颜色、线型和线宽。图层的多少需要根据所绘制图形的复杂程度来确定，通常对于一些比较简单的图形，只需分别为辅助线、轮廓线、标注等对象建立图层即可。

【例 16-2】为图 16-1 所示的样板图形创建辅助线、轮廓线、标注等图层。

(1) 选择"格式"|"图层"命令，打开"图层特性管理器"对话框。

(2) 单击"新建图层"按钮，创建"辅助线层"，设置颜色为"品红"，线型为 ACAD_ISO04W100，线宽为"默认"；创建"标注层"，设置颜色为"蓝色"，线型为 Continuous，线宽为"默认"；创建"文字注释层"，设置颜色为"蓝色"，线型为 Continuous，线宽为"默认"。然后按同样的方法，创建其他图层，其中"轮廓层"和"图框层"的线宽为 0.3mm，如图 16-3 所示。

图 16-3　设置绘图文件的图层

(3) 设置完毕，单击"确定"按钮，关闭"图层特性管理器"对话框。

16.1.5　设置文字样式

在绘制图形时，通常要设置 4 种文字样式，分别用于一般注释、标题块中的零件名、标题块注释和尺寸标注。我国国标的汉字标注字体文件为：长仿宋大字体形文件 gbcbig.shx。而文字高度对于不同的对象，要求也不同。例如，一般注释为 7mm，零件名称为 10 mm，标题栏中其他文字为 5mm，尺寸文字为 5mm。

选择"格式"|"文字样式"命令，打开"文字样式"对话框，如图 16-4 所示。单击"新建"按钮，创建文字样式如下。

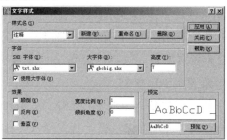

图 16-4　设置文字样式

- 注释：大字体 gbcbig.shx，高度 7 mm。
- 零件名称：大字体 gbcbig.shx，高度 10 mm。
- 标题栏：大字体 gbcbig.shx，高度 5 mm。

♦ 尺寸标注：大字体 gbcbig.shx，高度 5 mm。

16.1.6　设置尺寸标注样式

尺寸标注样式主要用来标注图形中的尺寸，对于不同种类的图形，尺寸标注的要求也不尽相同。通常采用 ISO 标准，并设置标注文字为前面创建的"尺寸标注"。

【例 16-3】为图 16-1 所示的样板图形设置尺寸标注样式。

(1) 选择"格式"|"标注样式"命令，打开"标注样式管理器"对话框。

(2) 在"标注样式管理器"对话框中单击"修改"按钮，打开"修改标注样式"对话框，如图 16-5 所示。

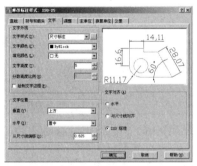

图 16-5　修改标注样式

(3) 在该对话框中打开"文字"选项卡，设置"文字样式"为"尺寸标注"，并在"文字对齐"选项区域中选择"ISO 标准"单选按钮。

(4) 设置完毕后连续单击"确定"按钮，关闭对话框。

16.1.7　绘制图框线

在使用 AutoCAD 绘图时，绘图图限不能直观地显示出来，所以在绘图时还需要通过图框来确定绘图的范围，使所有的图形绘制在图框线之内。图框通常要小于图限，到图限边界要留一定的单位，在此可使用"直线"工具绘制图框线。

【例 16-4】使用直线工具绘制如图 16-1 所示的图框线。

(1) 将"图框线"层设为当前图层，选择"绘图"|"直线"命令，或在"绘图"工具栏中单击"直线"按钮，发出 LINE 命令。

(2) 在"指定第一点:"提示行中输入点坐标(25,5)，按 Enter 键确认。

(3) 依次在"指定下一点或 [放弃(U)]:"提示行中输入其他点坐标: (415,5)、(415,292)和(25,292)。

(4) 在"指定下一点或 [闭合(C)/放弃(U)]:"提示行中输入字母 C，然后按 Enter 键，即可得到封闭的图形。

16.1.8　绘制标题栏

标题栏一般位于图框的右下角，在 AutoCAD 2007 中，可以使用"绘图"|"表格"命令来绘制标题栏。

【例 16-5】绘制如图 16-1 所示的标题栏。

(1) 在"图层"工具栏的"图层控制"下拉列表框中选择"标题栏层"选项，将其设为当前层。

(2) 选择"格式"|"表格样式"命令，打开"表格样式"对话框。单击"新建"按钮，在打开的"创建新的表格样式"对话框中创建新表格样式 Table，如图 16-6 所示。

(3) 单击"继续"按钮，在打开的"新建表格样式:Table"对话框中，选择"数据"选项卡，在"文字样式"下拉列表中选择"标题栏"，在"对齐"下拉列表中选择"正中"，在"边框特性"选项区域中单击"外框边界"按钮□，并在"栅格线宽"下拉列表中选择 0.3 mm；选择"列标题"选项卡，取消"包含页眉行"复选框；选择"标题"选项卡，取消"包含标题行"复选框。

(4) 单击"确定"按钮，返回到"表格样式"对话框，在"样式"列表框中选中创建的新样式，单击"置为当前"按钮，如图 16-7 所示。

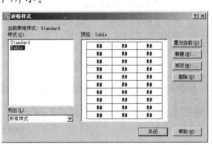

图 16-6　"创建新的表格样式"对话框　　　　图 16-7　"表格样式"对话框

(5) 设置完毕后，单击"关闭"按钮，关闭"表格样式"对话框。

(6) 选择"绘图"|"表格"命令，打开"插入表格"对话框，在"插入方式"选项区域中选择"指定插入点"单选按钮；在"列和行设置"选项区域中分别设置"列"和"数据行"文本框中的数值为 6 和 5，如图 16-8 所示。

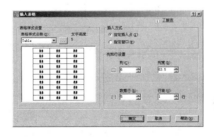

图 16-8　"插入表格"对话框

(7) 单击"确定"按钮，在绘图文档中插入一个 5 行 6 列的表格，如图 16-9 所示。

(8) 使用表格快捷菜单编辑绘制好的表格。拖动鼠标选中表格中的前 2 行和前 3 列表格单元，如图 16-10 所示。

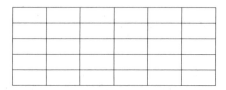

图 16-9　插入表格

图 16-10　选中表格单元

(9) 右击选中的表格单元，在弹出的快捷菜单中选择"合并单元"|"全部"命令，将选中的表格单元合并为一个表格单元，如图 16-11 所示。

图 16-11　合并表格单元

(10) 使用同样方法，按照图 16-12 所示编辑表格。

(11) 选中绘制的表格，然后将其拖放到图框右下角。当在状态栏中单击"线宽"按钮时，绘制的图框和标题栏如图 16-13 所示。

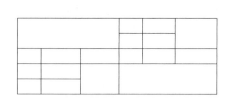

图 16-12　编辑表格

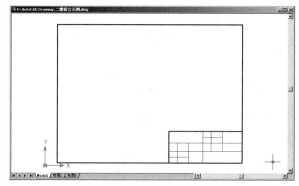

图 16-13　绘制标题栏

16.1.9　保存样板图

通过前面的操作，样板图及其环境已经设置完毕，可以将其保存成样板图文件。

选择"文件"|"另存为"命令，打开如图 16-14 所示的"图形另存为"对话框，在"文件类型"下拉列表框中选择"AutoCAD 图形样板(*.dwt)"选项，在"文件名"文本框中输

入文件名称 A3。单击"保存"按钮，将打开"样板说明"对话框，在"说明"选项区域中输入对样板图形的描述和说明，如图 16-15 所示。此时就创建好一个标准的 A3 幅面的样板文件，下面的绘图工作都将在此样板的基础上进行。

图 16-14　"图形另存为"对话框　　　　　　图 16-15　"样板说明"对话框

16.2　绘制零件平面图

表达零件的图样称为零件工作图，简称零件图。零件图是设计部门提交给生产部门的重要技术条件，是制造、加工和检验零件的依据。

在工程绘图中，零件图是用来指导制造和检验零件的图样，主要通过平面绘图来表现。因此，在一个零件平面图中不仅要将零件的材料、内外结构、形状和大小表达清楚，而且还要对零件的加工、检验、测量提供必要的技术要求。

16.2.1　零件图包含的内容

零件图主要包含以下内容。

◆ 一组图形：用视图、剖视、断面及其他规定画法来正确、完整、清晰地表达零件的各部分形状和结构。

◆ 尺寸：正确、完整、清晰、合理地标注零件的全部尺寸。

◆ 技术要求：用符号或文字来说明零件在制造、检验等过程中应达到的一些技术要求，如表面粗糙度、尺寸公差、形状和位置公差、热处理要求等。技术要求的文字一般标注在标题栏上方图纸空白处。

◆ 标题栏：标题栏位于图纸的右下角，应填写零件的名称、材料、数量、图的比例以及设计、描图、审核人的签字、日期等各项内容。

通常绘制零件图时，应在对零件结构形状进行分析后，根据零件的工作位置或加工位置，选择最能反映零件特征的视图作为主视图，然后再选取其他视图。选取其他视图时，应在能表达零件内外结构、形状前提下，尽量减少图形数量，以便画图和看图。

16.2.2　使用样板文件建立新图

本节绘制如图 16-16 所示的操作杆零件图。在绘制时，首先绘制辅助线，然后绘制图形的轮廓，最后根据需要添加标注、注释等内容。

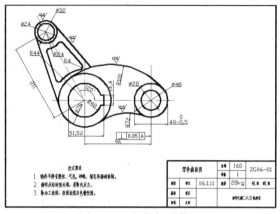

图 16-16　操作杆零件图

要使用样板文件建立新图，可选择"文件"|"新建"命令，打开"选择样板"对话框，在文件列表中选择前面创建的样板文件 A3，然后单击"打开"按钮，创建一个新的图形文档。此时绘图窗口中将显示图框和标题栏，并包含了样板图中的所有设置。

16.2.3　绘制与编辑图形

绘制与编辑图形主要使用"绘图"和"修改"菜单中的命令，或"绘图"和"修改"工具栏中的工具按钮。在绘制图形时，不同的对象应绘制在预设的图层上，以便控制图形中各部分的显示。

【例 16-6】绘制如图 16-16 所示的零件图。

(1) 在"图层"工具栏选中创建的"辅助线层"，单击"将对象的图层置为当前"按钮，将其设置为当前层。

(2) 选择"工具"|"草图设置"命令，打开"草图设置"对话框。选择"极轴追踪"选项卡，并从中选中"启用极轴追踪"复选框，然后在"增量角"下拉列表框中选择 30选项，然后单击"确定"按钮，如图 16-17 所示。

图 16-17　"草图设置"对话框

(3) 在"绘图"工具栏中单击"构造线"按钮，发出 LINE 命令。绘制一条过点(140,160)的水平构造线和 2 条分别过点(140,160)、点(236,160)的垂直构造线，如图 16-18 所示。

(4) 选择"绘图"|"射线"命令，或在命令行中输入 RAY，绘制倾斜的辅助线。单击水平构造线与最左侧垂直构造线的交点，然后移动光标，当角度显示为 120° 时单击绘制一条射线，如图 16-19 所示。

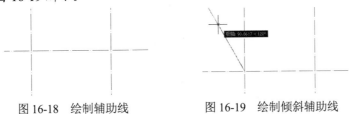

図 16-18　绘制辅助线　　　　　　図 16-19　绘制倾斜辅助线

(5) 在"图层"工具栏选中创建的"轮廓层"，单击"将对象的图层置为当前"按钮，将其设置为当前层。

(6) 在"绘图"工具栏中单击"圆"按钮，或在命令行中输入 CIRCLE，以交点(140, 160)为圆心，绘制一个半径为 44 的辅助圆，最终效果如图 16-20 所示。

(7) 在"绘图"工具栏中单击"圆"按钮，以辅助线交点(140，160)为圆心，分别绘制一个半径为 24 和一个半径为 38 的圆，如图 16-21 所示。

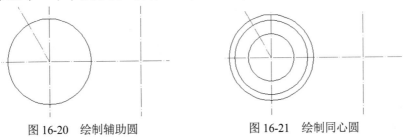

図 16-20　绘制辅助圆　　　　　　図 16-21　绘制同心圆

(8) 在"绘图"工具栏中单击"圆"按钮，以交点(236,160)为圆心，分别绘制一个半径为 14 和一个半径为 24 的同心圆，如图 16-22 所示。

(9) 选择"工具"|"草图设置"命令，打开"草图设置"对话框。单击"捕捉和栅格"标签，打开"捕捉和栅格"选项卡，在"捕捉类型和样式"选项区域中选择"极轴捕捉"单选按钮，在"极轴距离"文本框中输入 112，如图 16-23 所示。

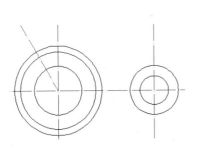

図 16-22　绘制同心圆　　　　　　図 16-23　设置捕捉属性

(10) 在"绘图"工具栏中单击"直线"按钮，以交点(100，200)为起点，通过极轴捕捉绘制一直线，如图 16-24 所示。

(11) 在"绘图"工具栏中单击"圆"按钮，以直线端点为圆心，绘制半径为 12、16 和 24 的同心圆。此时图形效果如图 16-25 所示。

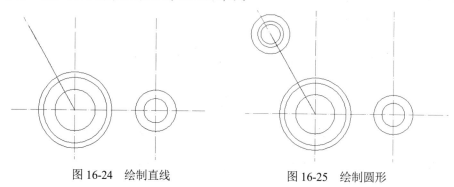

图 16-24　绘制直线　　　　　　　　图 16-25　绘制圆形

(12) 在"绘图"工具栏中单击"直线"按钮 ╱，分别绘制两条和圆相切的直线，效果如图 16-26 所示。

(13) 选择"修改"|"偏移"命令，设置偏移量为 8，将绘制的两条直线移动到如图 16-27 所示的位置。

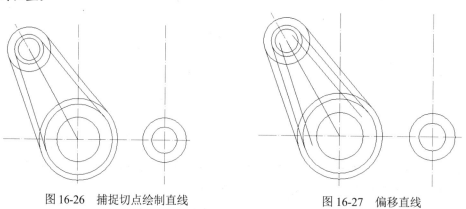

图 16-26　捕捉切点绘制直线　　　　　图 16-27　偏移直线

(14) 选择"修改"|"圆角"命令，设置圆角半径为 4，按照图 16-28 所示对直线和圆修圆角。

(15) 在"修改"工具栏中单击"修剪"按钮 ╱，按照图 16-29 所示修剪图形。

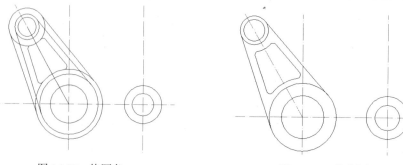

图 16-28　修圆角　　　　　　　　　图 16-29　修剪图形

(16) 在"绘图"工具栏中单击"矩形"按钮□，通过点(140，152.8)和(167.52，167.2)绘制一个矩形，如图 16-30 所示。

(17) 在"修改"工具栏中单击"修剪"按钮╱，按照图 16-31 所示修剪图形。

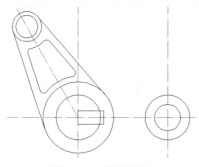
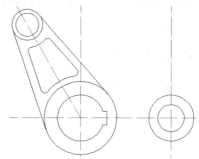

图 16-30　绘制矩形　　　　　　　　　　图 16-31　修剪图形

(18) 选择"绘图"|"圆"|"相切、相切、半径"命令，绘制一个半径为 100 的圆，效果如图 16-32 所示。

(19) 使用同样方法，绘制另外一个半径为 72 的圆，如图 16-33 所示。

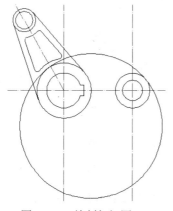
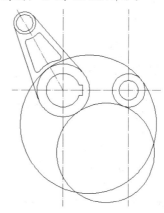

图 16-32　绘制相切圆　　　　　　　　　图 16-33　绘制相切圆

(20) 在"修改"工具栏中单击"修剪"按钮╱，按照图 16-34 所示修剪图形。

(21) 在"图层"工具栏选中创建的"辅助线层"，单击"将对象的图层置为当前"按钮▓，将其设置为当前层。

(22) 按照图 16-35 所示修剪该图层中的辅助线。至此，完成图形的绘制过程。

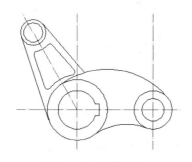
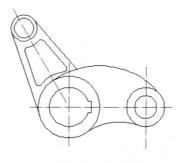

图 16-34　修剪图形　　　　　　　　　　图 16-35　修剪图形

16.2.4　标注图形尺寸

图形绘制完成后，还需要进行尺寸标注。通常，图纸中的标注包括尺寸标注、公差标注及粗糙度标注等。

1. 标注基本尺寸

基本尺寸主要包括图形中的长度、圆心、直径和半径等。

【例 16-7】标注如图 16-16 所示零件图的基本尺寸。

(1) 在"图层"工具栏选中创建的"文字注释层"，单击"将对象的图层置为当前"按钮🔲，将其设置为当前层。

(2) 选择"标注"|"线性"命令或在"标注"工具栏中单击"线性标注"按钮🔲，创建水平标注 96，结果如图 16-36 所示。

(3) 选择"标注"|"线性"命令，标注其他线形尺寸，结果如图 16-37 所示。

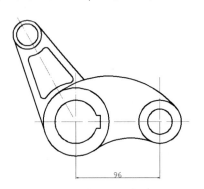

图 16-36　创建水平标注

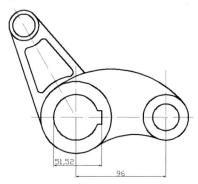

图 16-37　创建线性标注

(4) 选择"标注"|"半径"命令或在"标注"工具栏中单击"半径标注"按钮🔘，标注半径为 100 的圆弧的半径，如图 16-38 所示。

(5) 选择"标注"|"半径"命令，标注其他圆弧的半径，结果如图 16-39 所示。

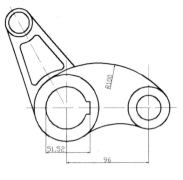

图 16-38　标注半径

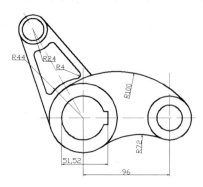

图 16-39　标注半径

(6) 选择"标注"|"直径"命令或在"标注"工具栏中单击"直径标注"按钮🔘，标注直径为 48 的圆的直径，如图 16-40 所示。

(7) 使用相同方法标注其他圆形直径，如图 16-41 所示。

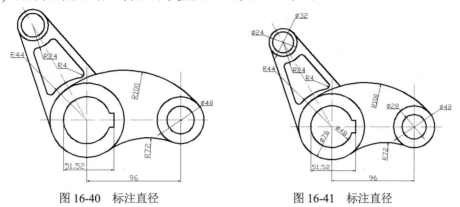

图 16-40　标注直径　　　　　　　　　图 16-41　标注直径

(8) 选择"标注"|"角度"命令，标注倾斜辅助线与水平辅助线之间的夹角，如图 16-42 所示。

(9) 选择"工具"|"新建 UCS"|Z 命令，将坐标轴绕 Z 轴旋转 120°，选择"标注"|"线性"命令，标注两圆心距离 112，如图 16-43 所示。

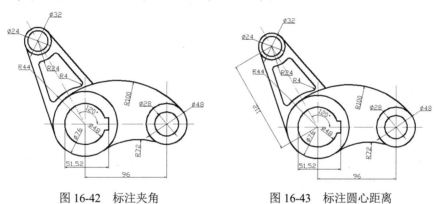

图 16-42　标注夹角　　　　　　　　　图 16-43　标注圆心距离

(10) 选择"工具"|"新建 UCS"|Z 命令，将坐标轴绕 Z 轴旋转-30°，选择"标注"|"线形"命令，标注矩形缺口的距离，如图 16-44 所示。

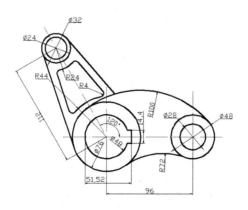

图 16-44　标注矩形缺口的距离

2. 标注尺寸公差

在 AutoCAD 中，为了标注公差，必须创建一个新的标注样式。

【例 16-8】标注如图 16-16 所示零件图的公差。

(1) 选择"格式"|"标注样式"命令，在打开的"标注样式管理器"对话框中单击"新建"按钮，新建一个名为 h1 的标注样式。在"新建标注样式：h1"对话框中选择"公差"选项卡，设置公差的方式为"极限偏差"，在"上偏差"和"下偏差"文本框中分别输入数值 0 和 0.5，其他选项使用默认值。设置完毕后单击"确定"按钮，如图 16-45 所示。

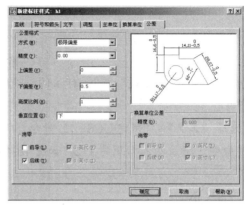

图 16-45　新建标注样式 h1

(2) 选择"工具"|"草图设置"命令，在打开的"草图设置"对话框中选择"对象捕捉"选项卡，并选中"象限点"复选框，单击"确定"按钮。

(3) 选择"工具"|"新建 UCS"|Z 命令，将坐标轴绕 Z 轴旋转-90°，选择"标注"|"线性"命令或在"标注"工具栏中单击"线性标注"按钮，在图样上捕捉圆左侧和右侧的象限点，创建尺寸公差标注，结果如图 16-46 所示。

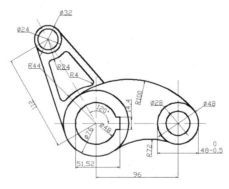

图 16-46　标注尺寸公差

3. 标注形位公差

标注形位公差可以通过引线标注实现，可以使用 QLEADER 命令。

【例 16-9】标注如图 16-16 所示零件图的形位公差。

(1) 在命令行输入 QLEADER 命令，在"指定第一个引线点或 [设置(S)] <设置>:"提示行中输入 S，并按 Enter 键。在打开的"引线设置"对话框中选择"公差"单选按钮，然后单击"确定"按钮，如图 16-47 所示。

(2) 在图样上捕捉最左边垂直辅助线上的一点，然后在相对上一点水平向右选取一点。

(3) 右击打开"形位公差"对话框，单击"符号"选项区域下方的黑方块，在打开的"符号"对话框中选择需要的形位公差符号，在"公差 1"文本框中输入公差值，在"基准 1"文本框中输入基准符号 A，单击"确定"按钮，如图 16-48 所示。

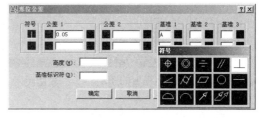

图 16-47　"引线设置"对话框　　　　　　图 16-48　设置形位公差

(4) 设置完毕后，在绘图文档中标注的形位公差如图 16-49 所示。

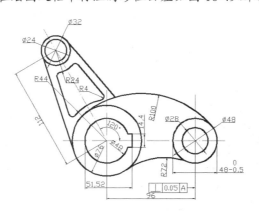

图 16-49　标注形位公差

4. 标注粗糙度

在 AutoCAD 中，没有直接定义粗糙度的标注功能。可以将粗糙度符号制作成块，然后在需要的地方插入块即可。

【例 16-10】标注如图 16-16 所示零件图的粗糙度。

(1) 在"绘图"工具栏中单击"直线"按钮，在绘图文档中绘制如图 16-50 所示的表示粗糙度的图形。

(2) 在命令行输入 WBLOCK 命令，将打开图 16-51 所示的"写块"对话框。单击"对象"选项区域中的"选择对象"按钮，在绘图文档中选择图 16-50 所示的图形；按 Enter 键返回"写块"对话框中。单击"拾取点"按钮，然后单击图 16-50 所示的图形的中心点作为基点；按 Enter 键返回"写块"对话框。设置块的文件名和路径后，单击"确定"

按钮。

图 16-50　绘制粗糙度的图形　　　　　图 16-51　"写块"对话框

(3) 选择"插入"|"块"命令，在打开的如图 16-52 所示的"插入"对话框中选择刚才新建的块文件，在"缩放比例"选项区域中选中"统一比例"复选框，并在 X 文本框中输入数值 0.2，单击"确定"按钮插入一个粗糙度图块。

(4) 按照图 16-53 所示，在绘图文档中插入多个粗糙度图块。

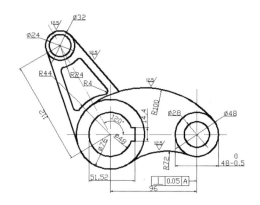

图 16-52　"插入"对话框　　　　　　图 16-53　插入多个粗糙度图块

16.2.5　添加注释文字

在图纸中，文字注释也是必不可少的，通常是关于图纸的一些技术要求和其他相关说明，可以使用多行文字功能创建文字注释。

【例 16-11】为如图 16-16 所示的零件图添加注释文字。

(1) 在"图层"工具栏的"图层控制"下拉列表框中选中创建的"文字注释层"，单击"将对象的图层置为当前"按钮，将其设置为当前层，接下来给图形添加文字注释和表说明。

(2) 选择"绘图"|"文字"|"多行文字"命令，或在"绘图"工具栏中单击"多行文

字"按钮 **A**，然后在绘图窗口中单击鼠标并拖动，创建一个用来放置多行文字的矩形区域。

(3) 在"样式"下拉列表框中选择"注释"选项，并在文字输入窗口中输入需要创建的多行文字内容，如图 16-54 所示。

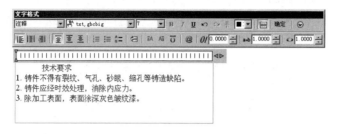

图 16-54　输入多行文字内容

(4) 单击"确定"按钮，输入的文字将显示在绘制的矩形窗口中，其效果如图 16-55 所示。

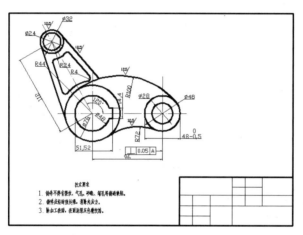

图 16-55　创建好的技术要求

16.2.6　创建标题栏

将插入点置于标题栏的第一个表格单元中，双击打开"文字格式"工具栏，在"字体"下拉列表框中选择"零件名称"，然后输入文字"零件截面图"，如图 16-56 所示。

然后使用同样方法，创建标题栏中的其他内容，结果如图 16-57 所示。此时，整个图形绘制完毕，效果如图 16-16 所示。

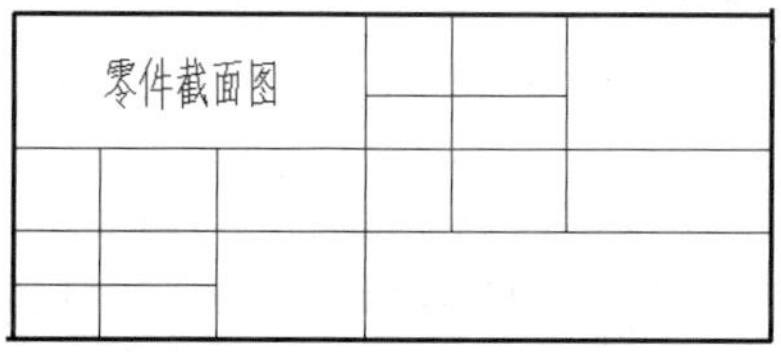

零件截面图		

图 16-56　在表格中输入文字

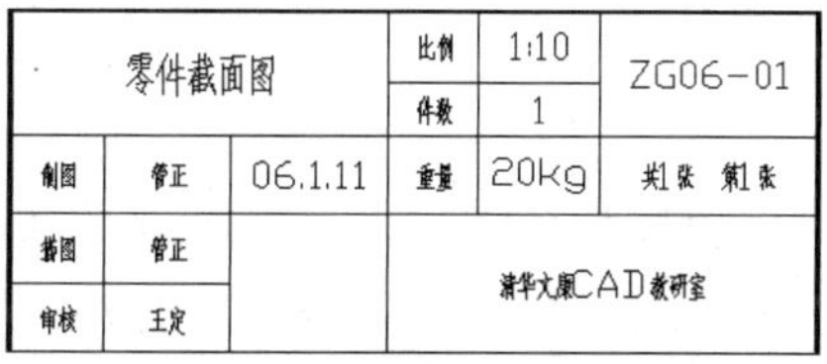

零件截面图		比例	1:10	ZG06-01
		件数	1	
制图	李正	06.1.11	重量	20kg	共1张 第1张
审图	李正			清华大原CAD教研室
审核	王定			

图 16-57　输入其他文字

16.2.7 打印图形

在绘制完上述零件截面图后，可以使用 AutoCAD 的打印功能输出该零件截面图。选择"文件"|"打印"命令，打开"打印"对话框，对打印的各个选项进行设置，如图 16-58 所示。

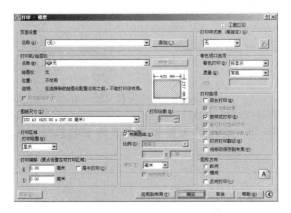

图 16-58 "打印"对话框

设置完打印选项后，单击对话框中的"预览"按钮，对所要输出的图形进行完全预览，如图 16-59 所示。若已连接并配置好绘图仪或打印机，在"打印"对话框中单击"确定"按钮，可将该图形直接输出到图纸上。

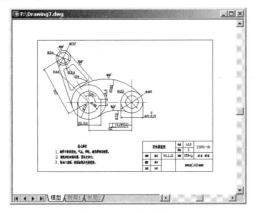

图 16-59 预览图形

16.3 绘制三维造型

与二维图形相比，三维绘图更加形象、直观，是 CAD 技术发展趋势之一。AutoCAD 2007 提供了较强的三维绘图、编辑、标注及渲染功能。同时，利用三维图形，还可以得到各种平面视图，本章将通过具体实例，介绍三维图形的综合绘制方法。

16.3.1　设置绘图环境

与绘制二维图形一样，在绘制三维图形前也应设置绘图环境。例如，创建绘制过程中所需要的图层、设置标注样式、绘图单位等，并将其制作为样板图形。在本节中，我们以图 16-60 所示图形为例，不再介绍具体绘制方法，只介绍绘图前应做的一些准备工作，如创建必要图层等。

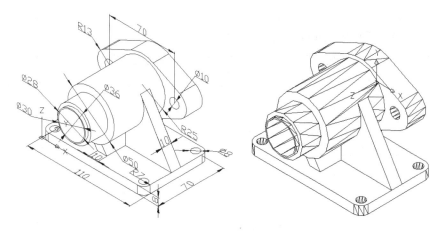

图 16-60　绘制机件

由于该图形比较简单，所以在绘制图形时只需要建立两个图层，一个用于绘制图形轮廓，一个用于创建尺寸标注。

【例 16-12】为图 16-60 所示的机件图形创建图层。

(1) 选择"文件"|"新建"命令，新建一空白文档。

(2) 选择"格式"|"图层"命令，打开"图层特性管理器"对话框。创建"轮廓层"，设置颜色为"白色"，线型为 Continuous，线宽为 0.2 毫米；创建"标注层"，设置颜色为"蓝色"，线型为 Continuous，线宽为默认。

(3) 选择"轮廓层"，将该层设置为当前层，单击"确定"按钮关闭"图层特性管理器"对话框，如图 16-61 所示。

图 16-61　创建图层

16.3.2 绘制与编辑图形

做好绘图前的准备工作后，就可以绘制图形了。在前面章节中，都是直接在一个三维视口中绘制图形的。其实，在绘制三维图形时，还可将视图分成多个视口，并在每个视口中建立不同的坐标系，设置不同的观测点等，如主视图、俯视图、左视图及等轴测图。当在一个视口中绘制图形时，都可以得到最终图形，因此将这些视口结合起来绘制图形，可以简化绘图过程。

【例 16-13】绘制如图 16-60 所示的机件图形。

(1) 选择"视图"|"视口"|"四个视口"命令，将视区设置为 4 个视口，如图 16-62 所示。左上角为主视图、左下角为俯视图、右上角为左视图、右下角为东南等轴测图。

(2) 激活东南等轴测图视口，选择"绘图"|"建模"|"长方体"命令，以(0,0,0)为角点，绘制一个长为 110，宽为 70，高为 8 的长方体。

(3) 分别激活各个视口，然后选择"视图"|"缩放"|"全部"命令，放大视口中的图形，结果如图 16-63 所示。

图 16-62　视图设置

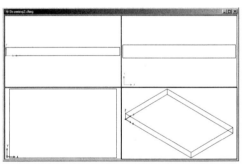

图 16-63　绘制长方体并调整视口

(4) 选择"修改"|"圆角"命令，分别对长方体垂直方向的 4 条棱边修圆角，其中圆角半径为 7，结果如图 16-64 所示。

(5) 选择"绘图"|"建模"|"圆柱体"命令，以点(7,7,0)为基面中心，绘制一个半径为 4，高度为 8 的圆柱体，如图 16-65 所示。

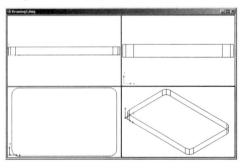

图 16-64　对长方体修圆角

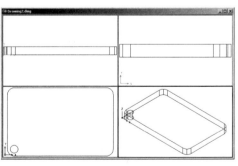

图 16-65　绘制圆柱体

(6) 激活俯视图视口，选择"修改"|"阵列"命令，打开"阵列"对话框。选择阵列类型为矩形阵列，并设置阵列的行数为 2、列数为 2、行偏移为 56、列偏移为 96，然后单击"确定"按钮，阵列复制结果如图 16-66 所示。

(7) 选择"修改"|"实体编辑"|"差集"命令，在长方体中减去 4 个圆柱体。

(8) 激活东南等轴测视口，选择"工具"|"新建 UCS"|X 命令，将坐标系绕 X 轴顺时针旋转 90°。选择"绘图"|"建模"|"圆柱体"命令，以点(55,50,-70)为基面中心，绘制半径为 15，高为 93 的圆柱体。

(9) 分别激活各个视口，然后选择"视图"|"缩放"|"全部"命令，放大视口中的图形，结果如图 16-67 所示。

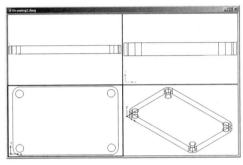
图 16-66　阵列复制圆柱体

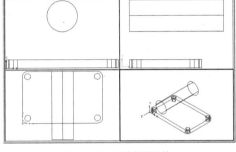
图 16-67　绘制圆柱体

(10) 选择"绘图"|"建模"|"圆柱体"命令，以点(55,50,-70)为基面中心，绘制半径为 18，高为 90 的圆柱体。选择"绘图"|"建模"|"圆柱体"命令，以点(55,50,-70)为基面中心，绘制半径为 25，高为 72 的圆柱体，消隐后效果如图 16-68 所示。

(11) 选择"工具"|"新建 UCS"|"原点"命令，将坐标系原点移动到圆柱体的圆心位置，如图 16-69 所示。

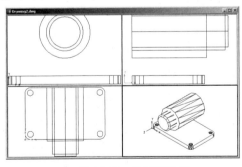

图 16-68　绘制圆柱体

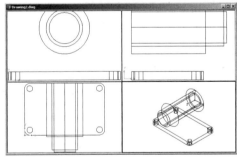
图 16-69　放大视口

(12) 选择"绘图"|"圆"|"圆心、半径"命令，以点(0,0,0)为圆心，绘制半径为 28 的圆，以点(35,0)和(-35,0)为圆心，分别绘制半径为 13 的圆，结果如图 16-70 所示。

(13) 选择"绘图"|"直线"命令，捕捉绘制圆环的切点，绘制 4 条切线，如图 16-71 所示。

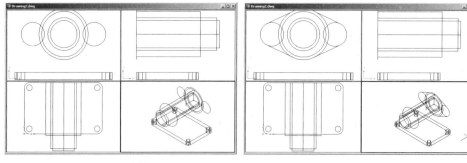

图 16-70 绘制圆　　　　　　　　　图 16-71 绘制切线

(14) 选择"修改"|"修剪"命令，将图形修剪成如图 16-72 所示。

(15) 选择"绘图"|"面域"命令，将修剪得到的图形转化为面域。

(16) 选择"绘图"|"建模"|"拉伸"命令，将面域拉伸为一个高为 17 的实体，消隐后如图 16-73 所示。

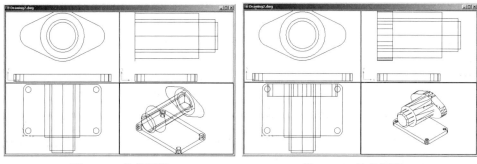

图 16-72 修剪图形　　　　　　　　图 16-73 拉伸图形

(17) 选择"绘图"|"建模"|"圆柱体"命令，以点(35,0,0)和(-35,0,0)为基面中心，绘制半径为 5，高为 17 的圆柱体，如图 16-74 所示。

(18) 选择"绘图"|"直线"命令，通过点(55,-42,30)和点(-55,-42,30)绘制直线，如图 16-75 所示。

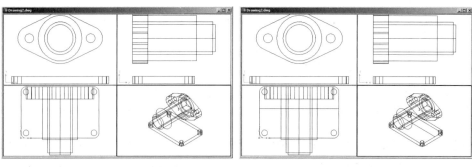

图 16-74 绘制圆柱体　　　　　　　图 16-75 绘制直线

(19) 选择"绘图"|"圆"|"圆心、半径"命令，以点(0,0,30)为圆心，绘制半径为 25 的圆，如图 16-76 所示。

(20) 选择"绘图"|"直线"命令，捕捉绘制圆环的切点和直线端点，绘制 2 条切线，

选择"修改"|"修剪"命令，修剪图形，选择"绘图"|"面域"命令，将修剪得到的图形转化为面域。如图 16-77 所示。

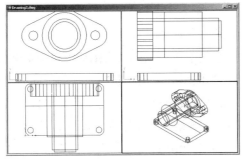

图 16-76　绘制圆

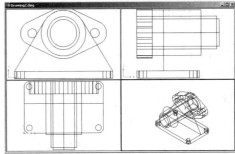

图 16-77　转化为面域

(21) 选择"绘图"|"建模"|"拉伸"命令，将面域拉伸为一个高为 10 的实体，消隐后如图 16-78 所示。

(22) 选择"绘图"|"三维多段线"命令，过点(5,-42,0)、(5,-42,60)、(5,-12,72)、(5,0,90)、(5,0,0)绘制一条闭合曲线，如图 16-79 所示。

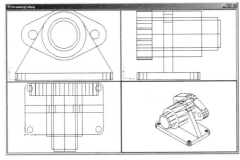

图 16-78　拉伸图形

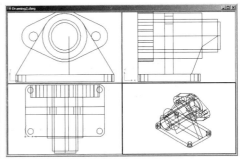

图 16-79　绘制三维多段线

(23) 选择"绘图"|"面域"命令，将图形转化为面域。选择"绘图"|"建模"|"拉伸"命令，将面域拉伸为一个高为 10 的实体，消隐后如图 16-80 所示。

(24) 选择"绘图"|"建模"|"圆柱体"命令，以点(0,0,0)为基面中心，绘制半径为 14，高为 100 的圆柱体。

(25) 选择"修改"|"实体编辑"|"并集"命令，将所有底座部分合并，选择"修改"|"实体编辑"|"差集"命令，减去半径为 5 的 2 个圆柱体和半径为 14 的圆柱体，结果如图 16-81 所示。

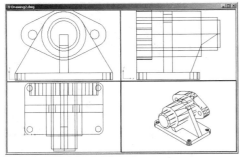

图 16-80　拉伸实体

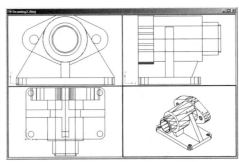

图 16-81　布尔运算

(26) 图形绘制完毕，保存图形。

16.3.3 控制图形的显示效果

在 AutoCAD 中绘制三维实体时，图形总是以轮廓模式显示。当图形中包括弯曲面时，曲面上简单的线条并不能完全表现实体的特点；当图形处于消隐状态时，由于曲面上的面数不同，看到的曲面光滑程度也不同。因此，在绘制实体对象时，为了能够更好地观察图形，需要通过 ISOLINES、FACETRES、DISPSILH 等系统变量来控制图形的显示效果。

【例 16-14】通过 ISOLINES、FACETRES、DISPSILH 等系统变量控制图 16-81 的显示效果。

(1) 激活东南等轴测视口，选择"视图"|"视口"|"一个视口"命令，放大东南等轴测视口，此时视口中的图形以轮廓模式显示，如图 16-82 所示。

(2) 执行 ISOLINES 命令，将该系统变量设置为 32，然后选择"视图"|"重生成"命令，则改变曲面轮廓素线后的效果如图 16-83 所示。

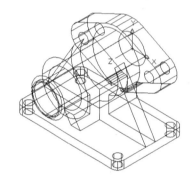 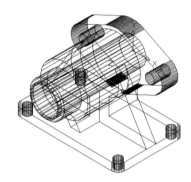

图 16-82　实体以轮廓模式显示　　　　图 16-83　改变曲面轮廓素线

(3) 选择"视图"|"消隐"命令，消隐图形中的隐藏线，结果如图 16-84 所示。

(4) 执行 FACETRES 命令，将该系统变量设置为 10，然后选择"视图"|"消隐"命令，则改变实体表面数后的效果如图 16-85 所示。

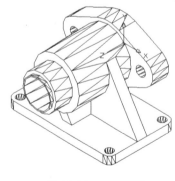 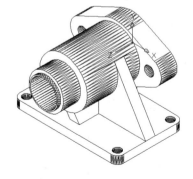

图 16-84　消隐图形　　　　　　　　图 16-85　改变实体表面的平滑度

(5) 执行 DISPSILH 命令，将该系统变量设置为 1，显示实体轮廓，然后选择"视图"

|"消隐"命令进行消隐操作，效果如图 16-86 所示。

图 16-86　显示实体轮廓

16.3.4　标注图形

标注尺寸是绘制三维图形中不可缺少的一步。要准确地标注出三维对象的尺寸，必须会灵活地变换坐标系，因为所有的尺寸标注都只能在当前坐标的 XY 平面中进行。

【例 16-15】标注如图 16-60 所示图形的尺寸。

(1) 在"图层"工具栏的"图层控制"下拉列表框中选择"标注层"选项，并将其设置为当前层。

(2) 选择"工具"|"新建 UCS"|"原点"命令，将坐标原点沿 Z 轴正方向移动 10 个单位，即点(0,0,10)。

(3) 在"标注"工具栏中单击"线性"按钮 ，标注两圆孔之间的长度，结果如图 16-87 所示。

(4) 在"标注"工具栏中单击"半径"按钮 和"直径"按钮 ，标注圆角半径和孔的直径，结果如图 16-88 所示。

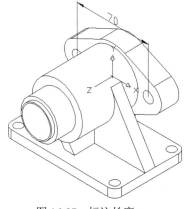

图 16-87　标注长度

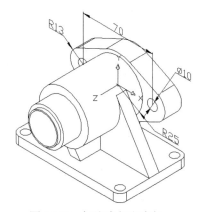

图 16-88　标注半径和直径

(5) 选择"工具"|"新建 UCS"|"原点"命令，将坐标系移动到实体顶部的圆孔的圆心处，然后在"标注"工具栏中单击"直径"按钮 ，标注圆孔的内外直径，结果如图 16-89

所示。

(6) 选择"工具"|"新建 UCS"|"原点"命令，将坐标原点沿 Z 轴负方向移动 3 个单位，即点(0,0,-3)。在"标注"工具栏中单击"直径"按钮，标注圆孔直径，结果如图 16-90 所示。

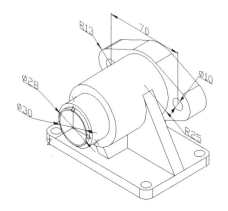
图 16-89　移动坐标系并标注直径

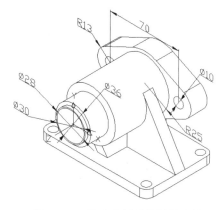
图 16-90　移动坐标系并标注直径

(7) 选择"工具"|"新建 UCS"|"原点"命令，将坐标原点沿 Z 轴负方向移动 18 个单位，即点(0,0,-18)。在"标注"工具栏中单击"直径"按钮，标注圆孔直径，结果如图 16-91 所示。

(8) 选择"工具"|"新建 UCS"|"世界"命令，恢复世界坐标系。在"标注"工具栏中单击"线性标注"按钮，标注底座的长和宽，结果如图 16-92 所示。

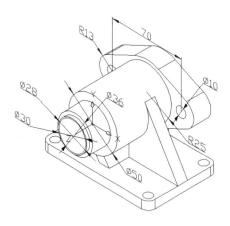
图 16-91　移动坐标系并标注直径

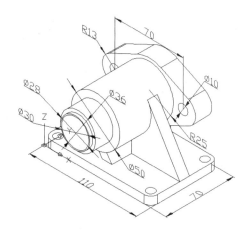
图 16-92　标注底座的长和宽

(9) 选择"工具"|"新建 UCS"|"原点"命令，将坐标原点沿 Z 轴正方向移动 8 个单位，即点(0,0,8)。在"标注"工具栏中单击"半径"按钮 、"直径"按钮和"线性"按钮，按照图 16-93 所示标注。

(10) 选择"工具"|"新建 UCS"|X 命令，将坐标系旋转 90 度，在"标注"工具栏中单击"线性"按钮，标注底座的高度，结果如图 16-94 所示。

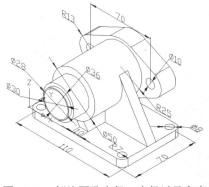

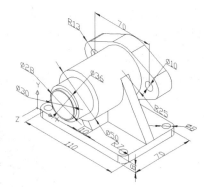

图 16-93　标注圆孔半径、直径以及宽度　　　　　　图 16-94　标注底座高度

(11) 选择"工具"|"新建 UCS"|"三点"命令，以楔体的斜面为坐标系的 XY 面调整坐标系，然后在"标注"工具栏中单击"线性"按钮 ▢ ，标注楔体斜面的宽度，结果如图 16-95 所示。

(12) 选择"工具"|"新建 UCS"|"世界"命令，恢复世界坐标系，则标注结果最终如图 16-96 所示。

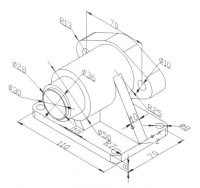

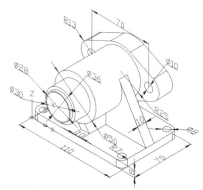

图 16-95　标注楔体的宽度　　　　　　　　　图 16-96　恢复世界坐标系

16.3.5　设置视觉样式与渲染图形

在 AutoCAD 中，还可以通过设置视觉样式与渲染三维实体来表现其特征。例如，选择"视图"|"视觉样式"中的子命令，将得到如图 16-97 所示的不同显示效果。

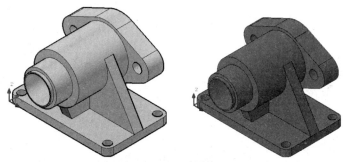

图 16-97　设置视觉样式

为了更真实地表现三维实体对象，在 AutoCAD 中可以模拟特定场景来表现实体，这时就需要使用 AutoCAD 的渲染(在绘制建筑图形并生成效果图时，渲染是必不可少的)。在渲染的同时，可以设置光源位置、光线强度、渲染背景、实体对象使用的材质等。例如，对前面绘制的图形进行渲染后，得到图 16-98 所示效果。

图 16-98　渲染图形

16.4　思　考　练　习

1. 使用 AutoCAD 绘制零件图的样板图时应遵守哪些准则？

2. 在 AutoCAD 中，样板图形中通常包括哪些内容？

3. 绘制如图 16-99 所示的图形。

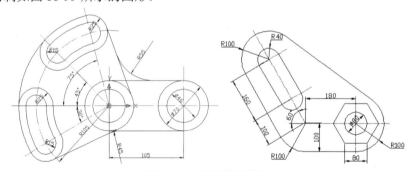

图 16-99　绘制平面图形

4. 绘制如图 16-100 所示的三维图形。

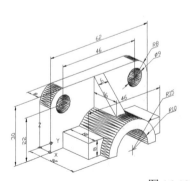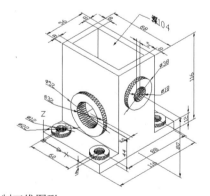

图 16-100　绘制三维图形